EXPOSITION NATIONALE

DES PRODUITS

DE L'INDUSTRIE AGRICOLE ET MANUFACTURIÈRE.

1849.

(CATALOGUE OFFICIEL.)

EXPOSITION NATIONALE

DES PRODUITS

DE L'INDUSTRIE AGRICOLE ET MANUFACTURIÈRE.

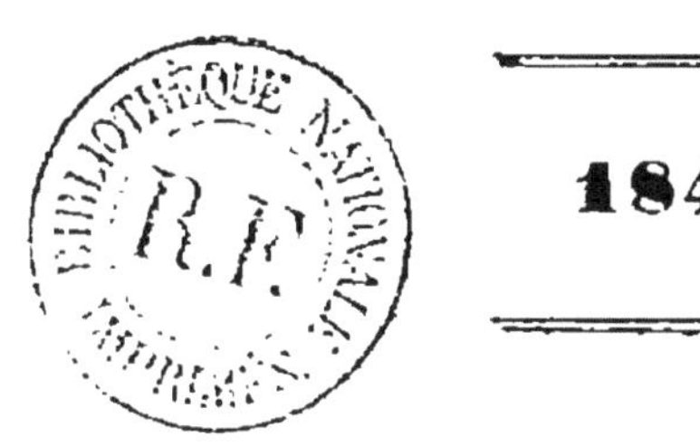

1849.

(CATALOGUE OFFICIEL.)

AVIS.

Ⓞ signifie médaille d'or.
Ⓐ médaille d'argent.
Ⓑ médaille de bronze.
M. H. mention honorable
C. F. citation favorable.
R. rappel de médaille.

Imprimerie administrative de Paul DUPONT rue de Grenelle-Saint-Honoré, 55.

RAPPORT

AU

PRÉSIDENT DE LA RÉPUBLIQUE.

Paris, le 14 janvier 1849.

MONSIEUR LE PRÉSIDENT,

Une loi adoptée par l'Assemblée nationale, le 22 novembre dernier, a ouvert à mon département un crédit de 600,000 fr., destiné à subvenir aux dépenses de l'exposition nationale des produits de l'industrie agricole et manufacturière en 1849.

Toutes les mesures ont été immédiatement prises pour la construction des bâtiments dans le grand carré des jeux aux Champs-Elysées. Les travaux se poursuivent avec rapidité et seront terminés dans le courant du mois de mai prochain. Les constructions ont été combinées de manière à permettre d'exposer, pour la première fois, les produits de l'industrie agricole à côté de ceux de l'industrie manufacturière.

Il reste aujourd'hui à fixer le jour de l'ouverture de cette exposition, à pourvoir à la formation des commissions départementales chargées de prononcer l'admission ou le rejet des produits, et à celle du jury central qui doit apprécier les titres des exposants aux récompenses décernées par le Gouvernement.

Tel est l'objet de l'arrêté ci-joint, que j'ai l'honneur, Monsieur le Président, de soumettre à votre signature. Les dispositions vous en paraîtront, j'espère, fondées sur l'expérience du passé et sur le sentiment des besoins actuels.

Vous savez que dix expositions se sont succédé à dater de l'an VI. J'ai fait dresser le tableau suivant, pour vous mettre mieux à même d'apprécier le développement de cette institution.

RELEVÉ GÉNÉRAL DES EXPOSITIONS DE L'INDUSTRIE.

Numéros d'ordre.	OUVERTURES. Jours et mois.	OUVERTURES. Années.	Jours.	LIEU DE L'EXPOSITION.	NOMBRE des exposants.	NOMBRE des récompenses.
1	3 derniers jours complémentaires..	1798 (an VI)	3	Champ-de-Mars...	110	23
2	5 jours complémentaires...........	1801 (an IX)	6	Louvre..........	229	80
3	*Idem*...........	1802 (an X)	7	*Idem*............	540	254
4	*Idem*............	1806......	24	Esplanade des Invalides............	1,422	610
5	25 août et suivants.	1819.	35	Louvre..........	1,662	869
6	*Idem*............	1823......	50	*Idem*............	1,642	1,091
7	1er août.........	1827......	62	*Idem*............	1,695	1,254
8	1er mai...........	1834......	60	Place de la Concorde	2,447	1,785
9	*Idem*............	1839......	60	Champs-Elysées...	3,281	2,305
10	*Idem*............	1844......	60	*Idem*............	3,960	3,253

Comme vous pouvez en juger, Monsieur le Président, en jetant les yeux sur le tableau qui précède, l'époque d'ouverture des expositions antérieures avait été déterminée par des considérations étrangères au but même de l'institution. Cette année, mon département a voulu recueillir les vœux de l'industrie et du commerce avant de vous proposer une décision à ce sujet. Les chambres consultatives des arts et manufactures et les chambres de commerce ont été appelées à donner leur avis sur l'époque de l'année qui convenait le mieux aux intérêts qu'elles représentent. C'est après avoir soigneusement consulté leurs délibérations, et cherché à concilier toutes les exigences, que je crois devoir vous proposer, dans l'article 1er de l'arrêté précité, de fixer l'ouverture de l'exposition de 1849 au 1er juin prochain.

L'article 2 porte, conformément à l'usage adopté jusqu'à ce jour, qu'une commission nommée par le préfet, dans chaque département, statuera sur l'admission ou le rejet des produits présentés pour l'exposition ; mais il ajoute que la commission aura en outre à signaler, dans un rapport écrit, les services rendus à l'agriculture ou à l'industrie par des chefs d'exploitation, des contre-maîtres, des ouvriers ou journaliers. C'est là une innovation dont vous ne pouvez manquer d'approuver la pensée, car elle a pour but de faire participer aux récompenses nationales tous les agents qui concourent à la production agricole ou manufacturière.

Le jury central conserve ses anciennes attributions; il examine les produits exposés, et il rédige un rapport d'après lequel des récompenses sont accordées, soit aux exposants, soit aux chefs d'exploitation, contre-maîtres ou ouvriers signalés par les commissions départementales. L'article 61 de la Constitution chargeant le Président de la République de présider aux solennités nationales, c'est à vous qu'il appartiendra de décerner des récompenses à ceux qui les auront méritées. Ils y trouveront la juste rémunération des travaux accomplis et un stimulant efficace à de nouveaux efforts.

Ainsi, en élargissant encore la sphère de l'institution, l'arrêté ci-joint lui conserve le caractère d'un des plus nobles et des plus féconds encouragements donnés à l'industrie nationale.

Veuillez agréer, Monsieur le Président, l'hommage du profond respect de votre très-humble serviteur.

Le Ministre de l'agriculture et du commerce,

Signé L. BUFFET.

RÉPUBLIQUE FRANÇAISE.

LIBERTÉ, ÉGALITÉ, FRATERNITÉ.

ARRÊTÉ.

AU NOM DU PEUPLE FRANÇAIS.

Le Président de la République,

Sur le rapport du Ministre de l'agriculture et du commerce,

Vu la loi du 22 novembre dernier, qui ouvre au ministère de l'agriculture et du commerce un crédit de 600,000 francs, destiné à subvenir aux dépenses de l'exposition des produits de l'industrie en 1849 ;

Arrête ce qui suit :

ARTICLE PREMIER.

Une exposition des produits agricoles et industriels s'ouvrira à Paris, dans le grand carré des jeux aux Champs-Elysées, le 1er juin 1849, et sera close le 31 juillet suivant.

ART. 2.

Dans chaque département, une commission, nommée par le préfet, statuera sur l'admission ou le rejet des produits proposés pour figurer à l'exposition. Ce jury aura, en outre, pour mission de signaler, dans un rapport écrit, les services rendus à l'agriculture ou à l'industrie par des chefs d'exploitation, des contre-maîtres, des ouvriers ou journaliers.

ART. 3.

Les produits dont l'admission aura été prononcée seront expédiés du chef-lieu du département à Paris, e réexpédiés de Paris au chef-lieu du département, aux frais de l'Etat; le département de la Seine est excepté du bénéfice de cette disposition.

ART. 4.

Un jury central, nommé par le Ministre de l'agriculture et du commerce, sera chargé d'apprécier le mérite des produits exposés et les titres des chefs d'exploitation, contre-maîtres ou ouvriers, pour la distribution des récompenses.

Le rapport du jury central sera transmis au Ministre de l'agriculture et du commerce, et les récompenses seront décernées à ceux qui les auront méritées, par le Président de la République, qui, aux termes de l'article 61 de la Constitution, préside aux solennités nationales.

ART. 5.

Le Ministre de l'agriculture et du commerce est chargé de l'exécution du présent arrêté.

Paris, le 18 janvier 1849.

Signé L.-N. BONAPARTE.

Le Ministre de l'agriculture et du commerce,
Signé BUFFET.

JURY CENTRAL.

(Arrêtés des 24 et 29 avril 1849.)

MM.

Arago, membre de l'Académie des sciences, représentant du peuple.

Arlès-Dufour, négociant à Lyon.

Aubry-Febvrel (Félix), fabricant.

Barbet, ancien manufacturier.

Blanqui, professeur au Conservatoire National des arts et métiers.

Bougon, ancien directeur de la Manufacture de porcelaines de Chantilly.

Chevalier (Michel), ingénieur en chef des mines.

Chevreul, membre de l'Académie des sciences, directeur des teintures à la Manufacture Nationale des Gobelins.

Combes, membre de l'Académie des sciences.

De Croix, éleveur.

De Dampierre, représentant du peuple.

Didot (Firmin), imprimeur,

Dolfus, représentant du peuple.

Dufaud (Achille), de Fourchambault.

Dumas, membre de l'Académie des sciences.

Dumas, ancien fabricant.

Duperrier, manufacturier, membre du conseil général de la Seine.

Dupin (Charles) membre de l'Académie des sciences.

Durand (Amédée), membre de la Société d'encouragement.

Ebelmen, directeur de la Manufacture nationale de porcelaines de Sèvres.

MM.

Féray, manufacturier à Essonne.

Feuchère (Léon), architecte.

Fontaine, architecte.

Fouquier-d'Hérouel, membre du conseil général de l'Aisne.

Froment, fabricant d'instruments de précision.

Gaussen, fabricant de châles.

Geoffroy de Villeneuve, directeur du haras départemental de l'Aisne.

Germain-Thibault, fabricant, membre du conseil général du département de la Seine.

Julien (Amable), représentant du peuple.

Goldenberg, manufacturier au Zornhoff.

Grandin (Victor), représentant du peuple.

Héricart de Thury, membre de l'Académie des sciences.

Hervé de Kergorlay, membre de la Société Nationale et Centrale d'agriculture.

Keittinger-Turgis, manufacturier, membre du conseil général de la Seine-Inférieure.

Laborde (Léon de), membre de l'Académie des beaux-arts.

Lainel, inspecteur des manufactures pour le ministère de la guerre.

Lechatellier, ingénieur des mines.

Leclerc (Louis), membre de la Société d'horticulture.

Legentil, président de la chambre de commerce de Paris.

Mary, inspecteur divisionnaire des ponts et chaussées, professeur à l'Ecole centrale des arts et manufactures.

Mathieu, représentant, membre de l'Académie des sciences.

Mimerel, ancien manufacturier, président du conseil général des manufactures.

Mimerel, ingénieur de la marine.

Moll, professeur d'agriculture au Conservatoire National des arts et métiers.

Morin (Arthur), professeur de mécanique au Conservatoire National des arts et métiers.

Payen, professeur de chimie appliquée aux arts au Conservatoire National des arts et métiers.

MM.

PELIGOT, professeur de chimie au Conservatoire National des arts et métiers.

PEUPIN, représentant du peuple.

POUILLET, professeur de physique au Conservatoire National des arts et métiers.

RANDOING, manufacturier à Abbeville.

ROUX-CARBONNEL, représentant du peuple.

SAINTE-MARIE, inspecteur général de l'agriculture.

SALLANDROUZE-LAMORNAIX, fabricant de tapis.

SIEBER, associé de la maison Paturle-Lupin.

SÉGUIER (Armand), membre de l'Académie des sciences et du comité consultatif des arts et manufactures.

TOURRET, représentant du peuple.

VILLEMORIN (Louis), membre de la Société d'agriculture.

WOLOWSKI, professeur au Conservatoire National des arts et métiers.

YVART, inspecteur général des Ecoles vétérinaires.

EXPOSITION

DES PRODUITS DE L'INDUSTRIE FRANÇAISE.

1849.

CATALOGUE OFFICIEL.

Nos d'ord.	NOMS ET DEMEURES DES EXPOSANTS.	NATURE DES OBJETS EXPOSÉS.
1	*Aubert.* Paris, r. de Poitou, 26.	Objets de bronze.
2	*Aubin.* Paris, r. Popincourt, 5.	Outils.
3	*Balaine.* Paris, r. du Faubourg du Temple, 93.	Service en plaqué. Ⓗ 1827, Ⓐ 1834 ; R. Ⓐ 1839 ; Ⓐ 1844.
4	*Barbou.* Paris, r. Montmartre 58.	Objets de serrurerie. C. F. 1834, 1844.
5	*Barye.* Paris, r. Chaptal, 12.	Bronzes d'art.
6	*Baudouin.* Paris, r. du Faubourg-Saint-Denis, 58.	Ornements et couvertures en zinc.
7	*Bender.* Paris, r. des Petites-Ecuries, 16.	Articles de bijouterie en imitation.
8	*Beringer.* Paris, r. du Coq-Saint-Honoré, 6.	Fusils, carabines et pistolets. Douilles pour cartouches. Ⓗ 1839, Ⓐ 1844.
9	*Bernier.* Paris, r. du Faubourg-Saint-Antoine, 91.	Outils. Ⓗ 1844.
10	*Bertonnet,* Paris, passage Choiseul, 56	Fusils et pistolets. C. F. 1844.
11	*Bès.* Paris, place du Palais-de-Justice, 1.	Armes blanches.
12	*Blève.* Paris, r. de Bondy, 48.	Ornements estampés pour meubles. M. H. 1839, 1844.
13	*Bois et Cie.* Paris, r. Fontaine-au-Roi, 39.	Articles de fonderie en fonte malléable.
14	*Boucher et Cie.* Paris, r. des Vinaigriers, 15.	Boucles; fils et toiles métalliques, treillages et grillages.
15	*Boulland.* Paris, r. du Delta, 15.	Limes. Ⓑ 1844.
16	*Boyer.* Paris, r. Saintonge, 38.	Garnitures de cheminées. Ⓑ 1844.
17	*Brun.* Paris, rue du Roule, 19.	Fusils et pistolets.
18	*Brunier.* Paris, r. Vivienne, 55.	Objets en doublé d'or.
19	*Bureau.* Paris, r. Chapon, 23.	Articles de bijouterie. Ⓗ 1844.

Nos d'ord.	NOMS ET DEMEURES DES EXPOSANTS.	NATURE DES OBJETS EXPOSÉS.
20	*Buxmann*. Paris, r. du Faubourg Saint-Martin, 33.	Enseignes. C. F. 1844.
21	*Chagot*. Paris, r. Richelieu, 81.	Lettres en zinc et en fer pour inscriptions.
22	*Charbonnier*. Paris, r. Saint-Gilles, 8, au Marais.	Croisée avec sa fermeture ; crémones. M. H. 1844.
23	*Charpentier*. Paris, r. d'Orléans, 6, au Marais.	Articles de bronze.
24	*Chaudun*. Paris, r. du Faubourg-Montmartre, 4.	Fusils et cartouches. Ⓑ 1844.
25	*Cornillon*. Paris, r. du Temple, 36.	Bronzes et objets de bijouterie.
26	*Crepelle*. Paris, r. des Vieilles-Etuves-Saint-Martin, 4.	Planches de cuivre et de zinc.
27	*Cudrue*. Paris, r. du Faubourg-du-Temple, 56.	Modèles pour fermeture de croisées et portes cochères. C. F. 1844.
28	*Dafrique*. Paris, r. Jean-Jacques-Rousseau, 8.	Articles de bijouterie en or. Ⓑ 1839, Ⓐ 1844.
29	*D'Arlincourt*. Paris, r. Breda, 2.	Planches de zinc cuivrées, étamées et plombées. Ⓐ 1844.
30	*Dechany*. Paris, r. Ménilmontant, 94.	Crémones, fermetures de croisées; cuivreries pour serrurerie. M. H. 1844.
31	*Dégarne*. Paris, r. des Amandiers-Popincourt, 30.	Serrures à timbre.
32	*Delafontaine*. Paris, r. de l'Abbaye, 10.	Bronzes d'art.
33	*Delahaye*, Paris, r. Chapon, 20.	Outils. C. F. 1844.
34	*Delvigne*. Paris, r. du Bouloi, 24.	Obusiers et porte-amarres de sauvetage ; tubes à tir pour armes à feu. Ⓐ 1839; Ⓞ 1844.
35	*Deydier*. Paris, boulevard Bonne-Nouvelle, 12.	Ornements et couvertures en zinc.
36	*Dordet*. Paris, r. des Fossés-Montmartre, 9.	Couteaux et rasoirs. Syphon vide-bouteille. M. H. 1839.
37	*Duclos*. Paris, r. Richelieu, 47.	Fusils et pistolets.
38	*Dupérier*. Paris, r. du Parc, 4, au Marais.	Couverts en demi-argent.
39	*Duponchel*. Paris, r. Neuve-Saint-Augustin, 39 et 47.	Objets d'orfévrerie, bijouterie et joaillerie. Ⓞ 1844. (Morel, prédécesseur.)
40	*Dupont*. Paris, r. Neuve-Saint-Augustin, 3.	Meubles en fer. M. H. 1844.
41	*Durand et Gire*. Paris, r. de la Corderie, 17.	Articles de serrurerie.
42	*Durenne*. Paris, r. Planche-Mibray, 9 et 11.	Objets en fonte moulée.

Nos d'ord.	NOMS ET DEMEURES DES EXPOSANTS.	NATURE DES OBJETS EXPOSÉS.
43	*Eck et Durand.* Paris, r. des Trois-Bornes, 15.	Statues et autres objets en bronze. Ⓗ 1839 ; Ⓞ 1844.
44	*Elambert.* Paris, r. des Enfants-Rouges, 6.	Articles de bijouterie.
45	*Favrel* Paris, r. du Caire, 27.	Or et argent en feuilles. Ⓐ 1834, 1839, 1844.
46	*Ferry.* Paris, r. et terrasse Vivienne, 7.	Fermoirs à ressorts, pour gants.
47	*Février* (Veuve). Paris, r. du Petit-Thouars, 21 (Cité Boufflers).	Bronzes.
48	*Fichet.* Paris, r. Richelieu 71.	Appareils pour voter. Articles de serrurerie. Ⓗ 1834, 1839, 1844.
49	*Fontaine.* Paris, r. Saint-Honoré 269.	Articles de serrurerie.
50	*Fourquier.* Paris, r. Saint-Honoré, 67.	Articles de serrurerie, machine à cintrer les cercles.
51	*Fray.* Paris, r. Pastourel, 22.	Articles d'orfèvrerie.
52	*Gandillot.* Paris, r. Bellefond, 40.	Meubles en fer creux. Ⓐ 1834, 1844.
53	*Garlenc.* Paris, r. Salle-au-Comte, 10.	Robinets de bronze, bornes-fontaines, pompes-bornes.
54	*Garnier.* Paris, r. d'Anjou-Dauphine, 18 et 20.	Fermetures de croisées et de portes.
55	*Garolle.* Paris, r. de Charonne, 7.	Limes.
56	*Gastinne-Renette.* Paris, allée d'Antin, 39.	Fusils, carabines, pistolets et canons de fusils. Ⓐ 1827, M. H. 1834, 1839, 1844.
57	*Gautier* (Marius). Paris, r. Montholon, 37.	Etabli, outils et machine à percer.
58	*Gautier.* Paris, r. Barre-du-Bec. 10.	Armes blanches. Ⓐ 1844.
59	*Gérard (Veuve) et Dufetel.* Paris, r. du Faubourg-Saint-Antoine, 66.	Établis à chariot et outils. C. F. 1834; Ⓗ 1844.
60	*Gérardin.* Paris, r. du Colysée, 32.	Essieu, boites, arbre vertical, et machine à vapeur.
61	*Girard-Pinsonnière.* Paris, r. Vivienne, 21.	Ornements en bois doré et en cuivre estampé. Ⓗ 1834, 1839.
62	*Gobin et Marisot.* Paris, r. de la Cerisaie, 12.	Meubles en bronze.
63	*Goldet.* Paris, r. Saint-Lazare, 150.	Canons de fusils. C. F. 1839, M. H. 1844.
64	*Gombault et Cie.* Paris, r. Moreau, 9.	Services de table en maillechort.
65	*Grange et Prodon-Pouzet.* Paris, r. Grenetat, 39.	Objets de coutellerie. M. H. 1839 ; Ⓑ 1844.
66	*Granger.* Paris, r. de Bondy, 70.	Objets d'église ; articles de bijouterie ; objets d'art. Ⓐ 1844.

N[os] d'ord.	NOMS ET DEMEURES DES EXPOSANTS.	NATURE DES OBJETS EXPOSÉS.
67	*Grangoir*. Paris, r. de Cléry, 80.	Serrures. Ⓑ 1834, 1839, 1844.
68	*Groult et Cie*. Paris, r. Frépillon, 7 et 9.	Tubes en cuivre.
69	*Guérin*. Paris, r. Albouy, 2.	Fusils.
70	*Gueyton*. Paris, r. Chapon, 12.	Objets d'art; armes de luxe.
71	*Guillet*. Paris, r. des Fontaines-du-Temple, 11.	Plaques en doublé.
72	*Henry et Bessas-Lamégie*. Paris, r. du Bac, 33.	Plateaux en fonte pour chemins de fer.
73	*Houdaille*. Paris, r. Saint-Martin, 171.	Garnitures de livres. M. H. 1834; Ⓐ 1844.
74	*Jacquemart*, Paris, r. du Chemin-de-Pantin, 2.	Serrures. Ⓑ 1844.
75	*Jay*. Paris, r. Neuve-Vivienne, 53.	Chapeaux, jayotypes, armes blanches. Ⓐ 1834, 1839.
76	*Laisné* Paris, r. Montorgueil, 28.	Etrilles.
77	*Laissement* Paris, r. Jean-Jacques-Rousseau, 22.	Planches d'étain et de zinc pour la musique.
78	*Lambert*. Paris, r. Notre-Dame-de Nazareth, 29.	Objets en plaqué.
79	*Lamory*. Paris, r. de Charenton, 41	Articles de coutellerie (ancienne fabrique Gillet, C. F. 1806; M. H. 1819; Ⓑ 1823; Ⓐ 1827, 1834, 1839, 1844).
80	*Langlet*. Paris, r. Ménilmontant, 47.	Objets en cuivre.
81	*Languedoc*. Paris, r. Saint-Honoré, 138.	Articles de coutellerie (ancienne fabrique Cavet, Ⓐ 1827, 1834, 1844)
82	*Laporte*. Paris, r. des Filles-Saint-Thomas, 12.	Articles de coutellerie. Ⓑ 1827, 1834, 1839; Ⓐ 1844.
83	*Larcuaneule*. Paris r. des Gravilliers, 29.	Outils. M. H. 1844.
84	*Laserve et Royer*. Paris. r. Pagevin, 3.	Articles de bijouterie.
85	*Halettin et Payen*. Paris, place Saint-Nicolas-des-Champs, 2.	Articles de bijouterie.
86	*Leblanc*. Paris, r. Ménilmontant, 49.	Crémones.
87	*Lecerf*. Paris, r. Fontaine-au-Roi, 33.	Boulons, écrous et rondelles.
88	*Lefaucheux*. Paris, r. de la Bourse, 10.	Fusils, pistolets et couteaux de chasse M. H. 1827; Ⓑ 1834, 1839.
89	*Lemaire*. Paris, place et passage du Caire, 2.	Ornements pour l'ameublement.
90	*Lemare (Veuve)*. Paris, quai Conti, 3.	Appareils de chauffage. Ⓐ 1823, R. Ⓐ 1827, 1834, 1844.
91	*Lemoitre*. Paris, r. du Luxembourg, 42.	Coffres-forts et serrures. M. H. 1844.
92	*Lemonnier*. Paris, r. du Faubourg-Saint-Martin, 5.	Robinets-pompes, soupapes de sûreté, flotteurs et sifflets d'alarme.

Nos d'ord.	NOMS ET DEMEURES DES EXPOSANTS.	NATURE DES OBJETS EXPOSÉS.
93	*Lepage*. Paris, r. des Gravilliers, 28.	Limes.
94	*Louvet*. Paris, r. Simon-le-Franc, 14.	Outils à ciseleur; machine pour marquer les bijoux.
95	*Marcaille et fils aîné*. Paris, r. Moreau, 50.	Cuivreries pour le bâtiment et la marine.
96	*Marchand*. Paris, r. de Richelieu, 57.	Bronzes.
97	*Marmuse*. Paris, r. du Bac, 28.	Objets de coutellerie. M. H. 1844.
98	*Marquis*. Paris, r. Saint-Honoré, 338.	Objets de coutellerie, armes blanches.
99	*Martin et Véry frères*. Paris, quai de la Mégisserie, 74.	Objets en fonte.
100	*Massouille*. Paris, r. Sainte-Avoye, 64.	Couteaux; outils pour la chapellerie.
101	*Matifat*. Paris, r. de la Perle, 9.	Bronzes.
102	*Mazin*. Paris, r. Saint-Maur, 100.	Objets de coutellerie pour peintres.
103	*Mercier*. Paris, r. du Pont-aux-Choux, 17.	Bronzes.
104	*Miroy frères*. Paris, r. d'Angoulême-du-Temple, 10.	Bronzes.
105	*Michault*. Paris, r. Thiroux, 9.	Outils pour la carrosserie.
106	*Michuy*. Paris, r. Meslay, 8.	Pièces en fonte étamée; formes à sucre.
107	*Moquet*. Paris, r. de la Calandre, 17.	Lampes à souder.
108	*Mora*. Paris, r. Jean-Robert, 17.	Objets d'ameublement. M. H. 1844.
109	*Motheau*. Paris, r. de la Concorde, 20.	Coffres-forts et serrures. M. H. 1839.
110	*Nicoud*. Paris, r. du faubourg du Temple, 64.	Limes et outils.
111	*Obry*. Paris, place Dauphine, 11.	Objets de bijouterie.
112	*Paillard* Paris, r. Saint-Claude, 2 bis (Marais).	Bronzes. Ⓐ 1839; Ⓐ 1844.
113	*Pareillez*. Paris, r. Jarente, 10.	Ferrures de croisées.
114	*Payen*. Paris, r. Molay, 10.	Bijoux. Ⓐ 1844.
115	*Péchiney* aîné. Paris, quai Valmy, 45.	Maillechort, M. H. 1834; Ⓐ 1839 et 1844.
116	*Pestillat*. Paris, r. du faubourg Saint-Denis, 162.	Casques.
117	*Potel*. Paris, r. Beaubourg, 50.	Bijoux de deuil, M. H. 1844.
118	*Perrot*. Paris, r. du faubourg Poissonnière, 12.	Lettres en zinc.
119	*Picault*. Paris, r. Dauphine, 52,	Pièces de coutellerie. M. H. 1844.
120	*Pichonnier*. Paris, r. Aumaire, 36.	Outils.
121	*Pichot*. Paris, r. de Charonne, 38 et 40.	Limes. M. H. 1844.

Nos d'ord.	NOMS ET DEMEURES DES EXPOSANTS.	NATURE DES OBJETS EXPOSÉS.
122	*Picot et Luquet*. Paris, r. Sainte-Elisabeth, 3.	Pièces de bijouterie.
123	*Pilliet*. Paris, r. Saint-Martin, 194.	Lames de tondeuses et de scies.
124	*Plique*. Paris, r. Saint-Martin, 293.	Objets dorés.
125	*Plomdeur*, à Montmartre, r. Virginie, 6.	Fusils et pistolets.
126	*Pottet*. Paris. r. du Luxembourg, 3.	Fusils et pistolets. (B) 1834.
127	*Poulet*. Paris, r. Pierre Levée, 12.	Fil et grillage en plomb. M. H. 1844.
128	*Poussielgue-Rusand*. Paris, r. Cassette, 36.	Bronzes et pièces d'orfévrerie.
129	*Prévost et Dulud*. Paris, r. Basse-du-Rempart, 28.	Meubles avec cuivre en relief.
130	*Prud'homme (Barthélemy)*. Paris, r. Saint-Maur-du-Temple, 132.	Boulons. (B) 1839, 1844.
131	*Prud'homme (Pierre)*. Paris, r. Montmorency, 32.	Montures en bronze pour bâtiment.
132	*Quennessen*. Paris, r. du Bouloi, 4.	Creusets et instruments de chimie.
133	*Raoul* aîné. Paris, r. Popincourt, 12	Limes.
134	*Rebour*, aux Batignolles, r. de la Paix, 14 *ter*.	Serrures, becs-de-cannes et cadenas.
135	*Renard*. Paris, r. des Gravilliers, 28.	Outils. (B) 1839, (A) 1844.
136	*Renaud*. Paris, r. Pétrelle, 22.	Objets de serrurerie.
137	*Richard*. Paris, r. Saint-Martin, 139.	Bijoux pour deuil. (B) 1827, R. (B) 1834, 1839 et 1844.
138	*Rivain*. Paris, r. du Petit-Thouars, 21.	Objets en cuivre pour bâtiments.
139	*Robin et Cie*. Paris, r. d'Angoulême-du-Temple, 42.	Pompes et tuyaux.
140	*Ronsen*. Paris, r. Ménilmontant, 7.	Ornements dorés en faux.
141	*Rousseau*. Paris, r. Beaubourg, 50.	Rouleaux et outils. (B) 1839, 1844.
142	*Rudolphi*. Paris, r. Tronchet, 3	Objets d'orfévrerie.
143	*Sanders*. Paris, r. Soly, 13.	Fontaines à thé.
144	*Savary et Mosbach*. Paris, r. Vaucanson, 4.	Objets de bijouterie et de joaillerie.
145	*Schmoll*. Paris, passage Basfour, 9.	Bracelets et broches.
146	*Simonin* dit *Blanchard et Cie*. Paris, r. des Gravilliers, 37.	Outils. (B) 1827; R. (B) 1834, 1839; (A) 1844.
147	*Stolz et Treiné*. Paris, r. Saint-Honoré, 67.	Barres d'acier.
148	*Thiéry*. Paris, r. Sainte-Marguerite, 14 (faubourg Saint-Germain).	Ostensoirs, chapelles et calices.
149	*Thirion et Guidon*. Paris, r. Neuve-Saint-Martin, 31.	Bronzes.
150	*Thouret*. Paris, place de la Bourse, 31.	Service de table. (B) 1844.

N°ˢ d'ord.	NOMS ET DEMEURES DES EXPOSANTS.	NATURE DES OBJETS EXPOSÉS.
151	*Tourneur*. Paris, rue Phelippeaux, 28.	Zinc en feuilles pour satiner le papier.
152	*Trilon, Weldon et Weil*. Paris, r. Greneta, 29.	Boutons et médailles. Ⓑ 1844.
153	*Vallet*. Paris, r. du faubourg du Temple, 44.	Cadenas en cuivre. M. H. 1844.
154	*Vauthier*. Paris, r. Dauphine, 40.	Objets de coutellerie Ⓑ 1839, 1844.
155	*Verstaen*. Paris, rue Beaujolais, 6 (au Marais).	Coffres-forts.
156	*Veyrat*. Paris, rue de Malte, 20.	Objets en plaqué et en argent. Ⓑ 1827 et 1834 ; Ⓐ 1839 et 1844.
157	*Villoz*. Paris, rue des Filles-du-Calvaire, 10.	Bronzes.
158	*Vuigner*. Paris, r. Quincampoix, 3.	Garnitures de cheminée.
159	*Wursthorn et Cie*. Paris, r. Phelippeaux, 27.	Limes.
160	*Zier*. Belleville, boulevard des Couronnes, 9.	Bronzes.
161	*Anquetil*. Paris, r. de Malte, 9.	Boussoles.
162	*Aubin*. Paris, r. de Breteuil, Marché-Saint-Martin, 6.	Bronzes et articles de chasse.
163	*Bally*. r. Notre-Dame-de-Nazareth, 25.	Boîtes de pendules. M. H. 1844.
164	*Baranowski*. Paris, r. Neuve-Clichy, 3.	Appareils dit *taxe-machines*.
165	*Basely*. Paris, r. Constantine, 11.	Aiguilles pour l'horlogerie. Ⓐ 1844.
166	*Bergeron*. Paris, r. des Marais-Saint-Martin, 31.	Engrenages pour l'horlogerie.
167	*Berrolla* aîné. Paris, r. de la Tour, 2.	Pendules de voyage. Ⓐ 1844.
168	*Beyerlé*. Paris, r. Mazarine, 44.	Verres à surface de cylindre. M. H. 1844.
169	*Bezault*. Paris, r. des Vinaigriers, 18.	Manomètres, sifflets d'alarme.
170	*Bisson frères*. Paris, boulevard des Italiens, 11.	Epreuves daguerriennes.
171	*Blanc*. Paris, r. de Verneuil, 40.	Compas.
172	*Bodeur*. Paris, r. et passage Dauphine, 36.	Instruments de physique. M. H. 1839 ; Ⓑ 1844.
173	*Bolviller et Gontard*. Paris, r. de Vendôme, 2 *ter*.	Montres et pendules.
174	*Bourdin*. Paris, r. de la Paix, 28.	Régulateurs. M. H. 1839 ; Ⓑ 1844
175	*Brocot*. (Louis) Paris, r. Charlot, 18 (Marais).	Régulateurs. Ⓑ 1827 et 1834 ; Ⓐ 1839 et 1844.
176	*Brocot*. Paris, r. des Enfants-Rouges, 6.	Bornes en marbre.
177	*Brossart-Vidal* (Mme). Paris, r. Neuve-Saint-Roch, 23.	Alcoomètres.

N°s d'ord.	NOMS ET DEMEURES DES EXPOSANTS.	NATURE DES OBJETS EXPOSÉS.
178	*Bunten.* Paris, quai Pelletier, 30 et 32.	Baromètres, thermomètres, hygromètres et manomètres.
179	*Buron.* Paris, r. des Trois-Pavillons, 10.	Instruments d'optique. Ⓐ 1834 et 1839 ; Ⓞ 1844.
180	*Callaud* dit *Philippe.* Paris, r. Neuve-des-Petits-Champs, 39.	Chronomètres et pendules. M. H. 1834 ; Ⓑ 1839 ; Ⓐ 1844.
181	*Caudron.* Paris, r. du faubourg Saint-Honoré, 98.	Montres et pendules.
182	*Chabassol.* Paris, r. du Bac, 79.	Réveil-régulateur.
183	*Charles.* Paris, r. des Ecouffes, 26.	Instruments de précision.
184	*Chemin.* Paris, r. de la Ferronnerie, 4.	Instruments de pesage. M. H. 1834 et 1839.
185	*Chuard.* Paris, r. Carnot, 6.	Instruments de physique et de chimie.
186	*Cloux.* Paris, r. Saint-Louis en-l'Ile, 50.	Instruments de géodésie.
187	*Collot frères.* Paris, boulevard d'Enfer, 10.	Balances.
188	*Couët.* Paris, place Dauphine, 16.	Pendule.
189	*Courvoisier.* Paris, r. de la Cité, 28.	Cartels à réveil.
190	*Danglès.* Paris, r. du Ponceau, 27 et 29.	Manomètres.
191	*Daurignac.* Paris, r. Gît-le-Cœur, 1.	Machine électrique, balance à essai, machine à vapeur et filière.
192	*Demortreux.* Paris, r. Transnonain, 7.	Réveil lumineux.
193	*Deriquehem.* Paris, r. Jacob, 18.	Instruments de précision. Système de chemin de fer. M. H. 1834, 1839 et 1844.
194	*Derussy.* Paris, r. des Prouvaires, 3.	Epreuves daguerriennes.
195	*Dillenseger.* Paris, r. Michel-le-Comte, 21.	Lunettes et lorgnons.
196	*Dumas.* Paris, r. du Foin, 4 (Marais).	Chronomètres.
197	*Dupin.* Paris, r. de Grenelle-Saint-Honoré, 7.	Machines électriques ; épures de géométrie.
198	*Fastré.* Paris, quai des Augustins, 63.	Baromètres et thermomètres.
199	*Ferrario.* Paris, r. Bourg-l'Abbé, 34.	Instruments de mathématiques et baromètres.
200	*Follet.* Paris, r. Neuve-des-Capucines, 4.	Régulateurs à gaz.
201	*Froment.* Paris, r. Ménilmontant, 3.	Télégraphes électriques, machines électomotrices et instruments de géodésie Ⓑ 1844.
202	*Garnier.* Paris, r. Taitbout, 6.	Horloges électriques et instruments de précision. Ⓐ 1827, 1834 et 1839 ; Ⓞ 1844.
203	*Gavard.* Paris, quai de l'Horloge, 9.	Pantographes et instruments de mathématiques. Ⓑ 1844.

Nos d'ord.	NOMS ET DEMEURES DES EXPOSANTS.	NATURE DES OBJETS EXPOSÉS.
204	*Giroux*. Paris, r. Sainte-Avoye, 60.	Instruments d'optique. M. H. 1844.
205	*Grand*. Paris, r. Pierre-Levée, 13.	Manomètres.
206	*Greiling*. r. Saint-Martin, 30.	Instruments d'acoustique; porte-voix. (B) 1827, 1834, 1839.
207	*Grenier (Veuve)*. Paris, r. de la Calandre, 54.	Horloges et tourne-broches.
208	*Grosse frères*. Paris, r. du Milieu-des-Ursins, 1.	Aréomètres. M. H 1844.
209	*Grosselin*. Paris, rue du Battoir, 7.	Globes et planétaires. (B) 1839 et 1844. (Delamarche, prédécesseur.)
210	*Guillemot*. Paris, r. du Faubourg-Saint-Denis, 30.	Charnières et instruments de mathématiques.
211	*Hamann*. Paris, quai des Augustins, 43	Modèles de machines. (B) 1844.
212	*Henri*. Paris, passage de l'Orme, 21.	Objets d'optique.
213	*Jacquin*. Paris, r. du Perche, 3.	Pièces d'horlogerie. M. H. 1844.
214	*Jarossay*. Paris, r. de Valois-Saint-Honoré, 10.	Régulateurs et diverses machines à rouages à vis sans fin.
215	*Kruines*. Paris, quai de l'Horloge, 21.	Instruments de mathématiques.
216	*Larzet*. Paris, r. de la Concorde, 12.	Petits régulateurs; bornes de marbre; réveils-matin.
217	*Laumain*. Paris, r. de la Tixeranderie, 15.	Chronomètres de poche.
218	*Le Blastier*. Paris, r. Beautreillis, 13.	Balance de démonstration.
219	*Lebrun (Alexandre)*. Paris, r. Chapon, 3.	Instruments d'optique; cafetières.
220	*Lebrun (Jean-Baptiste)*. Paris, r. Grenetat, 4.	Instruments d'optique et de mathématiques. M. H. 1844.
221	*Leduc*. Paris, r. Saint-André-des-Arts, 16.	Montres; chronomètres. M. H. 1844.
222	*Lefebvre*. Paris, r. Jean Jacques Rousseau, 4 *bis*.	Ressorts pour l'horlogerie.
223	*Lemaire*. Paris, r. de la Marche, 12.	Jumelles de spectacle.
224	*Leneuville*. Paris, r. Chanoinesse, 26.	Mécaniques à cadran.
225	*Lerebours* et *Sécretan*. Paris, place du Pont-Neuf, 13.	Instruments d'optique et d'astronomie. (O) 1819, 1834, 1839 et 1844.
226	*Loiseau*. Paris, quai de l'Horloge, 33.	Machine pneumatique; télégraphe électrique. M. H. 1844.
227	*Maurel et Jayet*, Paris, r. Notre-Dame-des-Victoires.	Machine à calculer.
228	*De Merle*. Paris, r. de Grenelle-Saint-Germain, 104.	Niveau de précision.
229	*Montandon frères*. Paris, r. des Lions-Saint-Paul, 16.	Ressorts d'horloge. M. H. 1834; (A) 1844.

N°s d'ord.	NOMS ET DEMEURES DES EXPOSANTS.	NATURE DES OBJETS EXPOSÉS.
230	*Molteni et Cie*. Paris, r. Neuve-Saint-Nicolas, 28.	Instruments d'optique ; instruments pour la marine. Ⓑ 1844.
231	*Nachet*. Paris, r. des Grands-Augustins, 1.	Instruments d'optique. Ⓞ 1844.
232	*Palmer*. Paris, r. Montmorency, 16.	Instruments de précision ; articles de tréfilerie.
233	*Perusset*. Paris, r. de la Monnaie, 11.	Chronomètres.
234	*Petrement*. Paris, r. Neuve-Popincourt, 10.	Séries de calibres. M. H. 1844.
235	*Pickard*. Paris, r. du Pont-aux-Choux, 17.	Mouvements, pendules et tableaux d'horlogerie.
236	*Pierret*. Paris, r. des Bons-Enfants, 21.	Pendules.
237	*Plagniol*. Paris, r. Pastourel, 5.	Instruments d'optique. M. H. 1844.
238	*Parent*. Paris, r. des Arcis, 33.	Nécessaire portatif pour la vérification des poids et mesures. Ⓐ 1844.
239	*Plaut*. Paris, r. Percée, 12.	Instruments de précision ; pantographes.
240	*Pougeois*. Paris, r. Saint-Sauveur, 30.	Cadrans indicateurs fixes et mobiles. C. 1844.
241	*Proal*. Paris, r. de la Réforme, 1.	Instruments indicatifs du travail qu'on peut obtenir.
242	*Redier*. Paris, place du Châtelet, 2.	Montres marines, chronomètres, pendules et réveils-matin. Ⓑ 1844.
243	*Régnier*. Grenelle, r. de Grenelle, 16.	Articles de précision ; serrures à combinaison. M. H. 1827 et 1834.
244	*Reydor* frères *et Colin*. Paris, r. Jean-Robert, 17	Régulateurs ; tourne-broches et horloges.
245	*Richer*. Paris, r. Saint-Claude, 4 (Marais).	Instruments de précision pour les sciences. Ⓐ 1839.
246	*Rieussec*. Saint Mandé, avenue du Bel-Air, 60.	Chronographes et cadrans solaires. Ⓑ 1839 ; Ⓐ 1844.
247	*Ringard*. Paris, r. Saint-Martin, 199.	Instruments d'optique.
248	*Robert*. Paris, r. du Coq-Saint-Honoré, 8.	Pendules et chronomètres. Ⓐ 1834 et 1839 ; Ⓞ 1844.
249	*Rojon*. Paris, quai Valmy, 23.	Emeri. Ⓑ 1844.
250	*Rouvet*. Paris, r. du Musée, 3.	Instruments de mathématiques. M. H. 1844.
251	*Savaresse*. Grenelle, avenue Saint-Charles, 30.	Cordes pour instruments. Ⓑ 1844.
252	*Schiertz*. Paris, r. de la Huchette, 29.	Appareils pour daguerréotypes. Ⓑ 1844.
253	*Thiellay*. Paris, r. Phelippeaux, 44.	Mesures linéaires souples.

N^os d'ord.	NOMS ET DEMEURES DES EXPOSANTS.	NATURE DES OBJETS EXPOSÉS.
254	*Vaillot.* Paris, Palais-National, 45.	Epreuves daguerréotypes.
255	*Valette.* Paris, passage Jouffroy, 38 et 40.	Appareils pour pesage.
256	*Vallet.* Paris, r. Neuve-Bourg-l'Abbé, 2.	Montres; mouvements, pendules et instruments de précision. Ⓐ 1844.
257	*Vande et Jeannay.* Paris, r. des Guillemites, 2.	Outils de précision; mesures linéaires. Ⓑ 1839 et 1844.
258	*Adler.* Paris, r. Mandar, 8.	Instruments de musique à vent. Ⓗ 1839 et 1844.
259	*Adlin.* La Chapelle-St-Denis, r. du Bon-Puits, 2.	Mécanique pour le repassage.
260	*Alexandre.* Paris, r. Saint-Jacques, 108.	Modèles de cristallographie et de mécanique.
261	*Alkan* aîné. Paris, place Dauphine, 24.	Rouleaux pour la typographie, la lithographie et les timbres humides.
262	*Ardillon.* Paris, r. des Tournelles, 26.	Appareils à rôtir; chaufferettes; articles de tôlerie.
263	*Ariel.* Paris, r. du Faubourg-Saint-Jacques, 135.	Décamètres en fil de fer.
264	*Armengaud.* Paris, r. Saint-Sébastien, 19 *quater.*	Dessins et tableaux de machines. Ⓗ 1839 et 1844.
265	*Bariquand.* Paris, r. Saint-Louis, 27, au Marais.	Pièces détachées pour machines.
266	*Barker.* Paris, r. du Cherche-Midi, 111.	Calorifère pour appartement.
267	*Bartsch.* Paris, r. Saint-Martin, 220.	Instruments de musique en cuivre.
268	*Bastien.* Paris, r. du Rocher, 23.	Voiture mécanique.
269	*Baudon* et *Devallois.* La Chapelle-Saint-Denis, r. des Couronnes, 2.	Mécanique à ouvrir les huîtres.
270	*Bémy* (de). Paris, r. Phélippeaux, 5 *bis.*	Ecrans à feu. Peinture sur satin pour robes.
271	*Bernardel.* Paris, r. Croix-des-Petits-Champs, 23.	Instruments de musique à cordes. M. H. 1827; Ⓑ 1834 et 1839; Ⓐ 1844;
272	*Bernier.* Paris, r. Geoffroy-Marie, 8.	Lampes à gaz liquide.
273	*Besson.* Paris, r. des Couronnes, 7.	Instruments de musique en cuivre.
274	*Bianchi.* Paris, r. de la Sorbonne, 9.	Instruments de physique et de mathématiques. Ⓐ 1844.
275	*Binger.* Paris, r. Neuve Saint-Jean, 4 *bis.*	Instruments de pesage. Balances de comptoir mobiles.
276	*Bizet.* Paris, r. Grange-aux-Belles, 4.	Modèles de wagon et de voiture. Suif préparé.
277	*Blatin.* Paris, r. Saint-Germain-des-Prés, 2.	Appareil pour faciliter le roulage.
278	*Bouhon.* Paris, place Dauphine, 7.	Lampes et burettes inversables

N°s d'ord.	NOMS ET DEMEURES DES EXPOSANTS.	NATURE DES OBJETS EXPOSÉS.
279	*Bourru*. Paris, boulevard Saint-Martin, 5 *bis*.	Modèles de chemin de fer et de navires de sauvetage.
280	*Bouveret*. Paris, r. Montmartre, 61.	Portraits au daguerréotype.
281	*Breton*. Paris, r. Jean-Jacques-Rousseau, 28.	Instruments de musique en bois. Ⓑ 1844.
282	*Briet* fils. Paris, r. Notre-Dame-de-Nazareth, 27.	Allume-feu.
283	*Buffet-Crampon*. Paris, passage du Grand-Cerf, 22.	Instruments de musique. M. H. 1839; Ⓑ 1844.
284	*Buignier*. Paris, r. des Vertus, 20.	Objets de gravure et d'estampage. Ⓑ 1839; Ⓐ 1844.
285	*Cailly*. La Chapelle-Saint-Denis, r. Constantine, 60.	Machine à râper. Essieux.
286	*Camus*. Paris, r. Saint-Victor, 13.	Lanternes pour chemins de fer.
287	*Canuet* et *Cornozière*. Paris, r. Molay, 6.	Machine à vapeur à haute pression, avec chaudière.
288	*Careau*. Paris, r. Croix-des-Petits-Champs, 13.	Mouvements de lampes, lampes et supports. Ⓐ 1839.
289	*Chabrié* fils aîné. Paris, r. Notre-Dame-des-Victoires, 16.	Lampe. M. H. 1839; Ⓐ 1844.
290	*Chalopin*. La Chapelle-Saint-Denis, Grande-Rue, 14.	Machine à boucher les bouteilles.
291	*Chambellan*. Paris, r. Rambuteau, 57.	OEillets métalliques et machine pour les poser. Machine à ferrer les lacets.
292	*Chanot*. Paris, quai Malaquais, 1.	Etuis d'instruments de musique. Ⓐ 1839 et 1844.
293	*Chanson*. Paris, r. de Choiseul, 3.	Métiers à broder, broderies et tapisseries. Ⓑ 1844.
294	*Charpentier*. Paris, r. Beaubourg, 19.	Baromètres, pédomètres, méridiennes, boussoles et pendules.
295	*Chartron*. Paris, r. Saint-Martin, 194.	Ventilateurs. Forge portative.
296	*Clair*. Paris, r. du Cherche-Midi, 93.	Modèle de locomotive. Indicateurs pour vapeur. Ⓑ 1839 et 1844.
297	*Cleff* et *Clément Cleff*. Barrière d'Italie, passage Moulinet, 7.	Brouettes pour mesures et terrassements.
298	*Aude*. Paris, r. Saint-Bernard, 19.	Laminoir et dents de peigne pour tissage.
299	*Clément*. Paris, r. Saint-Martin, 253.	Appareil pour forer des trous de mine.
300	*Cœur*. Paris, r. Papillon, 7.	Flûtes.
301	*Couilbœuf*. Paris, place de la Bourse, 10.	Lampes et montures.
302	*Courtois* aîné. Paris, r. des Vieux-Augustins, 28.	Instruments de musique en cuivre.

Nos d'ord.	NOMS ET DEMEURES DES EXPOSANTS.	NATURE DES OBJETS EXPOSÉS.
303	*Courtois* (Eugène). Paris, r. Bichat, 8 *bis*.	Instruments de musique en cuivre.
304	*Dombrowski*. Paris, r. du Luxembourg, 46.	Pendule et lampes. M. H. 1844.
305	*Darche*. Paris, r. des Fossés-Montmartre, 7.	Instruments de musique. M. H. 1844.
306	*Delezennes*. Paris, r. de Thorigny, 3.	Mécanique à polir le plaqué pour la daguerréotypie.
307	*Denniée*. Paris, r. de Thorigny, 8.	Machine à vapeur, locomotives et solides géométriques.
308	*Desbois*. Paris, r. Frochot, 1.	Galeries chauffe-pieds.
309	*Dorville*. Paris, r. des Fossés-Montmartre, 6.	Registres; machines à copier et à autographier. C. 1844.
310	*Duchêne*. Paris, passage du Saumon, 70.	Guitares et violon.
311	*Duclos*. Paris, r. de Longchamp, 13.	Caisses de tambours.
312	*Ducor*. Paris, r. des Deux-Portes-Saint-Sauveur.	Machine à couper les effilés.
313	*Dugland*. Paris, r. Beauregard, 16.	Porte-forets et tourets rotatifs.
314	*Edeline*. Saint-Denis, r. Pierre-Béguin, 6.	Modèle de séchoir.
315	*Fontaine*. Paris, r. de Choiseul, 8.	Lampes.
316	*Foucher*. Paris, r. Saint-Martin, 10.	Métiers à chaussons. M. H. 1844.
317	*Gagneau* frères. Paris, r. d'Enghien, 25.	Lampes. Ⓑ 1839 ; Ⓐ 1844.
318	*Gateau*. Paris, r. de Grenelle-Saint-Germain, 64.	Conques acoustiques. M. H. 1839 et 1844.
319	*Gauthier*. Paris, r. de la Parcheminerie, 10 et 12.	Caractères typographiques à support, presses et ustensiles d'imprimerie.
320	*Gautrot* aîné et compe. Paris, r, du Cloître-Notre-Dame, 10 et 12.	Instruments de musique.
321	*Génot*. Paris, r. du Petit-Carreau, 25 et 32.	Rideaux de cheminée.
322	*Glorian*. Paris, r. de l'Union, 45.	Calorifères.
323	*Godfroy*. Paris, r. Montmartre, 63.	Instruments de musique. Ⓑ 1827, 1834, 1839 et 1844.
324	*Gosset* fils. Joinville-le-Pont (Seine).	Roue à 180 raies avec une seule jante à droit fil.
325	*Gotten* (Veuve). Paris, place des Victoires, 3.	Lampes et calibres de mouvement. Ⓑ 1827, 1834, 1839 et 1844.
326	*Grafton* et *Goldsmid*. Paris, r. Basse du-Rempart, 48 *bis*.	Compteurs à gaz ; manomètre, indicateur et régulateur de pression.
327	*Gras*. Paris, quai Voltaire, 3.	Mitre à soufflet.
328	*Guérin*. Paris, r. des Marais-Saint-Martin, 66.	Roulettes. Pèse-lettres.

Nos d'ord.	NOMS ET DEMEURES DES EXPOSANTS.	NATURE DES OBJETS EXPOSÉS.
329	*Guérin*. Montmartre, r. Véron, 21.	Flotteurs à sifflet d'alarme, manomètres et machine hydraulique.
330	*Guillotau*. Paris, r. du Temple, 109.	Perles à la mesure et bande à boudin.
331	*Guiot* et *Saligant*. Paris, r. de l'École-de-Médecine, 37.	Piano et vielle organisée.
332	*Gyssens*. Paris, r. Montmartre, 35.	Instruments de musique en bois.
333	*Halary*. Paris, r. Mazarine, 37.	Instruments de musique à vent en cuivre Ⓡ 1827 et 1839.
334	*Hardy*. Paris, r. d'Aguesseau-Saint-Honoré, 6.	Modèles de bateaux à vapeur.
335	*Havard*. Paris, r. Bailly, 1, cour Saint-Martin.	Tour et meule.
336	*Henry* (Jean). Paris, r. Saint-Martin, 99.	Violons, alto et violoncelle.
337	*Henry* (Joseph). Paris, r. Pagevin, 20.	Archets.
338	*Hugot*. Paris, r. d'Aval, 18.	Marques pour jeux.
339	*Hussenet*. Paris, r. du Faubourg-Saint-Denis, 109.	Pompes. C. 1844.
340	*Jacquet*. Paris, r. du Jardinet, 3.	Mélophones. Petit piano.
341	*Jarrin*. Paris, r. Saint-Honoré, 274.	Lampes, bec de lampe et bec à gaz. M. H. 1839.
342	*Jouve*. Paris, r. de la Cerisaie, 47.	Cric.
343	*Labbaye*. Paris, r. du Caire, 17.	Instruments de musique en cuivre. M. H. 1839 et 1844.
344	*Langry*. Batignolles, r. des Dames, 68.	Montres, pendules et chronomètre.
345	*Laperche*. Paris, r. des Gravilliers, 37 *bis*.	Vis cylindriques.
346	*Larcin*. Paris, r. des Prêtres-Saint-Étienne.	Machine à forer. Couteaux circulaires.
347	*Leclerc*. Paris, quai Valmy, 59.	Machine à vapeur, pompes et appareil de sondage.
348	*Léfèvre* père. Paris, r. Saint-Honoré, 221.	Instruments de musique à vent.
349	*Lefrançois*. Paris, r. de Poitou, 12.	Briquets.
350	*Legras* et *Rigaux*. Paris, place du Panthéon, au coin de la rue d'Ulm.	Machine à fabriquer le treillage en fil de fer. Objets de tréfilerie.
351	*Lemaire* et *Chiffarat*. Paris, quai Jemmapes, 200.	Pompe d'épuisement et autres.
352	*Le Maux*. Batignolles, cour des Moulins, 4.	Machine à broyer la paille pour faire du papier.
353	*Leroy* (Jacques-François-Louis). Paris, r. des Fossés-Saint-Germain-l'Auxerrois, 29.	Aréomètres, alcoomètres, balance de Nicholson et chalumeaux Berzélius. C. 1839; M. H. 1844.

Nos d'ord.	NOMS ET DEMEURES DES EXPOSANTS.	NATURE DES OBJETS EXPOSÉS.
554	*Leroy* (Jacques-Hippolyte). Paris, r. Notre-Dame-de-Nazareth, 15.	Garde robes, pompes, robinets et clyso pompes. Ⓑ 1844.
555	*Levent*. Paris, r. Meslay, 67.	Lanternes, manchons et lampes.
556	*Levesque* père et fils. Paris, petite r. Saint-Pierre-Popincourt, 8.	Tour à fileter, machine à raboter les métaux, pompes et marbres à dresser. Ⓑ 1834.
557	*Longavenne*. Paris, r. de la Verrerie, 78.	Lanterne marine.
558	*Louvel*. Paris, r. du Renard-Saint-Sauveur, 4.	Brouettes, moufles et crochets de chargeurs.
559	*Macaud*. Paris, avenue Matignon, 11.	Becs de gaz.
560	*Maigre*. Paris, r. Saint-Louis-en-l'Ile, 69.	Fourneau.
561	*Malacrida*. Paris, r. du Coq Saint-Honoré, 11.	Objectifs et épreuves photographiques.
562	*Mallat*. Paris, r. Neuve-Saint-François, 5.	Plumes à pointes de rubis et d'osmiure d'iridium. C. 1844.
563	*Martin* frères. Paris, r. du Petit-Carreau, 23.	Instruments de musique à vent. Ⓑ 1834, 1844.
564	*Massenet*. Paris, r. Miromesnil, 46.	Balance de précision.
565	*Mathieu*. Paris, r. de Poitou, 9.	Pièces tournées; roulettes.
566	*Matignon*. Paris, r. de Charonne, 41.	Garnitures de cardes. Ⓑ 1823.
567	*Maucomble*. Paris, r. de Grammont, 26.	Portraits au daguerréotype.
568	*Maucotel*. Paris, r. Croix-des-Petits-Champs, 18.	Instruments de musique à cordes. M. H. 1844.
569	*Maunoury*. Paris, r. Saint-Denis, 350	Becs à gaz.
570	*Mayer* frères. Paris, passage Verdeau, 13 *bis*.	Portraits au daguerréotype.
571	*Michaud*. Paris, r. Jean-Jacques-Rousseau, 22.	Instruments de musique en cuivre.
572	*Moisel*. Paris, r. Moreau, 22 *bis*.	Machine à vapeur.
573	*Monsirbent*. Paris, r. Phelippeaux, 18.	Lampes.
574	*Neuburger*. Paris, r. Vivienne, 4.	Lampes. Ⓐ 1844.
575	*Noblet*. Paris, r. de la Marche, 9.	Pendules et montres. Ⓑ 1844.
576	*Ory* (Veuve) et *Lefebvre*. Paris, r. Saint-Antoine, 143.	Métier pour la bonneterie, machine à gauffrer, peignes à charnières, et pièces détachées pour machines.
277	*Patoux*. Paris, r. Saint Louis-au-Marais, 16.	Lampes.
578	*Paulin-Desormeaux*. Paris, r. Jean-Bart, 4 *bis*.	Flambeaux.
579	*Pécaut*. Paris, r. de la Cerisaie, 11.	Photophores-syphons pour l'éclairage.
580	*Pellerin*. Paris, r. de la Jussienne, 8.	Piano et mélophone.
581	*Perreux*. Paris, r. Pastourel, 13.	Loupe-bocal.
582	*Picard*. Paris, r. Michel-le-Comte, 31.	Moules pour pâtisserie, et calorifères. M. H. 1834.

N^{os} d'ord.	NOMS ET DEMEURES DES EXPOSANTS.	NATURE DES OBJETS EXPOSÉS.
383	*Pierson*. Paris, r. Neuve-Saint-Martin, 30.	Lampes.
384	*Plasse*. Paris, r. Saint-Honoré, 67.	Objets en cuivre pour jets d'eau.
385	*Pomard*. Paris, r. de la Verrerie, 11.	Pendules.
386	*Popelin-Ducarre* et Cie. Paris, r. Vivienne, 41.	Charbon dit *de Paris*.
387	*Rabeau*. Paris, r. du Chemin de Pantin, 17.	Clous d'épingles et machine pour les fabriquer.
388	*Raffard*. Paris, r. de Rocroi, 9.	Modèles de machines à vapeur.
389	*Rambaux*. Paris, r. du Faubourg-Poissonnière, 18.	Violons, alto et violoncelles. Ⓐ 1844.
390	*Raoux*. Paris, r. Serpente, 14.	Instruments de musique en cuivre. Ⓞ 1844.
391	*Rémy*. Paris, place du Carrousel, 12.	Instruments de musique à vent.
392	*Rohée*. Paris, boulevard Saint-Martin, 6.	Pompes à incendie.
393	*Ruban*. Paris, r. Amelot, 46.	Tournurière pour chapeaux.
394	*Sabatier-Blot*. Palais-National, 129.	Portraits au daguerréotype. M. H. 1844.
395	*Sanguinède*. Paris, boulevard Poissonnière, 14.	Piano à cordes d'acier, ressorts à boudin, et montures de parapluies en acier. Ⓑ 1844.
396	*Savaresse* fils. Paris, r. Saint-Martin, 223.	Cordes d'instruments. Ⓑ 1823, 1827, 1844; Ⓐ 1834.
397	*Sentex*. Paris, r. de Grenelle-Saint-Honoré, 33.	Lampes.
398	*Silvant*. Paris, r. Croix-des-Petits-Champs, 39.	Lampes et appareils de suspension. M. H. 1834, 1839, 1844.
399	*Simon*. Paris, r. des Gravilliers, 18.	Archets. M. H. 1844.
400	*Tarin*. Paris, r. du Ponceau, 7.	Lampes syphoïdes et fermoirs à gants. C. 1844.
401	*Thibout*. Paris, r. Rameau, 6.	Instruments de musique. Ⓐ 1827, 1844.
402	*Thibouville* aîné. Paris, r. des Vieux-Augustins, 67.	Instruments de musique à vent.
403	*Triébert*. Paris, r. Montmartre, 132.	Instruments de musique à vent. Ⓑ 1834, 1839.
404	*Troussaint* et *Vernus*. Paris, r. Folie-Méricourt, 6.	Lampes.
405	*Truc*. Paris, r. de Saintonge, 9.	Lampes. Ⓑ 1844.
406	*Tulou*. Paris, r. des Martyrs, 27.	Flûtes et hautbois. Ⓐ 1844.
407	*Védy*. Paris, r. de Bondy, 48.	Instruments pour la marine.
408	*Verd*. Paris, r. Laffitte, 36.	Appareil pour le ramonage.
409	*Veyron* Paris, r. Neuve-Coquenard, cour Saint-Guillaume.	Cafetières et lampes.

N[os] d'ord.	NOMS ET DEMEURES DES EXPOSANTS.	NATURE DES OBJETS EXPOSÉS.
410	*Viallet*. Paris, r. du Temple, 102.	Orgue harmonium, accordéons et ardoises.
411	*Viguier*. Paris, boulevard Beaumarchais, 6.	Chauffe-pieds.
412	*Vuillaume*. Paris. r. Croix-des-Petits-Champs, 46.	Instruments de musique à cordes. Ⓐ 1827, 1834; Ⓞ 1839, 1844.
413	*Allard* et *Claye*. Paris, r. St-Denis, 317.	Savons. C. F. 1834; M. H. 1827, 1839, 1844. (Violet, prédécesseur).
414	*Allix*. Paris, r. Montmartre, 41.	Bustes pour coiffeurs et marchands de nouveautés; mannequins pour tailleurs. M.H. 1839.
415	*Arnoux*. Belleville, r. Lanzin, 14.	Rouge dit *français*.
416	*Aubert* et *Noël*. Paris, r. Saint-Honoré, 267.	Liqueurs et conserves de fruits.
417	*Augan*. Paris, r. de la Tour-d'Auvergne, 10.	Gommes pour l'impression des tissus.
418	*Banner*. Paris, avenue des Champs-Elysées, 41.	Bois métallisé.
419	*Bellavoine*. Paris, r. de l'Arbre-Sec, 3.	Couleurs, toiles et panneaux pour la peinture; toiles et papier pour le pastel.
420	*Bezançon* aîné. Paris, place du Châtelet, 4.	Liquide siccatif.
421	*Biron-Devèze*. Paris, r. du Faubourg-Saint-Martin, 187.	Mannite cristallisé.
422	*Bleuze*. Paris, r. des Lombards, 35.	Savons, amidon et huiles odoriférantes.
423	*Bonneseur*. La Villette, r. de Flandre, 104.	Chandelles et bougies.
424	*Bonnet*. Paris, r. du Faubourg-Montmartre, 56.	Echantillons de sang destiné aux engrais.
425	*Boucherie*. Paris, Avenue Sainte-Marie-du-Roule, 32.	Bois conservés au moyen du procédé de l'exposant.
426	*Bourgogne* (Joseph), Paris, r. d'Arcole, 2 *bis*.	Préparations microscopiques sur les trois règnes de la nature. C. F. 1839; Ⓑ 1844.
427	*Bourgogne* (Auguste), r. de la Chaussée-d'Antin, 33.	Cafetières.
428	*Boyer* et Cie. Paris, r. de la Harpe, 33.	Sérum albumineux, tiré du sang et appliqué à l'impression des étoffes; étoffes imprimées par ce procédé.
429	*Boyer* (François-Eugène). Paris, r. de la Harpe, 35.	Essence de café Moka.

Nos d'ord.	NOMS ET DEMEURES DES EXPOSANTS.	NATURE DES OBJETS EXPOSÉS.
430	*Boyveau, Pelletier* et Cie. Issy, r. Notre-Dame, 18.	Echantillons d'acide gallique, acide acétique, tannin, iodure de potassium et autres produits chimiques. Instruments et ustensiles de chimie. (B) 1844.
431	*Briard.* Paris, r. du Cloître-Saint-Jacques-l'Hôpital.	Rouge végétal. M. H. 1844.
432	*Brière.* Paris, boulevard Beaumarchais, 24.	Echantillons d'acide arsénieux.
433	*Chabrérat.* Paris, r. des Carmes, 2.	Cafetières.
434	*Chalin* fils. Paris, r. de la Croix, 11.	Vernis pour les imitations de dorure, liquide pour bronzer les métaux, et couleurs pour la dorure.
435	*Châtillon.* Paris, passage Vivienne, 26 et 28.	Tapioca, sagou, semoule et farines alimentaires.
436	*Chetelat.* Paris, r. Saint-Martin, 15.	Savons. (B) 1839. (*Demarson*, prédécesseur).
437	*Chonneaux.* Paris, r. Jean-Robert, 6.	Articles de parfumerie. C. F. 1844.
438	*Colson.* Paris, r. du Dragon, 3.	Toiles dites ligneuses; papiers ligneux; estompes en caoutchouc. (B) 1844.
439	*Cordier.* Bercy, r. de Bercy, 80.	Cafetière.
440	*Couget.* Batignolles, r. de la Paix, 24.	Huiles, essence et vernis. Lampes et planches vernissées.
441	*Courtial.* Grenelle, quai de Javel.	Bleu d'outremer.
442	*Daméme.* Paris, r. des Coquilles, 2.	Encre, cirage et vernis pour chaussures. C. F. 1844.
443	*Daussy.* Paris, r. de Lancry, 10.	Brûle-café et cafetière. M. H. 1844.
444	*Deiss.* Paris, r. Grange-aux-Belles, 1 *bis*.	Produits chimiques.
445	*Delaruelle Ledanseur.* Paris, rue du Petit-Thouars, 21.	Crayons et boîtes à dessin. M. H. 1839; (B) 1844.
446	*Delondre, Berthelemot* et Cie. Paris, r. Vieille-du-Temple, 30.	Sulfate de quinine, cinchonine et sulfate de cinchonine. (O) 1839. (*Pelletier, Delondre et Levaillant*, prédécesseurs).
447	*Enfert* (J') frères. Plaine d'Ivry, près Paris.	Gélatine.
448	*Dezobry.* Paris, r. du Faubourg-Poissonnière, 4.	Conserves M. H. 1839, 1844.
449	*Didier.* Nanterre (Seine).	Colle-forte.
450	*Donneau* et Cie. Paris, quai de Jemmapes, 146.	Acide et bougies stéariques.

N^os d'ord.	NOMS ET DEMEURES DES EXPOSANTS.	NATURE DES OBJETS EXPOSÉS.
451	*Doré*. Paris, r. du Faubourg-Poissonnière, 195.	Encres d'imprimerie. M. H. 1844.
452	*Drouin* et *Brossier*, près Saint-Denis, à la Briche.	Produits chimiques.
453	*Dubois*. Paris, r. des Lombards, 55.	Bougies, cierges et acide stéarique.
454	*Ducray*. Ivry (Seine).	Poudre à coller les vins.
455	*Dupas*. Paris, r. Folie-Méricourt, 6.	Boites à conserves, les unes vides, les autres pleines d'aliments.
456	*Durant* (Eugène), à Passy, avenue de Saint-Cloud, 75.	Siccatif pour mettre en couleur sans frottage, encollage pour le pastel, et vernis. C. F. 1844.
457	*Durand*. Paris, r. Mauconseil 12.	Chocolat.
458	*Durel*. Paris, r. des Vieux-Augustins, 6.	Cirage et vernis pour les chaussures. M H. 1844.
459	*Durozier*. Paris, r. des Francs-Bourgeois-St-Michel, 18.	Produits chimiques pour les arts. M. H. 1844.
460	*Dutfoy*. Paris, r. du Dragon, 5.	Couleurs fines. M. H. 1839. Ⓑ 1844.
461	*Fastier*, à Neuilly, avenue de la République, 209.	Conserves alimentaires.
462	*Feau-Béchard*, à Passy, q. de Passy, 26.	Teintures sur laines. M. H. 1834; Ⓑ 1839, 1844.
463	*Ferrand*. Paris, r. Mongallet, 7.	Couleurs fines pour les arts. Ⓑ 1839, 1844.
464	*Ferry*. Paris, r. de Beaune, 31.	Tablettes dites judéennes, pour la barbe.
465	*Fessard*. Paris, r. des Cinq-Diamants, 2.	Sujets en cire.
466	*Feyeux*. Paris, r. Taranne, 10.	Farines alimentaires. C. F. 1844.
467	*Fichtemberg*. Paris, r. Meslay, 53.	Crayons.
468	*Fly*. Paris, r. de la Vrillière, 8.	Conserves alimentaires.
469	*Fouché-Lepelletier*, à Javel, près Paris.	Produits chimiques et savons. Ⓐ 1844.
470	*Fouju*. Paris, r. des Vosges, 18.	Cafetières, appareils pour fabriquer des liquides gazeux, et syphons à décanter.
471	*Frick*. Paris, r. de la Madeleine, 45.	Tissus teints. M. H. 1839; Ⓑ 1844.
472	*Fromont*. Paris, r. Marbeuf, 31.	Cirage, vernis pour les chaussures et bleu pour le linge. M. H. 1839, 1844.
473	*Gabet* et *Freignant*. Paris, r. des Marais, 20 *bis*.	Cafetières à bascule.
474	*Gaillard*. Paris, r. de la Verrerie, 66.	Bougies et cierges stéariques. M. H. 1839; Ⓑ 1844.

Nos d'ord.	NOMS ET DEMEURES DES EXPOSANTS.	NATURE DES OBJETS EXPOSÉS.
475	*Gellé* aîné, et Cie. Paris, r. des Vieux-Augustins, 35.	Savons de toilette.
476	*Gérard*, à Grenelle, r. Fondary, 43.	Savons.
477	*Giraud-Valin*. Paris, r. St Merri, 7.	Chicorée.
478	*Girouy*. Paris, r. de la Cité, 14 et 16.	Couleurs pour les arts. (B) 1839, 1844.
479	*Goyon*. Paris, r. Lamartine, 26.	Enduits pour la conservation des meubles et objets d'art. M. H. 1834, 1839, 1844.
480	*Griffon*. Paris, r. St-Honoré, 99.	Tissus dépiqués, dégraissés à sec et teints en fixe. Peau de mouton dégraissée à sec.
481	*Groult* jeune. Paris, r. Ste-Apolline, 16.	Farines alimentaires. (B) 1839, 1844.
482	*Guérin-Boutron*. Paris, boulevard Poissonnière, 27.	Chocolats.
483	*Guillier*. Paris, rue Montmartre, 130.	Savons et encre pour marque. M. H. 1844.
484	*Guillout*. Paris, r. Salle-au-Comte, 14.	Biscuits dits *de Reims*.
485	*Haacke*. Paris, r. Neuve-Ménilmontant, 16.	Cafetières.
486	*Haro*. Paris, r. des Petits-Augustins, 26.	Toiles et autres objets pour la peinture à l'huile.
487	*Hervé* frères. Paris, r. Ste-Avoye, 15.	Noir animal, colle, gélatine, carton, et huile de pied de bœuf.
488	*Homolle* et *Quevenne*. Paris, r. Jacob, 45.	Digitaline.
489	*Huillard* aîné. Paris, r. de la Vannerie, 38.	Produits chimiques. (A) 1844.
490	*Jacquemart*. Paris, r. Neuve-de-la-Fidélité, 21 *bis*.	Vernis, huile cuite, essence, huile siccative, et mixtion pour dorer.
491	*Jourdain*. Paris, r. Neuve-des-Petits-Champs, 52.	Conserves de fruits.
492	*Julien*. Paris, r. de la Vieille-Monnaie, 9.	Produits chimiques. (B) 1827.
493	*Laming* et Cie, à Clichy.	Produits chimiques.
494	*Lange-Desmoulin*. Paris, r. du Roi-de-Sicile, 32.	Couleurs. (B) 1819, (A) 1823, 1834, 1839, 1844.
495	*Laribe*. Paris, r. des Vieilles-Etuves-St-Honoré, 3.	Chocolats.
496	*Le Bordais*. Paris, r. de Charonne, 23.	Vernis. M. H. 1844.
497	*Leclaire*. Paris, r. St-Georges, 11.	Echantillons de peinture au blanc de zinc.
498	*Lefèvre*. Paris, r. Montmartre, 109.	Vernis et couleurs.
499	*Lefebvre*. Paris, q. de l'Ecole, 26.	Linge-frotteur.

Nos d'ord.	NOMS ET DEMEURES DES EXPOSANTS.	NATURE DES OBJETS EXPOSÉS.
500	*Lefranc* frères. Paris, r. du Four-St-Germain, 23.	Couleurs et toiles pour la peinture, huiles siccatives, encres pour l'imprimerie, la lithographie et l'écriture. Ⓐ 1839, 1844.
501	*Legrand*. Petite-Villette, près le pont tournant.	Savons. M. H. 1844.
502	*Lehuby* et Cie. Paris, r. projetée du Delta, 9.	Capsules médicamenteuses.
503	*Léon*. Paris, r. de Crussol, 5.	Vernis. Ⓑ 1839, 1844.
504	*Laurent*. Paris, r. de l'Arbre-Sec, 54.	Bougies stéariques et en cire.
505	*Madeline*. Paris, r. St-Denis, 129.	Cire à cacheter.
506	*Mallet* et Cie. La Villette, r. de Marseille, 7.	Produits chimiques. Ⓑ 1844.
507	*Mansonnier*. Paris, r. du Vert-Bois, 65.	Enveloppes à lettres et presse à boucher les bouteilles.
508	*Masse*, *Triboulet* et Cie. Neuilly, avenue de Madrid.	Bougies et chandelles. Acide oléique.
509	*Maupérin*. Paris, r. Michel-le-Comte, 37.	Cirage.
510	*Meissonnier*. Paris, r. Meslay, 8.	Extraits de plantes tinctoriales. Ⓐ 1844.
511	*Ménier*. Paris, r. des Lombards, 37.	Chocolats et poudres pharmaceutiques. Ⓐ 1834, 1839 et 1844.
512	*Michel*. Paris, r. Porte-Foin, 7.	Cire à cacheter.
513	*Milius*. Clignancourt, petite rue Saint-Denis, 19.	Vernis.
514	*Milori*. Charonne, route de Montreuil, 172.	Produits chimiques pour couleurs. Ⓐ 1839, 1844.
515	*Montfort*. Paris, r. de l'Université, 108.	Vernis pour voitures et chaussures. M. H. 1839.
516	*Moreau* et Cie. Paris, r. Montmartre, 169.	Huile d'éclairage, graisse à voitures.
517	*Mottet*. Paris, r. des Trois-Bornes, 1.	Orseille et extraits de cette plante. Ⓑ 1839, 1844. (Jannet, prédécesseur.)
518	*Moussu*. Paris, passage Choiseul, 12 et 14.	Farines de légumes et autres substances alimentaires. Café et crème de riz.
519	*Oger*. Paris, r. Culture-Sainte-Catherine, 17 et 17 *bis*.	Savons. Ⓐ 1827, 1834, 1839, 1844.
520	*Osborn*. Paris, r. de la Réforme-du-Roule, 8.	Beurre d'anchois.
521	*Oudard* et *Boucherot*. Paris, r. des Lombards, 42.	Dragées et conserves.

Nos d'ord.	NOMS ET DEMEURES DES EXPOSANTS.	NATURE DES OBJETS EXPOSÉS.
522	*Paillard*. Paris, r. des Francs-Bourgeois, 21.	Couleurs, crayons et autres objets pour les arts. Ⓑ 1839, 1844.
523	*Paroissien*. Paris, r. Ste-Apolline, 12.	Feuillages en cire sur percale.
524	*Parzudaki*. Paris, r. du Bouloi, 2.	Animaux empaillés. M. H. 1839.
525	*Pavard*. Paris, r. de l'Arcade, 65.	Pain de gluten pour le diabète sucré.
526	*Perret et Alin*. Paris, r. du Cimetière-Saint-Nicolas, 9.	Vernis.
527	*Pesquet*. Paris, place Baudoyer, 7.	Rouge pour l'horlogerie.
528	*Petit et Lemoult*. Paris, avenue de Breteuil, 41.	Acide et bougies stéariques. Ⓑ 1844.
529	*Picquet*. Paris, r. des Beaux-Arts, 11.	Albumine et tissus imprimés avec ce produit.
530	*Pitoux*. Paris, r. Pavée, 24, au Marais.	Gélatine et papier préparé avec ce produit. M. H. 1844.
531	*Poisat oncle et Cie*, r. d'Enghien, 17.	Produits chimiques. Ⓐ 1844.
532	*Popelin*. Paris, r. Neuve-St-Martin, 36.	Huile de foie de morue clarifiée.
533	*Prevel*, au Petit-Charonne, route de Montreuil, 90 *bis*.	Vermillon. C. F. 1839; M. H. 1844.
534	*Prévost*. Paris, r. Richelieu, 51.	Savons et articles de parfumerie.
535	*Raphanel* (Antoine). Paris, r. St-Merri, 9.	Couleurs, vernis et siccatif brillant. M. H. 1844.
536	*Raphanel et Ledoyen*. Paris, r. Neuve-St-Merri, 9.	Eau désinfectante, vases désinfectants et matières désinfectées.
537	*Rauch*. Paris, r. de la Roquette, 55.	Formes à sucre.
538	*Regnier*. Paris, r. Hauteville, 10.	Bougies. C. F 1839; Ⓑ 1844.
539	*Renard*. Paris, r. des Gravilliers, 54.	Vernis noir et siccatif.
540	*Revil*. Paris, r. St-Dominique-St-Germain, 13.	Animaux empaillés.
541	*Richard*. Paris, quai de Gèvres, 10.	Couleurs fines.
542	*Rivet*. Paris, boul. Poissonnière, 8.	Poudre à clarifier les vins. Ⓑ 1819, 1823. Ⓐ 1827, R. Ⓐ 1834, 1839, 1844.
543	*Rousseau*. Paris, r. des Cinq-Diamants, 12.	Conserves de fruits au sirop.
544	*Sabroux*. Paris, r. de la Tixéranderie, 63.	Carmin, fleur d'indigo, cochenille et acide sulfurique.
545	*Segretin* et Cie. Paris, r. de Chaillot, 3.	Bougies stéariques.
546	*Sichel-Javal*. Paris, r. Bourg-l'Abbé, 41.	Savons. Ⓐ 1834, 1839, 1844.
547	*Semichon*. Paris, r. St-Merri, 30.	Vernis.
548	*Blanc de zinc (Société anonyme du)*. Paris, r. Basse-du-Rempart, 30.	Couleurs à base de zinc. Papiers peints, cartonnages et toiles pour la peinture.

Nos d'ord.	NOMS ET DEMEURES DES EXPOSANTS.	NATURE DES OBJETS EXPOSÉS.
549	*Soehnée* frères. Paris, r. des Vinaigriers, 17.	Vernis. Ⓐ 1839, 1844.
550	*Souden*. Paris, r. St-Martin, 20.	Chicorée et caramel.
551	*Thibault*. Paris, r. Michel-le-Comte, 23.	Cire à cacheter. M. H. 1834, 1839, 1844.
552	*Thiot*. Paris, r. de Lancry, 17.	Conserves de volailles.
553	*Turpin*. Paris, r. Richelieu, 28.	Chocolats.
554	*Vallée* et Cie, à la Villette, r. de Nantes, 35.	Savons.
555	*Vassieux* (Mlle). Paris, r. St-Marc-Feydeau, 6.	Cafetières dites Lyonnaises. C. F. 1844.
556	*Viard*. Paris, r. St-Martin, 54.	Vernis et couleurs pour appartements. Ⓑ 1844.
557	*Violet*. Paris, r. St-Martin, 295.	Cafetières.
558	*Wernet* fils. Paris, r. du Bac, 30.	Bougies. M. H 1834, 1844.
559	*Wittmann*. Paris, r. Neuve St-Merri, 9	Produits chimiques.
560	*Wuy*. Paris, r. Barre-du-Bec, 3.	Bleu à base d'indigo.
561	*Tesson*. Paris, r. Guérin-Boisseau, 5.	Huile de pieds de bœuf, huile de pieds de mouton et colle-forte. M. H. 1834, 1839, 1844.
562	*Andrieux*. Paris, pl. du Carrousel, 2.	Portraits au daguerréotype.
563	*Ramella*. Gap (Hautes-Alpes).	Charrue à double versoir, système Dombasle, avec avant-train à vis de pression.
564	*Bourillon* Tonneins (Lot-et-Garonne).	Machine destinée à empêcher les déraillements; nouveau système de freins.
565	*Fournier-St-Amand*. Villeneuve-sur-Lot (Lot-et-Garonne).	Marbre des Pyrénées pour cheminées.
566	*Abt*. Paris, r. du Caire, 5.	Chapeaux en soie, en paille et en crin. Ⓑ 1844.
567	*Alexandre* Paris, r. St-Honoré, 40.	Dessins sur canevas.
568	*Arnoult*. Paris, r. des Fossés-Montmartre, 7.	Châles cachemires. Ⓐ 1834; Ⓞ 1839; R. Ⓞ 1844.
569	*Aubeux*. Paris, r. et imp. de l'Orillon, 6.	Étoffes pour gilets.
570	*Bach-Pérès*. Paris, r. du Faubourg-St-Denis, 99.	Stores. C. F. 1834; M. H. 1839; Ⓑ 1844.
571	*Barba*, à Vaugirard, rue du Transit, 40.	Couvertures. M. H. 1834.
572	*Barne-Gervais*. Paris, r. de Bussi, 15.	Garnitures de boîtes à mouchoirs et à bonbons; écrans, brassards, cordons de sonnettes, sautoirs, pelotes.
573	*Barthélemy*. St-Ouen (Seine).	Objets en caoutchouc.
574	*Barth, Massing* et *Plichen*. Paris, r. du Temple, 29.	Peluches en velours de soie. Ⓐ 1844.

Nos d'ord.	NOMS ET DEMEURES DES EXPOSANTS.	NATURE DES OBJETS EXPOSÉS.
575	*Baudouin* frères. Paris, r. des Récollets, 3.	Toiles cirées, cuirs vernis, échantillons de dallage bitumeux et de mosaïque. Ⓞ 1844.
576	*Becker*. Paris, r. Neuve-St-Augustin, 4.	Tissus imperméables. M. H. 1839, 1844.
577	*Berger* (Mme). Paris, r. Montorgueil, 25.	Tapis de table en laine de Saxe.
578	*Berrus*. Paris, r. Montmartre, 73.	Dessins de châles. M. H. 1844.
579	*Berthier*. Paris, r. St-Denis, 302.	Tissus en caoutchouc.
580	*Bertrand* frères et *Villain*. Paris, r. des Jeûneurs, 32.	Tissus.
581	*Beudon*. Paris r. St-Victor, 161.	Couvertures en laine et en coton. M. B. 1844.
582	*Biais*. Paris, r. du Pot-de-Fer-St-Sulpice, 4.	Chasubles brodées et accessoires. Ⓑ 1827; R. Ⓑ 1834, 1839, 1844.
583	*Bibas*. Paris, r. du Sentier, 3.	Rideaux en mousseline et en tulle brodés. Ⓑ 1839; R. Ⓑ 1844 (Renaudière, prédécesseur.)
584	*Billecoq*. Paris, boulev. Poissonnière.	Crêpes de Chine et cachemires français.
585	*Billiet*, *Carabin* et *Huot*. Paris, r. du Sentier, 19.	Laines filées, tissus écrus et tissus teints. M. H. 1839.
586	*Billion*. Paris, r. Ménilmontant, 5, passage Crussol.	Feutres en laine foulée.
587	*Blanchard*. Paris, r. du Sentier, 12.	Tissus. Ⓑ 1839; Ⓐ 1844.
588	*Blanchet*. Paris, r. des Mauvaises-Paroles, 14.	Bas, gants et articles de fantaisie.
589	*Boas*. Paris, r. Vide-Gousset, 4.	Châles. Ⓐ 1844.
590	*Boisard*. Paris, r. St-Denis, 217.	Guipures et soies.
591	*Bona* (Mme). Paris, place de la Madeleine, 10.	Objets de broderie.
592	*Bonfils*, *Michel*, *Souvraz* et Cie. Paris, r. des Fossés-Montmartre, 3.	Châles et cachemires. M. H. 1844.
593	*Bouhoure*, *Juigné* et Cie. Paris, r. de Cléry, 23.	Tissus pour ameublement.
594	*Bournhonet*. Paris, r. des Fossés-Montmartre, 2.	Châles. Ⓑ 1839; R. Ⓑ 1844.
595	*Bouvard*, *Vignon* et Cie. Paris, r. des Fossés-Montmartre, 21.	Châles. Ⓑ 1844.
596	*Bouteille* frères. Paris, r. de la Feuillade, 4.	Châles brochés.
597	*Bouvon*, aux Batignolles, route d'Asnières, 68.	Tissus en caoutchouc. C. F. 1844. (Clerx, prédécesseur.)
598	*Braconnier*. Paris, r. Chanoinesse, 16.	Tissus. C. F. 1834; 1844.

Nos d'ord.	NOMS ET DEMEURES DES EXPOSANTS.	NATURE DES OBJETS EXPOSÉS.
599	*Bresson*. Paris, r. du Faubourg-St-Denis, 208.	Coton retors. Ⓗ 1839 ; Ⓐ 1844.
600	*Breteau*. Paris, r. Notre-Dame-des-Victoires, 34.	Plumes et fleurs.
601	*Brichard*. Paris, r. St-Denis, 126.	Passementeries.
602	*Brioude*, *Sansrefus* et Cie. Paris, r. Aumaire, 51.	Objets en caoutchouc.
603	*Brunier*. Paris, r. des Jeûneurs, 41.	Dessins pour robes.
604	*Brunot*. Paris, r. Rambuteau, 79.	Ficelles à bourse.
605	*Bucher*. Paris, boulev. Montmartre, 17.	Canevas. M. H. 1844.
606	*Buffault* et *Truchon*. Paris, r. Thibault-aux-dés, 16.	Couvertures de laine. Ⓐ 1844.
607	*Cagniard*. Paris, r. de l'Échiquier, 12.	Dessins pour tapis et ameublements. M. H. 1844.
608	*Carjat*. Paris, r. Mogador, 10.	Dessins pour meubles et papiers de tenture.
609	*Carnet*. Paris, r. de Mulhouse, 13.	Dessins de châles, rubans et robes.
610	*Carré*. Paris, r. de la République, 78.	Tapisseries pour meubles.
611	*Catillon*. Paris, r. Montmartre, 18.	Boutons et galons.
612	*Chagot* aîné. Paris, r. Richelieu, 81.	Plumes, fleurs et plumets. Ⓑ 1839, 1844.
613	*Chagot* (Marin). Paris, r. Neuve-St-Augustin, 5.	Plumes et fleurs. Ⓑ 1839, 1844.
614	*Chambellan* et Cie. Paris, r. des Fossés-Montmartre, 8.	Châles. Ⓐ 1834 ; R. Ⓐ 1839, 1844.
615	*Champion*. Paris, r. Neuve-St-Eustache, 15.	Châles. Ⓐ 1844.
616	*Chanal*. Paris, r. des Mauvaises-Paroles, 19.	Guêtres et gants.
617	*Chebeaux*. Paris, r. St-Fiacre, 3.	Dessins pour châles, meubles, robes et papiers de tenture. Ⓐ 1844.
618	*Chereau*. Paris, r. Mouffetard, 67.	Châles.
619	*Chinard*. Paris. r. de Cléry, 9.	Châles. Ⓑ 1844.
620	*Chocqueel* (Félix), à St-Denis, q. de Seine.	Châles, écharpes et robes.
621	*Chocqueel* (Louis), à la Briche, près St-Denis.	Châles, écharpes, fichus et robes.
622	*Cocu*. Paris, r. du Faubourg-du-Temple, 56.	Tissus pour gilets. M. H. 1839.
623	*Coesnon*. Paris, r. de la Fidélité, 14.	Boutons, chapeaux et autres objets en crin.
624	*Coignet*. Paris, r. des Fossés-Montmartre, 6.	Tissus et objets de fantaisie en filet de soie.

Nos d'ord.	NOMS ET DEMEURES DES EXPOSANTS.	NATURE DES OBJETS EXPOSÉS.
625	*Cordier* et *Kaindler*. Paris, r. d'Enghien, 15.	Tissus imprimés pour meubles, châles et robes. Ⓞ 1839; R. Ⓞ (Paul Godefroy, prédécesseur.)
626	*Couder*. Paris, r. Rochechouart, 67.	Dessins pour tapisseries, meubles, orfévrerie, châles et dentelles. Ⓐ 1834, 1839; Ⓞ 1844.
627	*Coutant*. Paris, r. de la Paix, 19.	Sommiers, matelas et coussins élastiques.
628	*Croco*. Paris, r. de Charonne, 165.	Tissus unis et façonnés. Ⓐ 1834; R. Ⓐ 1839, 1844.
629	*Dachés* et *Duverger*. Paris, r. Neuve-St-Eustache, 7.	Châles. Ⓑ 1844.
630	*Dauchel* fils aîné. Paris, r. Thévenot, 24.	Velours d'Utrecht et moquettes.
631	*Dauphinot-Baligot*. Paris, r. des Vinaigriers, 28.	Tissus pour gilets.
632	*De Beine* et *Cresson*. Paris, r. Mercier, 2.	Sacs sans coutures, tuyaux en chanvre, tapis de fil. M. H. 1834; Ⓑ 1839. R. Ⓑ 1844.
633	*Debras*. Paris, r. des Fossés-Montmartre, 19.	Châles. Ⓐ 1839; R. Ⓐ 1844.
634	*Delacour*. Paris, r. Vieille-du-Temple, 51.	Étoffes de crin.
635	*Delaère*. Paris, r. Richelieu, 18.	Fleurs artificielles. Ⓑ 1844.
636	*Delame-Lelièvre* et fils. Paris, r. du Gros-Chenet, 6.	Batistes.
637	*Delamorinière*, *Gonin* et *Michelet*. Paris, q. de Béthune, 2.	Robes, châles et écharpes. Ⓑ 1844.
638	*Delurtier*, à Passy, r. Singer.	Dessins pour châles, meubles et tapis.
639	*Deneirouze*, *Boisglavy* et Cie. Paris, r. des Fossés-Montmartre, 16.	Châles et écharpes. Ⓞ 1827; R. Ⓞ 1834, 1839.
640	*Dennebecq*. Paris, r. des Récollets, 8.	Tapis.
641	*Denoyelle* frères. Paris, r. du Sentier, 2.	Batistes. M. H. 1844.
642	*Depoully* et Cie. Paris, r. du Faubourg-Poissonnière, 11.	Tissus imprimés. Ⓞ 1819; R. Ⓞ 1823, 1839; 1844.
643	*Dequinnemare*. Paris, r. du Sentier, 18.	Dentelles.
644	*Deroy* (Mlle). Paris, r. St-Thomas-du Louvre, 42.	Dessins de broderie. M. H.
645	*Deschamps* (Mme). Paris, pl. des Vosges, 20.	Corbeilles de fleurs et vases de cheminée.

Nos d'ord.	NOMS ET DEMEURES DES EXPOSANTS	NATURE DES OBJETS EXPOSÉS.
646	*D'Ocagne*. Paris, r. de Grammont, 3.	Dentelles point d'Alençon. Ⓐ 1819, 1823, 1827, 1834, 1839, 1844.
647	*Dormoy* (Mme). Paris, r. St-Denis, 16.	Couvertures. C. F. 1844.
648	*Dreyfous* (Fr.). Paris, r. du Sentier, 18	Robes et écharpes.
649	*Dubus*. Paris, r. du Pot-de-Fer-St-Sulpice, 18.	Étoffes pour meubles et ornements d'église M. H. 1839, 1844.
650	*Duché* aîné et Cie. Paris. r. des Petits Pères, 1.	Châles. Ⓐ 1834; Ⓞ 1844.
651	*Ducourtioux*. Paris, r. Fontaine-au-Roi, 2 *bis*.	Bas et ceintures en caoutchouc.
652	*Dufau*. Paris, r. Montorgueil, 46.	Velours.
653	*Duflot*. Paris, r. de Bourgogne, 26.	Fleurs en bouillons d'argent.
654	*Dulud*. Paris, boulev. des Italiens, 27.	Tentures en cuir gauffré.
655	*Durst*. Paris, r. du Caire, 23.	Chapeaux de paille.
656	*Dutrou*. Paris, r. St-Denis, 345.	Rubans de soie. Ⓑ 1834; R. Ⓑ 1839, 1844.
657	*Fabart* et compe. Paris, r. des Fossés-Montmartre, 23.	Châles brochés.
658	*Fanfernot* et *Dulac*. Belleville, r. de l'Orillon, 45.	Tapis pour tables et pianos, châles de mérinos imprimés, velours imprimés. Ⓑ 1834, 1839; R. Ⓑ 1844.
659	*Favre*. Paris, r. du Grand Saint-Michel, 10 *bis*.	Tissus pour gilets. Ⓑ 1844.
660	*Fay*. Paris, r. Geoffroy-Lasnier, 28.	Dessins de dentelles et nappes.
661	*Féray* et compe. Paris, r. du Sentier, 3.	Fils de lin et de coton; calicot.
662	*Fortier*. Paris, r. Neuve-Saint-Eustache, 36.	Châles brochés. Ⓒ 1839; R. Ⓒ 1844.
663	*Foulquier* et compe. Paris, r. Hautefeuille, 20.	Objets en filet.
664	*Fouquet* aîné. Paris, r. des Fossés-Montmartre, 10.	Châles et écharpes. M. H. 1827, 1834; Ⓐ 1839; R. Ⓐ 1844.
665	*Fouquet* et Mme *Max*. Paris, r. du Faubourg-Saint-Denis, 13.	Fruits artificiels.
666	*Fournier*. Paris, r. Popincourt, 48.	Cotons filés simples et retors.
667	*Fournival* fils et compe. Paris, r. d'Enghien, 47.	Fils de laine peignée. Ⓑ 1819; Ⓐ 1823, 1834.
668	*Furstenhoff* (Mme). Paris, r. Neuve-Saint-Augustin, 9.	Fleurs en cire.
669	*Gaglin*. Montmartre (Seine).	Tissus en caoutchouc. Ⓑ 1839, 1844.
670	*Gaussen* jeune, *Fargeton* et compe. Paris, r. Vide-Gousset, 2.	Châles cachemire. Ⓞ 1823 (indivis avec Deneirouse); R. Ⓞ 1834, 1844.

N^os d'ord.	NOMS ET DEMEURES DES EXPOSANTS.	NATURE DES OBJETS EXPOSÉS.
671	*Gaussen* et *Pouzadou*. Paris, r. de la Banque, 1.	Châles. Ⓒ 1827 ; R. Ⓞ 1834, 1839, 1844.
672	*Geoffroy* et *Chanel*. Paris, r. Neuve-Saint-Eustache, 44.	Châles. Ⓑ 1839 ; Ⓐ 1844 (Brunet, prédécesseur).
673	*Gérard* (Ch.). Paris, r. Neuve-Saint-Eustache, 15.	Châles brochés. Ⓐ 1844.
674	*Gilbert*. Paris, r. du Bac, 63.	Stores.
675	*Girard*. Paris, r. Saint-Martin, 234.	Stores. Ⓑ 1844.
676	*Godard et Bontemps*. Paris, r. de Cléry, 40.	Batistes et linons de fil. Ⓑ 1839, 1844.
677	*Griolleau* et *Deville*. Paris, r. du Sentier, 9.	Tissus imprimés.
678	*Gosselin*. Paris, r. Sainte-Appoline, 12.	Fleurs de deuil.
679	*Grandjean* (V^e). Paris, r. de Provence, 59.	Fleurs en verre filé.
680	*Gros*, *Odier*, *Roman* et comp^e. Paris, boulevard Poissonnière, 15.	Toiles imprimées.
681	*Guillemot* frères. Paris, r. Neuve-des Mathurins, 88.	Passementeries pour voitures. Ⓑ 1844.
682	*Guilmard*. Paris, r. de Lancry, 2.	Dessins de meubles.
683	*Hattat*. Paris, r. Richelieu, 81.	Stores. Ⓑ 1844.
684	*Hébert* (Fr.). Paris, r. du Mail, 13.	Châles. Ⓑ 1819 ; Ⓐ 1827 ; Ⓞ 1834 ; R. Ⓞ 1839, 1844.
685	*Hennecart*. Paris, r. de l'Echiquier, 30.	Gaze pour bluteries. Ⓞ 1839 ; R. Ⓞ 1844.
686	*Henry*. Paris, r. des Marais-Saint-Martin, 40.	Dessins de tapis et de papiers de tenture. M. H. 1844.
687	*Heer*. Paris, Palais-National, galerie de Chartres, 23, 24, 25.	Gants de peau.
688	*Hess*. Paris, r. du Faubourg-Saint-Martin, 61.	Tissus pour gilets.
689	*Hosch*. Paris, r. d'Enfer, 89.	Presses à cric.
690	*Hurel*. Paris, r. Saint-Magloire, 1.	Passementeries.
691	*Joliet*. Paris, r. Saint-Denis, 349.	Tissus en crin pour meubles. Ⓑ 1827 ; R. Ⓑ 1834, 1839.
692	*Jourdan*. Paris, r. Neuve-Saint-Eustache, 3.	Châles brochés. Ⓞ 1834 (Rey et comp^e) ; R. Ⓞ 1839 (Jourdan, Morin et comp^e) ; Ⓐ 1844.
693	*Jourdain* et *Naudin*. Paris, r. Quincampoix, 19.	Boutons, galons et ganses.
694	*Julien* frères. Paris, r. Saint-Denis, 261.	Gants. M. H. 1806.
695	*Julien* (Jean-Baptiste-Félix). Paris, r. Montmartre, 157.	Fleurs artificielles. Ⓑ 1844.
696	*Juneau*. Paris, r. Mauconseil, 18.	Poupées, trousseaux et layettes.

N^os d'ord.	NOMS ET DEMEURES DES EXPOSANTS.	NATURE DES OBJETS EXPOSÉS.
697	*Kropff*. Paris, r. Saint-Honoré, 255.	Fourrures.
698	*Labrousse*. Saint-Germain-en Laye.	Châles et écharpes.
699	*Lamotte* et comp^e. Paris, r. Saint-Denis, 303.	Faux cols. Ⓑ 1839.
700	*Langlois*. Stains (Seine).	Taffetas gommés et toiles cirées.
701	*Laroche*. Paris, r. des Jeûneurs, 10.	Dessins pour étoffes et étoffes imprimées. Ⓑ 1844.
702	*Lavigne* et *Sourd*. Paris, r. Saint-Denis, 192.	Franges et autres objets de passementerie.
703	*Lebœuf*. Paris, r. des Lombards, 17.	Cordages. Ⓑ 1844.
704	*Lecocq-Préville*. Paris, passage du Saumon, 50, 52, 54.	Gants, chemises, cravates et cols. M. H. 1844.
705	*Lecerf*. Paris, r. Grange-Batelière, 17.	Mouchoirs brodés et cols
706	*Lecrosnier*. Paris, r. Bourg-l'Abbé, 7.	Toiles cirées, imprimées et peintes.
707	*Legavre*. Paris, r. Saint-Denis, 148.	Boutons de soie et objets de passementerie.
708	*Larivière-Legris* (V^e). La Chapelle-Saint-Denis, Grande-Rue, 121.	Etendelles en crin.
709	*Lepelletier*. Paris, r. Saint-Fiacre, 3.	Mousselines brodées. M. H. 1844.
710	*Leroux*. Paris, r. Saint-Honoré, 342.	Fleurs artificielles et plumes.
711	*Leroy*. Paris, r. de la Tour-d'Auvergne, 37.	Dessins pour objets d'ameublement et d'habillement.
712	*Leseure*. Paris, r. du Sentier, 11.	Broderies en relief sur velours et autres tissus.
713	*Lion* frères et comp^e. Paris, place des Petits-Pères, 9.	Châles longs et carrés. Ⓑ 1844.
714	*Lorrain*, *Brigot* et comp^e. Paris, r. St-Denis, 155.	Galons, rubans, lacets.
715	*Louvel* et *Cabanis* Paris, r. du Caire, 5.	Fleurs et plumes.
716	*Lubienski*. Batignolles, r. Saint-Louis, 15.	Dessins pour foulards. M. H. 1844.
717	*Lucy-Sédillot* et comp^e. Paris, r. des Jeûneurs, 36.	Rideaux brodés. M. H. 1839; Ⓑ 1844.
718	*Lussigny* frères. Paris, rue du Mail, 30.	Batistes. M. H. 1844.
719	*Malézieux*, *Lefebvre* et comp^e. Paris, r. Saint-Denis, 121.	Objets de passementerie. Ⓐ 1844.
720	*Mallard* et comp^e. Paris, r. Beauveau-Saint-Antoine, 17.	Etoffes pour ameublement, robes, manteaux et châles.
721	*Marcan*. Paris, rue des Petites-Ecuries, 52.	Fleurs artificielles.
722	*Maréchal* fils et *Lemaire*. Bercy, r. du Chemin-de-Reuilly, 33.	Toiles cirées. M. H. 1844.

Nos d'ord.	NOMS ET DEMEURES DES EXPOSANTS.	NATURE DES OBJETS EXPOSÉS.
723	*Mariet*. Paris, r. des Vinaigriers, 17.	Cordages pour la marine et ficelles.
724	*Marinzi de Aguirre*. Paris, r. de la Concorde, 6.	Chanvre imperméable. (B) 1844.
725	*Martin Delacroix*. Paris, r. du Roule-Saint-Honoré, 17.	Toiles cirées. (B) 1844 (Larroumets, prédécesseur).
726	*Martin* (Louis-Léon). Paris, r. Montmartre, 160.	Dessins pour impressions sur étoffes.
727	*Mat*. Paris, r. Meslay, 16.	Objets d'ameublement.
728	*Mayer*. Paris, r. Richelieu, 24.	Fleurs artificielles.
729	*Méraux*. Paris, r. de la Jussienne, 7.	Dessins pour dentelles.
730	*Mercier* (Mme). Paris, r. d'Anjou-au-Marais, 21.	Sacs, bourses et nouveautés.
731	*Michon*. Paris, r. Villedot, 7.	Couvre-pieds. M. H. 1839, 1844.
732	*Modot*. Paris, passage Choiseul, 53	Chaussures en cuir imperméable. M. H. 1839.
733	*Morand*. Paris, r. de la Roquette, 40.	Couvertures et molletons.
734	*Morel* frères. Paris, r. Saint-Denis, 126.	Coton filé.
735	*Morin*. Paris, r. Notre-Dame-des-Victoires, 32.	Tissus pour robes.
736	*Morize* aîné. Paris, r. des Mauvaises-Paroles, 12.	Gants. (B) 1844.
737	*Mornieux*. Paris, r. Mondétour, 35.	Boutons et galons de soie.
738	*Mourceau* et compe. Paris, r. du Mail, 25.	Etoffes pour meubles. (B) 1844.
739	*Moussaint* frères. Paris, r. des Fossés-du-Temple, 30.	Etoffes de crin.
740	*Muller*. Paris, quai Saint-Michel, 21.	Buvards, portefeuilles, toilettes, porte-monnaie, étuis à cigares, dorures pour la reliure.
741	*Naze* fils et compe. Paris, r. du Gros-Chenet, 23.	Dessins pour impression. (B) 1844.
742	*Nourtier* et compe. Paris, r. des Fossés-Montmartre, 2.	Châles. (A) 1839 (Simon, prédécesseur) ; R. (A) 1844 (Simon et Nourtier).
743	*Pagès-Baligot*. Paris, r. Martel, 5 *bis*.	Tissus pour gilets. (B) 1839.
744	*Pannier*. Paris, r. Rambuteau, 75.	Ganses et cordons.
745	*Parent*. Paris, r. Fontaine-au-Roi, 39.	Boutons.
746	*Parguez*. Paris, r. du Sentier, 18.	Dessins de fabrique.
747	*Payen*. Paris, r. Saint-Denis, 257.	Passementeries.
748	*Peigné-Delacourt*. Paris, boulevard Poissonnière, 14.	Fils et tissus de coton. (B) 1827 ; (A) 1839 (Société anonyme d'Ourscamp).
749	*Person*. Paris, r. Montmartre, 95.	Tissus brodés. (B) 1844.

N^{os} d'ord.	NOMS ET DEMEURES DES EXPOSANTS	NATURE DES OBJETS EXPOSÉS.
750	*Périer* (Mme). Paris, r. Fontaine-Molière, 32.	Passementeries. M. H. 1844.
751	*Perillieux-Michelez*. Paris, r. des Lombards, 41.	Canevas et tapisseries. M. H. 1844.
752	*Perroncel*. Paris, r. Saint-Martin, 228.	Articles en caoutchouc.
753	*Pigache* et *Mallat*. Paris, r. du Sentier, 2.	Dentelles.
754	*Poirrier*. Paris, r. du Faubourg-Saint-Denis, 151.	Tissus pour meubles. Ⓐ.
755	*Poreaux*. Paris, r. Saint-Joseph, 11.	Tissus. C. F. 1844.
756	*Pramondon*. Paris, r. du Faubourg-Poissonnière, 29.	Broderies. Ⓑ 1839 ; R. Ⓑ 1844.
757	*Prévost*. Paris, r. Villedot, 9.	Gants.
758	*Prevost-Wenzel*. Paris, r. Saint-Denis, 290.	Papiers, étoffes et couleurs pour fleuristes. Ⓑ 1839 ; 1844.
759	*Protte* aîné. Paris, r. de Trévise, 33.	Gants.
760	*Provost* (Mme). Paris, r. Mazagran, 10 *bis*.	Broderies.
761	*Puzin*. Paris, r. Saint-Denis, 135.	Galons pour voitures et livrées. M. H. 1844.
762	*Rheins* et comp^{e}. Paris, r. Saint-Martin, 223.	Impressions en relief sur étoffes. Ⓑ 1844.
763	*Rosset* et *Normand*. Paris, r. Feydeau, 32.	Châles et écharpes. M. H. 1844.
764	*Rosselin* (Alfred). Paris, r. de la Monnaie, 20.	Dessins de broderies.
765	*Rosselin* frères. Paris, r. de la Corderie-du-Temple, 1.	Stores - rotins à jour façon Chine.
766	*Rouquette*. Paris, rue Saint-Denis, 244.	Gants en peau.
767	*Sabran* et *Jessé*. Paris, r. Saint-Joseph, 5.	Tissus. Ⓐ 1844.
768	*Sajou*. Paris, r. Rambuteau, 50.	Dessins pour tapisserie. M. H. 1844.
769	*Savary*. Paris, r. du Roule, 5.	Stores. C. 1839 ; M. H. 1844.
770	*Savouré*. Paris, r. Béthisy, 11.	Articles de bonneterie.
771	*Savreux* (V^{e}). Paris, r. des Moulins.	Fils à dentelle.
772	*Seguin* (Mme). Paris, r. Neuve-des-Capucines, 7.	Cartons et caisses à chapeaux.
773	*Siredey* et *Billebault*. Paris, r. Saint-Ambroise-Popincourt, 3 *ter*.	Ouates.
774	*Sorré-Delisle*. Paris, r. de la Bourse, 31.	Passementeries.
775	*Sorin*. Paris, r. des Fossés-Montmartre, 31.	Tapis-brosses.
776	*Tachy*. Paris, r. de la Convention, 30, 32.	Tapisseries, rouets et objets de mercerie.
777	*Taitbouis*, *Verdier* et *M[illegible]* frères. Paris, r. des Mauvaises-Paroles, 13.	Objets de bonneterie. Ⓐ 1819 ; R. Ⓐ 1834, 1839, 1844.

Nos d'ord.	NOMS ET DEMEURES DES EXPOSANTS.	NATURE DES OBJETS EXPOSÉS.
778	*Tambour*. Paris, r. Neuve-Saint-Augustin, 49.	Gants.
779	*Thouvenin*. Paris, r. d'Argenteuil, 42.	Couvre-pieds et ouates pour en fabriquer.
780	*De Tillancourt*. Paris, Grande Rue de Chaillot, 83.	Soie grége. M. H. 1844.
781	*Tintillier*. Paris, r. des Fossés-Montmartre, 11.	Produits en caoutchouc.
782	*Tournier*. Paris, r. Saint-Sauveur, 24.	Ornements d'appartements. M. H. 1839; Ⓑ 1844.
783	*Trotry-Latouche*. Paris, r. des Quatre-Fils, 9.	Tapis de pied et objets de bonneterie. Ⓐ 1827; R. Ⓐ 1834, 1839, 1844.
784	*Vasselon*. Paris, Palais-National, galerie Montpensier, 18.	Dessins pour tissus.
785	*Vaugeois* et *Truchy*. Paris, r. Mauconseil, 1.	Passementeries. Ⓑ 1844.
786	*Vény* (Madame). Paris, r. Rambuteau, 20.	Plantes et coraux artificiels. C. F. 1839.
787	*Vincourt*. Paris, r. Rambuteau, 27.	Mèches. C 1844.
788	*Violard*. Paris, r. Choiseul.	Dentelles. Ⓑ 1834, 1839; Ⓐ 1844. *Voyez* nos 1889 et 2701.
789	*Weil*. Paris, r. Neuve-St-Eustache, 6.	Châles brochés.
790	*Zœller*. Paris, r. Mauconseil, 20.	Passementeries.
791	*Zerr*. Paris, galerie Colbert, 8 et 10.	Chaussures en crin. M. H. 1844.
792	*Dardié* (Veuve). Mazamet (Tarn).	Molletons et tartans.
793	*Gisclard*. Albi (Tarn).	Essences d'anis, menthe, absinthe et girofle. Ⓑ 1839; R. Ⓑ 1844.
794	*Lacombe*. Gaillac (Tarn).	Essences.
795	*Coste* et *Degats-Ricole*. Castres (Tarn).	Papiers à cigarette.
796	*Bazert*. St-Sulpice Lapointe (Tarn).	Brosses à différents usages.
797	*Duprat et Cie*. Castres (Tarn).	Bouchons de liége.
798	*Talabot* (Léon) et Cie. Saint-Juéry (Tarn).	Aciers et faux.
799	*Bru*. Vabre (Tarn).	Sargues rayées.
800	*Houlès père*. Mazamet (Tarn).	Tissus de laine. Ⓐ 1839; Ⓞ 1844.
801	*Guibert*. Saint-Jean-d'Alcas, commune de Saint-Jean et Saint-Paul (Aveyron).	Charrue dite aratropode.
802	*Mazars*. Rodez (Aveyron).	Chandelles.
803	*Muret*, *Solanet* et *Palangié frères*. Saint-Geniez (Aveyron).	Serge, flanelle et cuir-laine.
804	*Carcenac* frères. Rodez (Aveyron).	Tissus en laine. C. F. 1844.

Nos d'ord.	NOMS ET DEMEURES DES EXPOSANTS.	NATURE DES OBJETS EXPOSÉS.
805	*Andraud.* Paris, r. Mogador, 4.	Specimen de chemin de fer éolique.
806	*Barbarant et Dumoulin.* Paris, r. de Grenelle-Saint-Honoré, 55.	Presses autographiques.
807	*Belcurgey.* Paris, boulevard Beaumarchais, 53 et 67.	Billard.
808	*Berard.* Paris, r. de Bréda, 28.	Bibliothèque.
809	*Blin.* Paris, r. Mandar, 10.	Horloges publiques et tournebroches. Ⓑ 1827 ; R. Ⓑ 1834, 1839 ; Ⓑ 1844.
810	*Boilleau.* Paris, r. des Lions-Saint-Paul, 6.	Alcôves mobiles.
811	*Bosquillon.* Paris, r. du Banquier-Saint-Marcel, 5.	Mécaniques Jacquart Ⓞ 1823 ; R. Ⓞ 1827, 1834.
812	*Bouhardet.* Paris, r. de Bondy, 66.	Billards. Ⓑ 1839 ; R. Ⓑ 1844.
813	*Bouché de Cluny.* Paris, r. de l'Ouest, 100.	Modèle de chemin de fer.
814	*Bourdon.* Paris, r. du Faubourg du-Temple, 74.	Machine à vapeur et machine à élever l'eau. Ⓑ 1834 ; Ⓐ 1839 et 1844.
815	*Bouttevillain.* La Chapelle-St-Denis, r. des Poissonniers, 50.	Machine à vapeur et machine à imprimer les étoffes.
816	*Bricard.* Paris, r. Gaillon, 9.	Lits-canapés.
817	*Brisbart.* Paris, r. Saint-Honoré, 125.	Montres, machine pour les roues de montre et micromètres.
818	*Brocard.* Paris, r. Saint-Gilles, 8.	Pompe pour les papeteries.
819	*Chevalier et Boursier.* Paris, r. de Vaugirard, 107.	Presse hydraulique.
820	*Clavel.* Paris, r. de Charonne, 38 *bis.*	Meubles. Ⓐ 1844.
821	*Clerc.* Paris, r. Saint-Maur, 128.	Tour et accessoires.
822	*Coré.* Paris, r. Mont-Parnasse, 37.	Machine à mouler des combustibles.
823	*Corrège.* Paris, r. de l'Ouest, 68.	Machine à nettoyer le blé. Ⓐ 1839.
824	*Cosson.* Paris, r. Grange-aux-Belles, 20 *bis.*	Billard. C. F. 1827, M. H. 1834, 1839 et 1844.
825	*Court.* Paris, r. des Blancs-Manteaux, 13.	Régulateur.
826	*Cruchet.* Paris, r. Notre-Dame-de-Lorette, 38.	Sculptures en carton-pierre. Ⓑ 1839.
827	*David.* Grenelle, quai de Grenelle, 29.	Tuyaux en fer sans soudures ; modèle de chemin de fer ; machine à vapeur rotative ; machine pour la tonnellerie et la menuiserie. Ⓐ 1839.
828	*Daud.* Paris, boulevard du Temple, 24.	Table et bandes de billard.
829	*Debatiste.* Paris, r. d'Angoulême-du-Temple, 25.	Machines à broyer.

Nos d'ord.	NOMS ET DEMEURES DES EXPOSANTS.	NATURE DES OBJETS EXPOSÉS.
830	*De Bergue*. Paris, r. Notre-Dame-des-Victoires, 32.	Tampon de choc pour les chemins de fer ; machine à tisser ; éclairage électrique.
831	*Decoster*. Paris, r. Stanislas, 9 *bis*.	Machines à filer ; machine à faire les bois de fusil. 2 Ⓞ 1844.
832	*Degousée et Laurent*. Paris, r. de Chabrol, 35	Appareils de sondage et outils de forage. Ⓐ 1839 et 1844.
833	*Denain*. Paris, r. du 24 Février, 2.	Machine à vapeur rotative ; pompes rotatives.
834	*Derosne et Cail*. Paris, quai de Billy, 38.	Locomotive ; moulin à cannes à sucre ; appareil dans le vide pour sucrerie ; machine à mortaises ; tour à roues de locomotives. Ⓞ 1827, 1834, 1839 et 1844.
835	*Desbordes*. Paris, r. Saint-Pierre-Popincourt, 20.	Modèles de machines à vapeur et d'appareils de sûreté. M. H. 1839 ; B. 1844.
836	*Désirat*. Paris, avenue de Breteuil, 22.	Huiles.
837	*Dietz*. Paris, r. Marbeuf, 39.	Moulins à écraser les cannes à sucre. Ⓐ 1827, 1834 et 1839.
838	*Debignard*. Paris, r. Kléber, 7.	Façade de four à pain. C. F. 1844.
839	*D'Orléans*. Paris, r. du Temple, 110.	Horloges. C. F. 1839 ; Ⓑ 1844.
840	*Droux*. Batignolles.	Machine à fabriquer la bougie.
841	*Duclos*. Paris, r. de l'Eglise, 4.	Machine à vapeur.
842	*Ducommun*. Paris, boulevard Poissonnière, 28.	Fontaines. M. H. 1834 et 1839 ; B. 1844.
843	*Duguet* (Madame). Paris, r. Neuve-Coquenard, 11.	Vitrail.
844	*Dupluvinage*. Paris, r. de Charenton, 58.	Presse avec pompe à effet double.
845	*Durenne* père et fils. Paris, r. des Amandiers-Popincourt, 11.	Chaudière tubulaire et tubes à air chaud. Ⓐ 1839 ; Ⓞ 1844.
846	*Duval* (Frédéric). Paris, r. du Plâtre-Saint-Jacques, 9.	Dalles. Ⓑ 1844.
847	*Duval* (Pierre). Paris, r. Corbeau, 20.	Machines à vapeur et métier à tisser. Ⓑ 1844.
848	*Duval-Piron*. Paris, r. Saint-Denis, 277.	Chemin de fer, tuyaux de conduite, plancher carrelé, trottoir.
849	*Elwell*. Paris, r. Rochechouart, 74.	Machine à vapeur pour épuisement.

Nos d'ord.	NOMS ET DEMEURES DES EXPOSANTS.	NATURE DES OBJETS EXPOSÉS.
850	*Farcot*. Paris, r. Fontaine-Saint Georges, 34.	Machine à vapeur. B. 1827 ; (A) 1834 et 1839 ; (O) 1844.
851	*Faure*. Paris, rue du Faubourg-Saint-Honoré, 49.	Bibliothèque.
852	*Fenestre*. Paris, rue des Vieux Augustins, 42.	Vernis et cirages. C. F. 1844.
853	*Fischer*. Paris, impasse Guéménée, 3.	Meubles. (A) 1834, 1839 et 1844.
854	*Flaud et Cie*. Paris, r. Jean-Goujon, 27.	Pompes, tonneau et casques de pompiers. M. H. 1844.
855	*Fossey*. Paris, r. de Malte, 13.	Meubles. (A) 1844.
856	*Frey*. Belleville, impasse Saint-Laurent, 2.	Machine à vapeur, machine à clous et cisaille. (B) 1839 et 1844.
857	*Gailard* (madame). Paris, allée des Veuves, 17.	Pompe à incendie. (B) 1834.
858	*Gaillard*. La Villette, r. de Flandre, 34.	Meules de moulins, dites anglaises. Cie des meules du Bois-de-la-Barre. M. H. 1839 ; (A) 1844.
859	*Gaillouste*. Paris, r. des Trois-Bornes, 19.	Meubles.
860	*Galouzeau de Villepics*. Paris, r. de l'Ouest, 48.	Plan en relief de Notre-Dame de Paris.
861	*Ganneron*. Paris, r. Papillon, 8.	Scie à recéper les pièces sous l'eau.
862	*Gardissal*. Paris, r. Racine, 9.	Machines à carder.
863	*Gautron*. Paris, r. Greneta, 16.	Rouets et métiers.
864	*Gervais*. Paris, r. des Fossés-Saint-Jacques, 3.	Chaudières. (B) 1839 et 1844.
865	*Godillot*. Paris, boulevard Poissonnière, 14.	Objets de campement, de voyage et de gymnastique. (B) 1844.
866	*Gocht*. Paris, r. des Marais-Saint-Martin, 12.	Meubles.
867	*Giraudon*. Paris, r. de la Roquette, 29.	Machines à vapeur à haute pression. M. H. 1839 ; (B) 1844.
868	*Gillet*. Ternes, r. d'Armaillet, 29.	Machine à faire les mortaises.
869	*Gille*. Paris, r. Paradis-Poissonnière, 27.	Porcelaines. M. H. 1834.
870	*Goubin*. Paris, r. Saint-Severin, 20 *bis*.	Marqueterie.
871	*Gouin et Cie*. Batignolles, avenue de Clichy.	Locomotive et pompe à vapeur.
872	*Goussard*. Paris, r. du Petit-Lion-Saint-Sulpice, 1.	Sculptures en papier pilé et roulé.
873	*Graux-Marly*. Paris, boulevard du Temple, 37.	Bronzes.

N^os d'ord.	NOMS ET DEMEURES DES EXPOSANTS.	NATURE DES OBJETS EXPOSÉS.
874	*Grohé*. Paris, r. de Varennes, 30.	Meubles. M. H. 1844, Ⓐ 1839; Ⓒ 1844.
875	*Gros*. Paris, r. des Blancs-Manteaux, 27.	Meubles.
876	*Guénal*. Paris, r. Neuve-des-Mathurins, 70.	Machine pour l'enseignement de la cosmographie.
877	*Guilelouvette*. Paris, r. des Marais-Saint-Martin, 47.	Billard. M. H. 1839; Ⓐ 1844.
878	*Guillaume*. Paris, r. de Lille, 105.	Fragment de wagon de première classe.
879	*Guilelouvette*. Paris, r. Notre-Dame-de-Lorette, 56	Billards.
880	*Hallet*. Paris, r. des Amandiers-Popincourt, 12.	Machine à vapeur à haute pression.
881	*Haranger-Bélier*. Paris, r. de Chaillot, 14.	Machine à rouler les étoffes
882	*Hébuterne*. Paris, r. des Fossés-Saint-Bernard, 38.	Chaudière à vapeur.
883	*Herrard*. Paris, r. Saint-Martin, 275.	Pendules, vases.
884	*Heurtaux*. Paris, r. de l'Arbalète, 40.	Mécaniques Jacquart.
885	*Huber*. Paris, r. Bergère, 28.	Objets d'art. Ⓐ 1827, 1834, 1844.
886	*Hulot*. Paris, hôtel des Monnaies.	Planches et épreuves de timbres-poste, cartes et billets de banque. Ⓑ 1844.
887	*Jacot*. Paris, r. de la Sainte-Chapelle, 5.	Chronomètre.
888	*Jaminet*. Paris, r. du Four-Saint-Germain, 26.	Fontaines et appareils de filtrage. M. H. 1839, 1844.
889	*Jolly-Leclerc*. Paris, r. du Faubourg-Saint-Antoine, 38.	Meubles. Ⓐ 1839; R. Ⓐ 1844
890	*Krofft*. Paris, r. du Faubourg-Saint-Denis, 82.	Cylindres pour impression sur étoffes. M. H. 1839; Ⓑ 1844.
891	*Kreiger*. Paris, r. du Faubourg-Saint-Antoine, 84.	Meubles.
892	*Lafaye* Paris, r. de l'Empereur, 9.	Vitraux peints.
893	*Langclot*. Paris, r. des Filles-du-Calvaire, 11.	Fourneaux et calorifère.
894	*Larcnoncule*. Paris, r. des Gravilliers, 29.	Billard mécanique. C. F. 1844.
895	*Laurent*. Paris, r. Ménilmontant, 86.	Marqueterie, moulures et imitation de dorure. Ⓐ 1844.
896	*Laury*. Paris, r. Tronchet, 31.	Calorifères. Ⓐ 1844.
897	*Leblanc*. Paris, r. du Chemin-Vert, 12.	Machine dite défeutreur réunisseur double. Fils en bobines et en écheveaux.
898	*Leclerc* (Jean). Paris, r. Sartine, 1.	Four mobile.

N°s d'ord.	NOMS ET DEMEURES DES EXPOSANTS.	NATURE DES OBJETS EXPOSÉS.
899	*Leclerc* (Pierre). Paris, r. Saint-Jacques, 17.	Machine à laver.
900	*Lefebure*. Paris, boulevard des Italiens, 27.	Pendule-indicateur.
901	*Leguay et* Cie. r. de la Douane, 16.	Glaces.
902	*Lemaigre*. Paris, r. des Vosges, 16.	Meubles.
903	*Lemarchand* et *Lemoine*. Paris, r. des Tournelles, 17.	Meubles. Ⓐ 1844.
904	*Lenud*. Paris, r. du Faubourg-Saint-Denis, 24.	Calorifère. M. H. 1844.
905	*Leloup*. Paris, r. des Fossés-Saint-Marcel, 39.	Machine à vapeur. Ⓑ 1844.
906	*Lequesne*. Paris, r. de l'Orme, 5.	Pompe et presse à vermicelle.
907	*Letestu*. Paris. r. du Temple, 40.	Pompes. Ⓑ 1844.
908	*Lévy*. Paris, r. Meslay, 1.	Bronzes.
909	*Liré*. Paris, r. de l'Arbre-Sec, 42.	Fourneaux et fours portatifs.
910	*Loth*. Paris, r. Godot-Mauroy, 5.	Meubles.
911	*Luet*. Paris, passage des Petites-Ecuries, 8.	Meubles. M. H. 1844.
912	*Maigne*. Paris, boulevard Bonne-Nouvelle, 12.	Meubles en fer.
913	*Maillard et* Cie. Paris, r. du Faubourg-Saint-Denis, 24.	Billards et comptoirs de limonadiers.
914	*Marchal*. Paris, r. de Sèvres, 17.	Billard. M. H. 1844.
915	*Margoz* père et fils. Paris, r. Ménilmontant, 21.	Tour à guillocher. Ⓑ 1834, 1839; R. Ⓑ 1844.
916	*Mars* père. Paris, r. Grange-aux-Belles, 7 *bis*.	Machine pour les chargements. Verrous de sûreté. Ⓑ 1844.
917	*Marsoudet*. Paris, r. Beaumarchais, 4.	Meubles. Ⓑ 1844.
918	*Martinet*. Paris. r. Saint-Maur-Popincourt, 12.	Lisage accéléré, métier à la barre, maillons et liseuse à touches. Ⓑ 1827; Ⓐ 1834, 1839; Ⓐ 1844.
919	*Martinolli*. Paris, r. Montholon, 21.	Calorifères.
920	*Mary*. Paris, r. Favart, 4.	Sommiers élastiques.
921	*Mauduit*. Belleville, impasse Saumon, 10.	Métier circulaire à tisser. C. F. 1844.
922	*Mauduit*. Paris, r. des Marais-Saint-Martin, 38 *bis*.	Mannequins.
923	*Mercier*. Paris, r. du Faubourg-Saint-Antoine, 110.	Meubles. M. H. 1844.
924	*Molinié-Saint-Clair*. Paris, r. des Trois-Bornes, 10.	Régulateurs.
925	*Morange*. Paris, r. Rochechouart, 21.	Meubles.
926	*Morin* aîné. Paris, r. Lamartine, 54.	Lits-sommiers à coffre.
927	*Mounier*. Paris, r. d'Anjou, 9 (Marais).	Meubles et volière.

N°s d'ord.	NOMS ET DEMEURES DES EXPOSANTS	NATURE DES OBJETS EXPOSÉS.
928	*Mulot*. Paris, r. Rochechouart, 60.	Outils de soudage et tubes. M. H. 1827 ; Ⓐ 1834, 1839 ; Ⓞ 1844.
929	*Parisot de Cassel*. Paris, Cité Trévise, 4.	Traverse de chemin de fer et dalle pour trottoir.
930	*Philippe*. Paris, r. Château-Landon, 17 et 19.	Modèles de machines et appareils mécaniques. Ⓞ 1834 ; R. Ⓞ. 1839 et 1844.
931	*Pichenot*. Paris, r. des Trois-Bornes, 5.	Objets en faïence. Ⓐ 1844.
932	*Pierret*. Paris, r. Coq-Héron, 5.	Machine à vapeur.
933	*Pigeault*. Paris, r. des Vieux-Augustins, 53.	Cirages. C. F. 1844.
934	*Plenel*. Paris, boul. Saint-Martin, 8	Billard. C. F. 1844.
935	*Renoult*. Paris, r. Phelippeaux, 34.	Baldaquin et galeries de fenêtres.
936	*Rey* et compᵉ. Paris, r. de Charonne, 7.	Meubles.
937	*Rimlin* frères. Paris, r. Neuve-Saint-Laurent, 16.	Meubles. M. H. 1844.
938	*Robiquet*. Paris, r. Montmartre, 146.	Modèle de voiture.
939	*Rosse*. Paris, r. de Saint-Quentin, 3.	Pendule astronomique.
940	*Rouffet* fils aîné. Paris, r. de l'Orme, 12.	Machines à vapeur. Ⓑ 83 9, 1844.
941	*Rous* et compᵉ. Paris, r. du Faubourg-Saint-Martin, 51.	Bleu pour le linge.
942	*Sanray*. Paris, r. des Fossés-Montmartre, 18.	Modèle de machines de théâtre. C. F. 1844.
943	*Sauraux*. Paris, r. du Faubourg-du-Temple, 17.	Billards. C. F. 1844.
944	*Sénéchal*. Paris, r. des Solitaires, 41.	Machines à couper et à coudre les gants.
945	*Wagner*. Paris, r. du Cadran, 37.	Grandes horloges Ⓐ 1827 ; R. Ⓐ 1834 ; Ⓐ 1844.
946	*Wallet*. Paris, quai de l'Horloge, 33.	Instruments d'optique. M. H. 1844.
947	*Serveille*. Paris, r. du Banquet, 17.	Modèle de chemin de fer. Ⓑ 1844.
948	*Stahl*. Paris, r. de Paradis, 14 (Marais).	Sujets moulés sur nature.
949	*Stoltz* père et compᵉ. Paris, r. Lamartine, 22.	Pompes et appareil de féculerie. C. F. 1834.
950	*Stoltz* fils. Paris, r. de Bréda, 21 et 23.	Machine à vapeur, machine pour la clouterie, pompes et machine hydraulique pour les irrigations. Ⓑ 1839, 1844.
951	*Tachet*. Paris, r. Saint-Honoré, 274.	Instruments de précision. Parquets et panneaux.
952	*Taillefer*. Batignolles, r. Saint-Etienne, 9.	Grille mobile fumivore pour les chaudières à vapeur.

Nos d'ord.	NOMS ET DEMEURES DES EXPOSANTS.	NATURE DES OBJETS EXPOSÉS.
953	*Thomas*. Paris, rue du Helder, 13.	Machines à calculer. M. H. 1844.
954	*Torchu*. Paris, r. Saint-Louis, 21 (Marais).	Meubles.
955	*Testard* et *Toulon*. Paris, r. Plumet, 2.	Meubles.
956	*Vasselle*. Paris, r. Saint-Pierre-Popincourt, 18.	Pompes.
957	*Vincent*. Paris, r. des Marais-Saint-Martin, 54.	Jalousies montées dans un châssis.
958	*Dufour*. Angers (Maine-et-Loire).	Modèles de pavage à l'asphalte et de mosaïque.
959	*Laurent-Raucher*. Saumur (Maine-et-Loire).	Noir animal, os pulvérisés, matières fécales désinfectées, tourbe pulvérisée.
960	*Tupault-Beaumont*. Cholet (Maine-et-Loire).	Rouleau batteur pour l'égrenage des blés; fléaux.
961	*Monthibert* (Société d'exploitation de l'ardoisière de). Trelazé (Maine-et-Loire).	Ardoises. (O) 1844.
962	*Boulard* et *Piednoir*. Cholet (Maine-et-Loire).	Batistes et toiles fortes. (B) 1844. (Boulard et Compe.)
963	*Pierre* (Veuve) et compe. Vernoil-le-Fourrier (Maine-et-Loire).	Café de glands doux d'Espagne et fécule de marrons d'Inde.
964	*Joubert-Bonnaire*. Angers (Maine-et-Loire).	Toiles pour la marine; toiles à seaux. (A) 1806, 1823; R. (A) 1827, 1839, 1844.
965	*Lainé-Laroche* et *Max-Richard*. Angers (Maine-et-Loire).	Fils de chanvre et de lin; toiles à voile en lin et en chanvre. (A) 1844. (Lainé Laroche.)
966	*Daix-Debeauvoys*. Seiches (Maine-et-Loire).	Appareils de magnanerie, ruches et accessoires.
967	*Lesourd-Delisle*. Angers (M. et-Loire).	Cuves pour les vins rouges.
968	*Mouisse*. Limoux (Aude).	Tissus de laine. (B) 1834; (A) 1839; R. (A) 1844.
969	*Portal de Moux*. Conques (Aude).	Chardons. Laine mérinos en suint
970	*Axat* (Société anonyme des forges et usines d'). (Aude).	Charrue avec traînoir; fer et acier.
971	*Cazanave*. Pieusse (Aude).	Charrues en fer.
972	*Pech*. Cenne-Monestiés (Aude).	Matière oléagineuse pour la filature de la laine.
973	*Tallavignes*. Sigean (Aude).	Sel marin.
974	*Migeon* et *Viellard*. Morvillards (Haut-Rhin).	Vis, pitons et boulons. (A) 1839 et 1844.
975	*Oswald* et *Warnod*. Niederbruch (Haut-Rhin).	Fils et feuilles de cuivre.
976	*Kientzy-Grimer*, à Wildenstein (Haut-Rhin).	Tuiles en verre pour couverture.

Nos d'ord.	NOMS ET DEMEURES DES EXPOSANTS.	NATURE DES OBJETS EXPOSÉS.
977	*Braun* (Charles). Mulhouse (Haut-Rhin).	Dessins de fabrique.
978	*Schlumberger* et *Hofer*. Ribeauvillé (Haut-Rhin).	Coton filé. Ⓐ 1827; R. Ⓐ 1834 (Heilmann frères); Ⓐ 1844.
979	*Kœnig* (Napoléon). Sainte-Marie-aux-Mines (Haut-Rhin).	Tissus de coton, de laine et de soie. Ⓑ 1844.
980	*Risler* fils et Cie. Cernay (Haut-Rhin).	Coton filé.
981	*Japy* frères. Raucourt (Haut-Rhin).	Objets de serrurerie et d'horlogerie. Ⓞ 1806; R. Ⓞ et Ⓞ 1823; R. Ⓞ 1827, 1834 et 1839; R. Ⓞ et Ⓞ 1844.
982	*Schœffel* (Veuve). Sainte-Marie-aux-Mines (Haut-Rhin).	Cotons teints.
983	*Thierry-Mieg*. Mulhouse (Haut-Rhin).	Châles. Ⓐ 1823, 1827 et 1834.
984	*Mieg* et fils. Mulhouse (Haut-Rhin).	Tissus de laine.
985	*Bion*. Reutheim (Haut-Rhin).	Cretonnes de coton écru.
986	*Kaeppelin*. Colmar (Haut-Rhin).	Pressoir et tuyaux de pipes.
987	*Zuber* fils et Cie. Rixheim (Haut-Rhin).	Dessins pour tentures et impressions à la main; couleurs dites d'outre-mer; papiers et cartes. Ⓞ 1834; R. Ⓞ 1839 et 1844.
988	*Rieder* et *Vincent*. Rixheim (Haut-Rhin).	Piknomètre et anneau de sauvetage.
989	*Stehelin* et *Schonauer*. Bischwiller (Haut-Rhin).	Manchons sans couture; tapis de pied; feutre absorbant; draps; chaussures fourrées; chaussures avec semelles en feutre. Ⓞ 1839; R. Ⓞ 1844.
990	*Hofer* (Henri). Kaysersberg (Haut-Rhin).	Coton filé. Ⓐ 1839; Ⓞ 1844.
991	*Schmerber*. Mulhouse (Haut-Rhin).	Marteaux de forges montés.
992	*Blech* frères. Sainte-Marie-aux-Mines (Haut-Rhin).	Tissus de laine; cravates de soie et de batiste. Ⓐ 1839; R. Ⓐ 1844.
993	*Fischer* frères. (Sainte-Marie-aux-Mines (Haut-Rhin).	Tissus de coton et de soie.
994	*Meyer-Mérian*. Soultz (Haut-Rhin).	Rubans.
995	*Schmerber* (Edouard). Rougemont (Haut-Rhin).	Articles de serrurerie et de quincaillerie.
996	*Herzog*. Logelbach (Haut-Rhin).	Coton filé. Ⓐ 1834; Ⓞ 1839; R. Ⓞ 1844.
997	*Gast* et *Spetz*. Issenheim (Haut-Rhin).	Régulateur à pendule.
998	*Schlumberger* jeune. Thann (Haut-Rhin).	Calicots imprimés. Ⓐ 1834; R. Ⓐ 1839; Ⓞ 1844.

N^os d'ord.	NOMS ET DEMEURES DES EXPOSANTS.	NATURE DES OBJETS EXPOSÉS.
999	*Naegely* et Cie. Mulhouse (Haut-Rhin).	Coton filé.
1000	*Koechlin* frères. Mulhouse (Haut-Rhin).	Toiles peintes; indiennes; jaconas. Ⓞ 1819 ; R. Ⓞ 1834 et 1844.
1001	*Jouzel-Arondel*. Amanlis (Ille-et-Vilaine).	Toiles à voile.
1002	*Beaulieu*. Fougères (Ille-et-Vilaine).	Toile de lin. C. F. 1844.
1003	*Duhil*. Fougères (Ille-et-Vilaine).	Droguets.
1004	*Brisou*. Rennes (Ille-et-Vilaine).	Cuirs forts et peaux de veaux en croûte. Ⓐ. 1834 ; R. Ⓐ 1839 et 1844.
1005	*Joly* aîné. Saint-Malo (Ille-et-Vilaine).	Cordages, câbles et lignes. M. H. 1834; Ⓑ. 1839 et 1844.
1006	*Bodin*. Rennes (Ille-et-Vilaine).	Instruments aratoires. Ⓐ 1844.
1007	*Coelland*. Rennes (Ille et-Vilaine).	Engrais dit *sang chaulé*.
1008	*Popino-Rabier*. Rennes (Ille-et-Vilaine).	Soufflet de forge. M. H. 1827.
1009	*Leblanc*. Rennes (Ille-et-Vilaine).	Machine à briques.
1010	*Maurice-Colas* frères. Saint-Servan (Ille-et-Vilaine).	Modèle de croisée.
1011	*Leroux*. Cancale (Ille-et-Vilaine).	Horloge.
1012	*Brisou* fils. Rennes (Ille-et-Vilaine).	Ustensiles en fonte. M. H. 1844.
1013	*Hus*. Vieux-Vy-sur-Couesnon (Ille-et-Vilaine).	Échantillons de papier vergé.
1014	*Fayon*. Rennes (Ille-et-Vilaine).	Vermicelle, macaroni et semoule.
1015	*Jan*. Rennes (Ille-et-Vilaine).	Jouets d'enfants.
1016	*Festugières* et Ce. Tayac (Dordogne).	Roues de locomotive et de wagon ; fils de fer. Ⓞ 1839 ; R. Ⓞ 1844.
1017	*Ribeyrol*. Jaumelières (Dordogne).	Fonte et fer.
1018	*Lacombe*. Périgueux (Dordogne).	Fer et fil de fer. Ⓞ 1839 ; R. Ⓞ 1844 (Durandeau aîné, Lacombe et Ce).
1019	*Courtey* frères et *Barré*. Périgueux (Dordogne).	Cadis. Ⓗ 1844.
1020	*Reclus* aîné. Bergerac (Dordogne).	Bondonnières.
1021	*Petit* frères. Nontron (Dordogne).	Couteaux.
1022	*Carré* aîné. Bergerac (Dordogne).	Momies embaumées par injection ; tubes à injection; papier à filtres ; moule-pilules et pilulier.
1023	*De Lentilhac* aîné. Saleyourde (Dordogne).	Modèles de charrues ; cocons. Ⓐ 1844.
1024	*Lafforest*. Brantôme (Dordogne).	Cocons.

Nᵒˢ d'ord.	NOMS ET DEMEURES DES EXPOSANTS.	NATURE DES OBJETS EXPOSÉS.
1025	*De Merédieu.* Notre-Dame de Sanilhac (Dordogne).	Soie grège de vers sina.
1026	*Niel.* Notre-Dame de Sanilhac (Dordogne).	Soie grège de vers sina.
1027	*Boully-Joly.* Bourbonne-les-Bains (Haute-Marne).	Modèle de charrue.
1028	*Latache.* Val-Bruant (Haute-Marne).	Toisons mérinos.
1029	*Jacquot* frères et neveux. Rachecourt-sur-Marne (Haute-Marne).	Fers marchands et corroyés. M. H. 1819.
1030	*Ozenne-Monginot.* Brevannes (Haute-Marne).	Limes et râpes.
1031	*Champonnois* frères. Chaumont (Haute-Marne).	Calorifères.
1032	*Ménétrel.* Joinville (Haute-Marne).	Brides de sabots et bourses en peau plissée. C. 1844.
1033	*Petitpas-Bordet.* Brevannes (Haute-Marne).	Couteaux et griffes pour le martelage.
1034	*Marc-Martin.* Bourbonne (Haute-Marne).	Tuiles.
1035	*Adnot-Millée.* Chaumont (Haute-Marne).	Pompe à double effet.
1036	*André-Lamouroux.* Chaumont (Haute-Marne).	Calorifère en fonte.
1037	*Rivot de Bazeuil.* La Ferté-sur-Amance (Haute-Marne).	Ronds de table en toile cirée. M. H. 1844.
1038	*Féquant.* Chaumont (Haute-Marne).	Pompe à incendie.
1039	*André.* Val d'Osne (Haute-Marne).	Objets en fonte moulée. Ⓐ 1839 ; Ⓞ 1844.
1040	*Guerre.* Langres (Haute-Marne).	Objets de coutellerie Ⓑ 1823 et 1844.
1041	*Thuillier.* Nogent (Haute-Marne).	Ciseaux.
1042	*Charbonné.* Nogent (Haute-Marne).	Ciseaux.
1043	*Combes.* Nogent (Haute-Marne).	Couteaux.
1044	*Alessandri.* Paris, r. Folie-Méricourt, 21.	Ouvrage d'ivoire. M. H. 1844.
1045	*Alkan.* Paris, place Dauphine, 24.	Passe-ports et effets de commerce imprimés en encre indélébile.
1046	*Armengaud.* Paris, r. des Filles du Calvaire, 6.	Dessins de machines. Ⓑ 1839.
1047	*Armengaud* et *O'Reilly.* Paris, r. de la Boule-Rouge, 12.	Gravures.
1048	*Arondel.* Paris, r. Neuve-Saint-Méry, 44.	Lits.
1049	*Avril.* Paris, r. des Bernardins, 18.	Plans et cartes lithographiés.
1050	*Bauerkeller* et Cᵉ. Paris, r. Saint-Denis, 380.	Cartes et plans en relief, abat-jour et globes en papier. Ⓑ 1839; R. Ⓑ 1844.

Nos d'ord.	NOMS ET DEMEURES DES EXPOSANTS.	NATURE DES OBJETS EXPOSÉS.
1051	*Barbier*. Paris, r. des Rosiers, 11.	Boites en marqueterie. (B) 1844.
1052	*Barrère*. Paris, r. Mazarine, 64.	Gravures et impressions.
1053	*Barrochin*. Paris, aux Quinze-Vingts.	Pupitre d'aveugle.
1054	*Bayard*, aux Batignolles, r. de la Paix, 81.	Dessins photographiques.
1055	*Beaumont*. Paris, r. de la Douane, 1.	Objets en ivoire. M. H. 1844.
1056	*Belhatte*. Paris, r. du Jardinet, 13.	Gravures sur bois.
1057	*Belloc*. Paris, boulevard Montmartre, 5.	Portraits au daguerréotype.
1058	*Bertauts*. Paris, r. Saint-Marc, 14.	Lithographies. M. H. 1844.
1059	*Bessaignet*. Paris, galérie Montpensier, 15.	Cachets emporte-pièce.
1060	*Bicsta-Laboulaye* et Ce. Paris, r. Madame, 30.	Caractères d'imprimerie. (O) 1819 (Firmin-Didot); R. (O) 1823, 1827, 1834 et 1839; (A) 1834 (Everat); (O) 1839 (Tarbé); (B) 1839 (Lyon et Laboulaye); R. (O) 1844.
1061	*Bincteau*. Paris, r. de l'Observatoire, 6.	Lithographies. M. H. 1839.
1062	*Bleton*. Paris, r. Saint-Denis, 326.	Pommes de canne, poignées de parapluies.
1063	*Boisson*. Paris, r. de l'Arbre-Sec, 45.	Encadrements.
1064	*Bouillotte*. Paris, r. Saint-Denis, 313.	Registres, rouleau-copiste, presse à copier et plumes.
1065	*Bonnard*. Paris, r. du Faubourg-Saint-Antoine, 132.	Tables diverses.
1066	*Bouasse-Lebel* (Veuve) et Ce. Paris, r. du Petit-Bourbon-Saint-Sulpice, 9.	Lithographies et gravures.
1067	*Bouchard* (Veuve). Paris, r. de l'Eperon, 5.	Ouvrages d'imprimerie. M. H. 1839; (B) 1844.
1068	*Boulay*. Paris, r. Saint-Jacques, 122.	Impressions typographiques et lithographiques.
1069	*Bourdeau*. Paris, r. du Parc, 1, au Marais.	Cadres.
1070	*Bouton*. Paris, r. des Noyers-Saint-Jacques, 52.	Manuscrits.
1071	*Bry* (Auguste). Paris, r. du Bac, 142.	Lithographies. (B) 1844.
1072	*Bry* aîné. Paris, r. Guénégaud, 29.	Impressions.
1073	*Buchet*. Paris, r. Montholon, 36.	Reliures.
1074	*Bullier* (Madame). Paris, r. du Cloître-Saint-Méry, 8.	Pinceaux et brosses. C 1844.
1075	*Camaret*. Paris, r. de Braque, 5.	Objets sculptés. M. H. 1844.
1076	*Carles*. Paris, r. J.-J.-Rousseau, 12.	Lithographies.
1077	*Carpentier*. Paris, r. Ménilmontant, 61.	Modèles d'animaux. C. 1844.
1078	*Cartier*. Paris, r. des Noyers, 56.	Carton-paille.
1079	*Cattier*. Paris, r. de Lancry, 12.	Lithographies. (A) 1827; R. (A) 1834 (Motte, prédécesseur); R. (A) 1844.

Nos d'ord.	NOMS ET DEMEURES DES EXPOSANTS.	NATURE DES OBJETS EXPOSÉS.
1080	*Chardon*. Paris, r. Racine, 3.	Gravures. Ⓑ 1844.
1081	*Charlot*. Paris, r. Chapon, 14.	Objets de tableterie.
1082	*Cherrier*. Paris, r. des Marais-Saint-Germain, 11.	Gravures sur bois. Ⓑ 1839; R. Ⓑ 1844.
1083	*Claye*. Paris, r. Saint-Benoît, 7.	Gravures sur bois.
1084	*Clerget*. Paris, r. Albouy, 10.	Gravures.
1085	*Confais*. Paris, r. de l'Ecole-de-Médecine, 90.	Cadres.
1086	*Conil-Lacoste*. Paris, r. des Grands-Augustins, 20.	Gravures sur bois. Ⓑ 1834, R. Ⓑ 1839, 1844.
1087	*Cotelle*. Paris, r. du Four-Saint-Germain, 47.	Sculptures sur bois. M. H. 1844.
1088	*Coulon*. Paris, r. Ménilmontant, 10.	Modèles d'escaliers.
1089	*Crétin*. Paris, r. Poissonnière, 25.	Instruments pour la gravure de la musique.
1090	*Crousse*. Paris, r. Saint-Denis, 16.	Emporte-pièce et gaufriers pour les fleurs artificielles. M. H. 1839; Ⓑ 1844.
1091	*Curmer* (Al.). Paris, r. Saint-Germain-des-Prés, 10 *bis*.	Clichés. M. H. 1844.
1092	*Dagneau*. Paris, r. Constantine, 15.	Pinceaux. C. 1839; M. H. 1844.
1093	*Dauphin*. Paris, r. de Bondy, 76.	Moulures, bordures et encadrements.
1094	*Laurent* et *Deberny*. Paris, r. des Marais-Saint-Germain, 17.	Specimen de caractères d'imprimerie. Ⓐ 1839; R. Ⓐ 1844.
1095	*Decan*. Paris, r. Richer, 7.	Lithographies.
1096	*Delabaude*. Paris, r. Servandoni, 31.	Objets de tableterie.
1097	*Derriey* (Jacques-Charles). Paris, r. Notre-Dame-des Champs, 12.	Outils de graveurs.
1098	*Derriey* (François-Charles). Paris, boulevard Mont Parnasse, 12.	Griffes et blocs pour clichés.
1099	*Desbaillet*. Paris, rue Rochechouart, 21.	Objets en carton-pierre.
1100	*Desmaziers*. Paris, r. Saint-Martin, 210.	Ecouvillons, passe-partout et balais.
1101	*Diehl*. Paris, r. Saint-Louis (Marais), 56.	Objets de tableterie.
1102	*Dieu*. Paris, r. Saint-Antoine, 159.	Cadres.
1103	*Dopter*. Paris, r. de la Harpe, 58.	Gravures.
1104	*Doublet* et *Huchot*. Paris, r. des Ursulines, 12.	Vignettes et lettres de fantaisie.
1105	*Douret*. Paris, r. de Limoges, 5.	Objets de mercerie.
1106	*Drooghrys*. Paris, r. de Seine-Saint-Germain. 29.	Christ en ivoire.
1107	*Drugeon*. Paris, r. Phelippeaux, 27.	Meubles en laque.

Nos d'ord.	NOMS ET DEMEURES DES EXPOSANTS.	NATURE DES OBJETS EXPOSÉS.
1108	*Ducroquet*. Paris, r. de Cléry, 42.	Registres. M. H. 1834, 1839; Ⓑ 1844 (Robert, prédécesseur).
1109	*Dufailly*. Paris, boulevard Beaumarchais, 15.	Objets moulés en plâtre.
1110	*Dupuis*. Paris, r. Fontaine-au-Roi, 17.	Bâtons pour rideaux.
1111	*Dupont*. Paris, r. de Grenelle-Saint-Honoré, 55.	Impressions, gravures et pierres lithographiques. Ⓐ 1839; R. Ⓐ 1844.
1112	*Engelmann*. Paris, Cité-Bergère, 1.	Epreuves chromo-lithographiques. Ⓐ 1839, 1844.
1113	*Etard*. Paris, r. du Petit-Reposoir, 6.	Objets de layeterie. C. F. 1839; M. H. 1844.
1114	*Etienne*. Paris, r. Rambuteau, 7.	Lettres dorées et outils de doreurs.
1115	*Favre*. Paris, r. du Faubourg-Saint-Denis, 14.	Meubles.
1116	*Fénoux*. Paris, r. de Grenelle-Saint-Honoré, 51.	Portefeuilles et trousses. M. H. 1827; Ⓑ 1833; R. Ⓑ 1839, 1844.
1117	*Féron*. Paris, r. de Clichy, 29.	Mains-courantes pour rampes.
1118	*Fert*. Paris, r. du Faubourg-Saint-Antoine, 130.	Moulures, cadres, tables et panneaux.
1119	*Feuilloy*. Paris, r. du Bac, 142.	Caractères gravés.
1120	*Fichtemberg* et sœur. Paris, r. Meslay, 53.	Etiquettes et pancartes.
1121	*Fierobe* (Veuve). Paris, r. Contrescarpe-Saint-Antoine, 62.	Meubles.
1122	*Fixon*. Paris, r. Vivienne, 33.	Portraits au daguerréotype.
1123	*Fontana* (Mlle). Paris, r. de l'Entrepôt-des-Marais, 25.	Pinceaux. M. H. 1839, 1844.
1124	*Foucault*, aveugle. Paris, r. de Charenton, 38.	Machine à écrire à l'usage des aveugles. M. H. 1844.
1125	*Fouché*. Paris, r. Navarin, 10.	Plan des machines pneumatiques du chemin de fer de Saint-Germain.
1126	*Foulley*. Paris, r. de Charonne, 51.	Mosaïques.
1127	*Gallay* et *Grignon*. Paris, r. Poupée-Saint-André, 7.	Caractères d'imprimerie. 1844.
1128	*Garand*. Paris, r. de Charonne, 38.	Bois de placage.
1129	*Garcin*. Paris, r. Poupée, 4.	Presse typographique.
1130	*Garnier*. Paris, r. Amelot, 54.	Moulures guillochées.
1131	*Garnot*. Paris, r. du Temple, 98.	Objets en ivoire. M. H. 1844.
1132	*Gillet*. Paris, r. des Bourguignons, 14.	Objets de tour.
1133	*Girard*. Paris, r. Fontaine-au-Roi, 16.	Livres mécaniques.
1134	*Girault*. Paris, galerie Vivienne, 31.	Gravures. M. H. 1844.
1135	*Godard*. Paris, r. Hautefeuille, 16.	Estampes.

N°s d'ord.	NOMS ET DEMEURES DES EXPOSANTS.	NATURE DES OBJETS EXPOSÉS.
1136	*Godon*. Paris, r. Faub.-du-Temple, 42.	Dessins. C. F. 1844.
1137	*Goebel* et *Martin*. Paris, r. Michel-le-Comte, 30.	Petits meubles M. H. 1844.
1138	*Gosset*. Paris, r. des Gravilliers, 28.	Corbeilles et objets de fantaisie.
1139	*Gouin*. Paris, r. Louis-le-Grand, 37.	Portraits au daguerréotype.
1140	*Gourguechon*. Paris, r. Port-Royal, 16.	Parquet.
1141	*Gratia* et *Schwaerzlé*. Paris, passage Sainte-Marie, 8.	Cartes et plans.
1142	*Grosse*. Paris, r. de l'Arbre-Sec, 12.	Brosses à tableau.
1143	*Guionnet*. Paris, Boulevard Beaumarchais, 89.	Vases et cadres en bois.
1144	*Guyot*. Paris. r. du Faubourg-Saint-Antoine, 97.	Tables à coulisse.
1145	*Kaeppelin*. Paris, quai Voltaire, 15.	Impressions lithographiques. 1839; 1844.
1146	*Hallé*. Montrouge, r. du Boulevard, 5.	Mannequins.
1147	*Havard*. Paris, r. Guénégaud, 15	Livres imprimés.
1148	*Hénault*. Paris, r. du Val-Sainte-Catherine (Marais), 1.	Ornements d'appartements.
1149	*Jacquet* et *Dagrin*. Paris, r. du Petit-Carreau, 18.	Meubles.
1150	*Jeanselme*. Paris. r. du Harlay, 7 *bis*.	Meubles.
1151	*Jansen*. Paris, r. Favart, 12.	Caves à liqueurs, bureau et nécessaires.
1152	*Jourdain*. Paris, r. Mazarine, 56.	Décalques de gravures et lithographies.
1153	*Jourdan*. Paris, place des Vosges, 3.	Lithographies.
1154	*Julien*. Paris, r. des Vinaigriers, 30 *bis*.	Meubles.
1155	*Junod*. Paris, r. Moreau, 45.	Moulures guillochées.
1156	*Kapp* et *Standinger*. Paris, r. Phelippeaux, 6.	Caves à liqueurs, boîtes, armoires et chapelles.
1157	*Kœhler*. Paris, r. du Bac, 83.	Volumes reliés. 1834, 1839, R. 1844.
1158	*Kubitschek*. Paris, r. Barbette, 17.	Nécessaires en marqueterie.
1159	*Kurtz*. Paris, r. du Faubourg-Saint-Antoine, 57.	Parquets et marqueteries.
1160	*Lainé*. Paris, r. du Maure-Saint-Martin, 6.	Calendriers perpétuels et articles de bureau.
1161	*Lajoie*. Paris, r. de Charonne, 47.	Panneaux et ornements.
1162	*Lannay*. Paris, r. du Faubourg-Saint-Antoine, 48.	Objets de tour.
1163	*Lard*. Paris, r. Feydeau, 25.	Reliure mobile et objets de papeterie.
1164	*Laudet* frères. Barrière du Maine, 16.	Parquet.
1165	*Laurent*. Paris, r. Chapon, 5.	Objets de tabletterie et de papeterie.

N^os d'ord.	NOMS ET DEMEURES DES EXPOSANTS.	NATURE DES OBJETS EXPOSÉS.
1166	*Laureys* Paris, passage du Caire, 58.	Métiers, candélabres et champignons.
1167	*Leblanc*. Paris, r. Sainte-Appoline, 2.	Modèle d'usine à gaz et dessins de fabrique. Ⓑ 1839; R. Ⓑ 1844.
1168	*Lebon*. Paris, passage Jouffroy, 41.	Articles de voyage.
1169	*Lebrun*. Paris, r. de Grenelle-Saint-Germain, 126.	Reliures. C. F. 1839; Ⓑ 1844.
1170	*Leclerc*. Paris, r. des Quatre-Fils, 4.	Cadres.
1171	*Lecocq*. Paris, r. des Francs-Bourgeois (Marais), 14.	Ornements estampés. Ⓐ 1834; R. Ⓐ 1839, 1844.
1172	*Lecœur* et *Marix*. Paris, Cité-Bergère, 2 *bis*.	Lettres en relief.
1173	*Ledée*. Paris, r. Chapon, 6.	Queues de billard.
1174	*Lefeburc*. Paris, r. de Charenton, 84.	Pieds de table et colonnes cannelées.
1175	*Lefebure*. Paris, r. Saint-Denis, 86.	Registres et système pour boucher les bouteilles d'encre.
1176	*Lefebvre*. Paris, boulevard de l'Etoile, 15.	Reproductions d'anciens manuscrits.
1177	*Lefèvre*. Paris, r. de la République, 48.	Lithographies.
1178	*Legrand*. Paris, r. du Cherche-Midi, 99.	Spécimen de caractères d'imprimerie.
1179	*Legray*. Paris, r. Richelieu, 110.	Sujets daguerréotypés.
1180	*Lemaître*. Paris, r. du Val-de-Grâce, 6.	Gravures de machines et instruments de guerre.
1181	*Lemercier*. Paris, r. de Seine, 55.	Estampes Ⓐ 1839; Ⓞ 1844
1182	*Lenègre*. Paris, r. Saint-Germain-des-Prés, 12 *bis*.	Reliures.
1183	*Léonard* Paris, passage Choiseul, 8.	Dessins pour papiers peints.
1184	*Leroy*. Paris, r. de Nazareth, 8.	Plan de Paris.
1185	*Lesaché*. Paris, r. du Vingt-Quatre-Février, 19.	Aquarelles et gravures.
1186	*Letort*. Paris, r. Rochechouart, 21.	Pied articulé pour poupées de modistes.
1187	*Leudolph*. Paris, r. Saint-Nicolas-Saint-Antoine, 24.	Meubles.
1188	*Liedhart*. Paris, r. Copeau, 48.	Tabourets et crachoirs.
1189	*Liogier*. Paris, r. Beautreillis, 21.	Grattoirs pour la construction.
1190	*Bertrand-Lœuillet*. Paris, r. Poupée-Saint-André, 7.	Specimen de caractères d'imprimerie. Ⓑ 1839, 1844.
1191	*Loigneau*, Paris, r. du Faubourg-du-Temple, 190.	Viroles pour brosses.
1192	*Lombard*. Paris, r. Thorigny, 5.	Meubles et ornements d'église. Ⓑ 1844.
1193	*Longuet*. Paris, r. de la Paix, 8.	Carte de la France et tableaux du système planétaire.

N^os^ d'ord.	NOMS ET DEMEURES DES EXPOSANTS.	NATURE DES OBJETS EXPOSÉS.
1194	*Lortic.* Paris, r. Saint-Honoré, 99.	Reliures.
1195	*Madelain.* Paris, r. Chabanais, 11.	Cadres.
1196	*Mainfroy.* Paris, r. du Faubourg-Saint-Martin, 70.	Meubles en imitation de laque de Chine. M. H. 1839; Ⓑ 1844.
1197	*Mainster* et *Wiesener.* Paris, r. de Sorbonne, 4.	Gravures pour l'industrie.
1198	*Mallet.* Paris, r. de Berry 13, (Marais).	Meubles en marqueterie.
1199	*Mamour.* Paris, r. d'Aval, 18.	Objets de tableterie.
1200	*Mundviller.* Paris, r. des Enfants-Rouges, 3.	Moulures guillochées.
1201	*De Mannoury d'Ectot.* Paris, r. du Faubourg-Saint-Martin, 41.	Dessins de machines.
1202	*Marcelin.* Paris, r. Basse-du-Rempart, 40.	Mosaïques.
1203	*Marpaud,* Paris, passage Brady, 20.	Cartes géographiques.
1204	*Martel.* Paris, r. Thiroux, 3.	Jalousies.
1205	*Mayer* (Veuve). Paris, r. de la Vieille-Monnaie, 22.	Cartonnages et enveloppes à bonbons.
1206	*Méder.* Belleville, passage Kusner.	Escalier tournant.
1207	*Méjas.* Paris, r. Guérin-Boisseau, 7.	Table en marqueterie.
1208	*Mercier* (Claude-Victor). Paris, r. des Gravilliers, 28.	Tabatières.
1209	*Mercier* (Claude). Paris, r. de Seine, 27.	Tableau rentoilé et restauré.
1210	*Meyer.* Paris, r. de l'Abbaye, 3.	Impressions en couleurs, or et argent. M. H. 1844.
1211	*Michel.* Paris, r. Salle au-Comte, 18.	Dorures sur cuir.
1212	*Michels.* Paris, r. Saint-Denis, 190.	Vignettes à jour.
1213	*Mouloise.* Paris, r. Montmorency, 38 *bis.*	Objets d'ébénisterie et de tableterie.
1214	*Normandin.* Paris, r. Neuve-des-Petits-Champs, passage des Pavillons.	Objets en ivoire.
1215	*Osmont* (Veuve), Paris, boulev. Beaumarchais, 83.	Meubles en imitation de laque de Chine. Ⓑ 1839; Ⓐ 1844.
1216	*Parod,* aux Prés-Saint-Gervais, r. Plâtrière, 20.	Dessins de machines.
1217	*Patou.* Paris, r. de Courty, 7.	Malles.
1218	*Pennequin.* Paris, r. Saint-Antoine, 214.	Moulures.
1219	*Pérot.* Paris, r. des Fossés-Montmartre, 12.	Incrustations.
1220	*Pétin.* Paris, r. Monsieur-le-Prince, 29.	Clichés.
1221	*Petit-Colin.* Paris, place Dauphine, 2.	Gravures. M. H. 1844.
1222	*Pigache.* Puteaux, quai National, 13.	Cylindres gravés.
1223	*Pinard.* Paris, r. Nationale-Saint-Honoré, 25.	Objets en tôle vernie.
1224	*Pitet.* Paris, r. Saint-Martin, 257.	Pinceaux et brosses.

Nos d'ord.	NOMS ET DEMEURES DES EXPOSANTS.	NATURE DES OBJETS EXPOSÉS.
1225	*Plon* frères. Paris, r. de Vaugirard, 36.	Impressions diverses. Ⓐ 1844.
1226	*Plon*. Paris, r. de Crussol, 20.	Sujets en plâtre.
1227	*Prétot*. Paris, r. du Harlay, 5 (Marais).	Meubles.
1228	*Profilet*. Paris, r. des Tournelles, 47.	Incrustations et mosaïques, M. H. 1844.
1229	*Provost*. Paris, r. de la Tour-des-Dames, 9.	Objets rustiques.
1230	*Quignon*. Paris, r. Saint-Sébastien, 5 *ter*.	Meubles.
1231	*Quillerie*. Paris, r. Saint-Louis, 83, (Marais).	Cadres pour miniatures.
1232	*Rattenberg*. Paris, r. du Dragon, 20.	Caractères d'imprimerie.
1233	*Rémond*. Paris, r. du Foin-Saint-Jacques, 13.	Gravures imprimées en couleur.
1234	*Renard*. Paris, boulevard du Temple, 11.	Bois colorés.
1235	*Richard*. Paris, r. Neuve-de-la-Fidélité, 19.	Crucifix en bois.
1236	*Robinet*. Vaugirard, r. Mademoiselle.	Caractères d'imprimerie. M. H. 1844.
1237	*Roucou*. Belleville, r. de Paris, 21.	Damasquinures.
1238	*Saive*. Paris, r. Saint-Honoré, 192.	Dessins de parquetage.
1239	*Salleron*. Paris, r. Saint-Martin, 253.	Cartonnages.
1240	*Sanis*. Paris, r. Cassette, 17.	Plans en relief.
1241	*Saunier*. Paris, r. Bourg-l'Abbé, 39.	Pinceaux. M. H. 1839; Ⓑ 1844.
1242	*Saunier*. Montrouge, r. de la Tombe-Issoire.	Epreuve de billets de banque.
1243	*Schmantz* Paris, r. du Cherche-Midi, 5.	Rouleaux lithographiques.
1244	*Schonenberger*. Paris, boulevard Poissonnière, 28.	Ouvrages de musique. C. F. 1839 et 1844.
1245	*Simier*. Paris, r. de l'Arbre-Sec, 28.	Reliures.
1246	*Sintz*. Paris, r. Saint-Pierre-Popincourt, 6.	Meubles. M. H. 1844.
1247	*Sollier*. Paris, r. Pastourel, 7.	Mosaïques.
1248	*Solon*. Paris, r. Pétrelle, 30.	Statues et bas-reliefs. M. H. 1844.
1249	*Sormani*. Paris, r. du Cimetière-Saint-Nicolas, 7.	Objets de tableterie; trousses et nécessaires.
1250	*Souty*. Paris, place du Louvre, 18.	Cadres dorés. M. H. 1844.
1251	*Supot*. Paris, r. Coquenard, 27.	Registres. C. F. 1844.
1252	*Tahan*. Paris, r. Meslay, 4.	Petits meubles.
1253	*Tantenstein* et *Cordel*. Paris, r. de la Harpe, 90.	Planches et caractères de musique. Ⓑ 1839; Ⓐ 1844.
1254	*Thiercelin*. Neuilly (Seine).	Brosses.
1255	*Tholin*. Paris, r. Neuve-Saint-Sabin, 7.	Meubles.

Nos d'ord.	NOMS ET DEMEURES DES EXPOSANTS.	NATURE DES OBJETS EXPOSÉS.
1256	*Thierry* frères. Paris, cité Bergère, 1.	Lithographies. Ⓐ 1839; R. Ⓐ 1844.
1257	*Thorey* et *Virey*. Paris, r. de Vaugirard, 104.	Caractères d'imprimerie. Ⓑ 1844.
1258	*Trouvé*. Paris, passage Violet, 5.	Cadres et ornements. M. H. 1844.
1259	*Van Balthoven*. Paris, r. Saint-Nicolas-Saint-Antoine, 9.	Meubles.
1260	*Verry*. Paris, r. du Temple 85.	Objets sculptés.
1261	*Villerey*. Paris, r. Saint-Jacques, 41.	Gravures. M. H. 1844.
1262	*Volker*. Paris, r. du Faubourg-Saint-Antoine, 105.	Vase en marqueterie.
1263	*Vuacheux*. Paris, r. de Choiseul, 23.	Tapisseries.
1264	*Warren Thompson*. Paris, boulevard Poissonnière, 14 *bis*.	Portraits au daguerréotype.
1265	*Willaeys*. Paris, r. du Temple, 15.	Lithographies. M. H. 1839.
1266	*Wolf*. Paris, r. Meslay, 65 *bis*.	Objets de tableterie
1267	*Hermitte*. Saint-Martin-le-Seyne (Basses-Alpes).	Aro-herse.
1268	*Honorat*. Saint-André-de-Néouille (Basses-Alpes).	Draps et cuir-laine.
1269	*Vincent*. Meyrueis (Lozère).	Laines peignées à la main et déchets de soie cardés. C. 1844.
1270	*Melzac*. Meyrueis (Lozère).	Déchets de soie cardés.
1271	*Valès*. Meyrueis (Lozère).	Déchets de soie cardés.
1272	*Alix*. Paris, r. Pavée-Popincourt, 18.	Pendules, candélabres, coupes et statuettes.
1273	*Bainée*. Paris, r. des Boulangers-Saint-Victor, 22.	Cisailles et lits en fer. C. F. 1827, M. H. 1834; Ⓑ 1839 et 1844.
1274	*Balland*. Paris, r. Bailly, 7 *bis*, cour Saint-Martin.	Machine à percer le fer; lits en fer et fonte.
1275	*Barbeau*. Paris, quai de la Mégisserie, 32.	Cheminées et poêles. C. F. 1839 et M. H. 1844.
1276	*Baudry*. Paris, r. Neuve-des-Petits-Champs, 16.	Meubles. Ⓑ 1827 et 1839; R. Ⓑ 1844.
1277	*Baudry* fils. Passy, avenue de Saint-Cloud, 14.	Meubles.
1278	*Bellangé*. Paris, r. des Marais-Saint-Martin, 33.	Meubles. Ⓐ 1839; R. Ⓐ 1844.
1279	*Bisson*. Paris, r. du Faubourg-du-Temple, 49, passage Joinville.	Châssis en fer.
1280	*Blondin*. Paris, r. Bellefonds, 39.	Lits et fauteuils élastiques.
1281	*Bouilhant* et Cie. Paris, r. Ménilmontant, 50.	Inscriptions en relief; rouleau compresseur; barrières en fonte.

Nos d'ord.	NOMS ET DEMEURES DES EXPOSANTS.	NATURE DES OBJETS EXPOSÉS.
1282	*Bottier*. Paris, r. Saint-Jean-de-Beauvais, 30.	Coupe-papier. (B) 1834; M. H. 1844.
1283	*Brisset*. Paris, r. des Martyrs, 13.	Presses lithographiques. M. H. 1834, 1839, 1844.
1284	*Bray* frères. Paris, r. de la République, 65.	Lits en fer, berceau et sommier élastique.
1285	*Brochon*. Paris, r. d'Orléans au Marais, 10.	Objets en fonte.
1286	*Calard*. Paris, r. Notre-Dame-des-Champs, 98.	Machines à cintrer les fers, à ajuster les ressorts de voitures.
1287	*Chaudron Junot de Bussy*. Auteuil, r. de la Fontaine, 23.	Pièces d'orfévrerie; appareil chimique; équipement militaire.
1288	*Chéret*. Paris, r. Montmorency, 26.	Machines à fabriquer des charnières et à graver des calendriers.
1289	*Chevalier de Curt*. Paris, r. Saint-Jacques, 266.	Fourneaux. (B) 1839; R. (B) 1844.
1290	*Chevalier*. Paris, place de la Bastille, 232.	Fourneaux, calorifères, séchoirs, chauffe-assiettes, appareils à lessive, appareil pour bains. M. H. 1844.
1291	*Cosnuau*. Paris, passage Basfour, 12.	Machine à fabriquer les agrafes; machine à casser le bois; tourne-broche. C. F. 1839; (B) 1844.
1292	*Cossé*. Paris, r. du Faubourg-Saint-Antoine, 65.	Meubles.
1293	*Créda*. Paris, r. Neuve-St-Laurent, 10.	Objets en tissu métallique.
1294	*David* aîné et Cie. Paris, r. des Vieilles-Haudriettes, 1.	Objets en plomb, en zinc et en cuivre.
1295	*Aveyron (Compagnie des houillères et fonderies de l')*. Paris, r. Grange-Batelière, 22.	Fers en barre, feuillards, tôles et rails. (O) 1839 et 1844.
1296	*Delaroche*. Paris, r. de Grenelle-Saint-Germain, 41.	Calorifères et cheminées. C. 1827 et 1834; (B) 1844.
1297	*Delbruck*. Paris, r. Neuve des Petits-Champs, 97.	Bercelonnette; lit et pouponnière.
1298	*Delcambre*. Paris, r. Blanche, 69; boulevard Pigale, 48.	Machines à composer et à distribuer. (A) 1844 (Delcambre et Young).
1299	*Hérissard (D')*. Paris, r. de Ponthieu, 23.	Modèle de voiture.
1300	*Doé* frères et Cie. Saint-Maurice (Seine).	Barres et bottes de fer. M. H. 1834, 1839 et 1844.
1301	*Duclos*. Paris, r. de Longchamp, 13.	Roues pour voitures suspendues.

Nos d'ord.	NOMS ET DEMEURES DES EXPOSANTS.	NATURE DES OBJETS EXPOSÉS.
1302	*Dufau*. Paris, r. Montorgueil, 46.	Lits en fer et sommiers élastiques.
1303	*Dunaime*. Paris, r. Lepelletier, 16.	Voiture sur ressorts à pincettes.
1304	*Durand*, chef d'une association de patrons et ouvriers pour travaux publics. Paris, r. St-Nicolas-d'Antin, 29.	Plomb coulé en table, et appareils hydrauliques. M. H. 1834, 1839 et 1844.
1305	*Fadié*. Paris, r. du Faubourg-Poissonnière, 152.	Poêle et fourneau de calorifère. M. H. 1844.
1306	*Faurie*. Paris, r. de la Chaussée-d'Antin, 56 *bis*.	Baignoire, fourneau et calorifère. C. F. 1839.
1307	*Faveers*. Paris, r. Pétrelle, 23.	Lit en fer.
1308	*Filleul*. Paris, r. du Four-Saint-Germain, 74.	Meubles.
1309	*Fourdinois*. Paris, r. Amelot, 38.	Meubles. Ⓐ 1844 (Fourdinois et Fossey).
1310	*Foye-Davenne*. Paris, r. du Faubourg-Saint-Denis, 132.	Lits et berceaux en fer.
1311	*Froment-Meurice*. Paris, r. du Faubourg-Saint-Honoré, 52.	Objets d'orfévrerie. Ⓞ 1844.
1312	*Galimard*. Paris. r. Honoré-Chevalier, 4.	Dessins de vitraux.
1313	*Gallois*. Paris, r. du Faubourg-Saint-Martin, 186.	Cloches, grelots, sonnettes; machine à fabriquer les moules de cloches. C. F. 1839 et 1844.
1314	*Garnier*. Paris, r. Basse Saint-Pierre-Popincourt, 4.	Cuivre et zinc laminé. C. F. 1844.
1315	*Gascoin*. Paris, r. Neuve-Chabrol, 5.	Châssis pour croisées d'église. C. F. 1839.
1316	*Piat*. Paris, r. Saint-Maur-Popincourt, 38 *ter*.	Modèles d'engrenages, machines pour en fabriquer. Ⓑ 1839; R. Ⓑ 1844.
1317	*Girouard*. Paris, r. Neuve-des-Mathurins, 54.	Machine à préparer le zinc; essieu sans écrou ni rondelle.
1318	*Grenier*. Paris, r. Saint-Germain-l'Auxerrois, 43.	Fourneaux. M. H. 1839 et 1844.
1319	*Halfter-Meyer*. Paris, r. de la Muette, 1 *bis*.	Enclume et étau.
1320	*Hédiard*. Paris, r. Taitbout, 25.	Tube en fonte et piston en fer et acier poli.
1321	*Hennequin*. Paris, r. Neuve-Chabrol, 9.	Modèle de couverture en zinc.
1322	*Houssay*. Neuilly-sur-Seine, avenue de la République, 183.	Coffres-forts.
1323	*Hoyos*. Paris, place du Palais-National, 241.	Fourneaux et moteur à air libre. Ⓑ 1844.

Nos d'ord.	NOMS ET DEMEURES DES EXPOSANTS.	NATURE DES OBJETS EXPOSÉS.
1324	*Hue*. Paris, r. du Faubourg-Saint-Martin, 82.	Découpe-agrafes, serrures et pendule. M. H. 1844.
1325	*Jacquot*, Paris, r. des Jeûneurs, 14.	Persienne, croisée et cadran.
1326	*Jeannette*. Paris, r. de Boulogne, 12, quartier de Tivoli.	Modèles de lucarne et plancher en fer.
1327	*Joliot*. Paris, r. de la Barillerie, 13 et 15.	Tour à fileter et à torser; support à guillocher; mandrins ovale et excentrique; tour à percer.
1328	*Jomeau*. Paris, r. Cloche-Perche, 12.	Ustensiles en fer et en fonte; bouche et soupape de four; mécanique à monter les sacs; comble en fer et en fonte.
1329	*Kaulek*. Paris, r. de Thorigny, 10.	Charpente et plancher en fer.
1330	*Klispis*. Paris, r. Vieille-du-Temple, 83.	Toiture en fer.
1331	*Kreisser*. Paris, r. Basse-du-Rempart, 66.	Objets en porcelaine.
1332	*Lagoutte*. La Villette (Seine).	Barre de fer laminé.
1333	*Lambert*. Paris, r. Aumaire, 19 *bis*.	Tours et découpoir.
1334	*Laude* aîné. Paris, r. Madame, 12.	Lits en fer. (B) 1844.
1335	*Laude* jeune. Paris, r. du Faubourg-Saint-Antoine, 11.	Sommiers et coussins élastiques. (B) 1844.
1336	*Lecoq*. Paris, r. des Francs-Bourgeois, au Marais, 14.	Calorifères. (B) 1844.
1337	*Lefebvre* (Mlle). Paris, r. du Faubourg-du-Temple, 94.	Bâches et serres en fer.
1338	*Leloutre*. Paris, r. du Caire, 10.	Coffres-forts. M. H. 1844.
1339	*Léonard* et Cie. Paris, r. de Valenciennes, 10.	Lits et meubles en fer. (B) 1844.
1340	*Lesourd*. Clichy, r. de Neuilly, 27.	Modèle de comble en fer.
1341	*Lerolle* frères. Paris, chaussée des Minimes, 1.	Bronzes. (A) 1834.
1342	*Lutz*. Paris, r. Mauconseil, 33.	Machine à canneler; outils pour corroyeurs.
1343	*Maillard*. Paris, r. Notre-Dame-de-Lorette, 21.	Lits en fer.
1344	*Maillot*. Paris, r. Saint-Lazare, 148.	Caisse de voiture.
1345	*Marbach*. Paris, r. Contrescarpe-Saint-Antoine, 70.	Comptoir et glacière.
1346	*Massiquot*. Paris, r. Saint-Julien-le-Pauvre, 10 et 12.	Rogne-lisse et coupe-papier.
1347	*Melzessard*. Paris, r. Saint-Pierre-Popincourt, 18.	Devantures et fermetures de boutiques. (B) 1839 et 1844.
1348	*Morin*. Paris, r. de la République, 24.	Meubles en fer.
1349	*Normand*. Paris, r. de Sèvres, 97.	Presse mécanique. (A) 1844.
1350	*Ouvrier*. Paris, r. de la Planchette, 6.	Comptoir de marchand de vin.
1351	*Parmentier*. Paris, r. d'Anjou-Dauphine, 8	Serre mobile vitrée, châssis de couche, croisée vitrée, per-

Nos d'ord.	NOMS ET DEMEURES DES EXPOSANTS.	NATURE DES OBJETS EXPOSÉS.
		sienne en verre de couleur et vasistas à lames.
1352	*Paublah*. Paris, r. Saint-Honoré, 366.	Coffres-forts et serrures. M. H. 1839; (B) 1844.
1353	*Pauchet*. Paris, r. du Faubourg-Poissonnière, 122.	Fourneaux et calorifères. M. H. 1839; (B) 1844.
1354	*Perreve*. Paris, r de la Ferme-des-Mathurins, 24.	Calorifère et chaudière. (B) 1839.
1355	*Poirier*. Paris, r. du Faubourg-Saint-Martin, 35.	Presses à divers usages. (B) 1839 et 1844.
1356	*Ruvel*. Paris, r. Saint-Maur, 94.	Lits en fer.
1357	*Renault, Robeis et Constance*. Paris, r. de Vaugirard, 69.	Mode de réglure, filets en cuivre, et autres objets pour l'imprimerie. (B) 1844 (Duhault, Renault et Constance).
1358	*Salomon*. Paris, r. Martel, 8.	Machines à imprimer et à composer. M. H. 1844.
1359	*Saron* (Claude) et veuve *Saron*. Paris, r. des Postes, 9.	Calorifères, fourneaux et cheminées à bouche de chaleur. C. 1844 (Saron frères).
1360	*Septier*. Paris, r. des Deux-Portes-Saint-Sauveur, 14.	Appareil à filtrer, moules à cosmétiques et ustensiles de parfumerie.
1361	*Théot*. Paris. r. Zacharie. 10.	Outils de menuiserie.
1362	*Travers* fils. Paris, r. du Faubourg-Poissonnière, 146.	Serres-chaudes et combles en fer. (B) 1844.
1363	*Tronchon*. Passy, avenue de Saint-Cloud, 11.	Serres chaudes, châssis et autres objets en fer. (B) 1844.
1364	*Troublé*. Paris, Cour-des-Petites-Ecuries, 20.	Machines à imprimer.
1365	*Vienna*. Vaugirard, r. de Sèvres, 89.	Cisaille à équerre mobile.
1366	*Villemsens*. Paris, r. Sainte-Avoye, 57.	Ornements d'église. (A) 1839; R. (A) 1844.
1367	*Vogt*. Paris, r. de la Roquette, 74.	Poêles, cheminées et panneaux pour intérieur de cheminée. (B) 1844
1368	*Voitelain*. Paris, r. Guérin-Boisseau, 35.	Calorifères et fourneaux. C. F. 1839; M. H. 1844.
1369	*Youf*. Paris r. de la Barillerie, 1.	Tours et accessoires. (A) 1844 (Perrot et Malbec, prédécesseurs).
1370	*Abry* et *Vigna*. Paris, r. Basse-du-Rempart, 56.	Livres nettoyés.
1371	*Adam*. Paris, r. Ménilmontant, 8.	Fontaines.
1372	*Agard*. Paris, r. de l'Arcade, 52.	Jardinières, arrosoir et boîte pour les élections
1373	*Alexandre*. Paris, passage de l'Entrepôt, 6 (Marais).	Sangsues mécaniques.

N^os d'ord.	NOMS ET DEMEURES DES EXPOSANTS.	NATURE DES OBJETS EXPOSÉS.
1374	*Anglard.* Paris, r. Sainte-Hyacinthe-Saint-Honoré, 12.	Corsets en soie.
1375	*Auzoux.* Paris, r. de l'Observance, 2.	Pièces anatomiques. (O) 1834; R. (O) 1839 et 1844.
1376	*Babon.* Paris. r. de la Verrerie, 99.	Brosses.
1377	*Badin* Paris, r. Grange-aux-Belles, 30.	Chapeaux, casquettes et corbeilles.
1378	*Bailiant.* Paris, r. Quincampoix, 77.	Peignes.
1379	*Barth.* Paris, r. du Temple, 29.	Tabatières.
1380	*Barthélemy.* Paris, r. du Faubourg-Saint-Martin, 238.	Modèle de voiture; échantillons de ressorts. M. H. 1844.
1381	*Béchard.* Paris, r. Richelieu, 20.	Membres artificiels et appareils orthopédiques. (B) 1844.
1382	*Bélicard* et *Chesneau*, à Montmartre, chaussée des Martyrs, 10.	Appareils de vidange. M. H. 1844.
1383	*Delorgé.* Paris, r. Saint-Denis, 268.	Passementeries. C. F. 1844.
1384	*Bernard.* Paris, r. de Constantine, 26.	Filtre. (B) 1844.
1385	*Berthe* (Madame). Paris, r. Saint-Honoré, 294.	Corsets.
1386	*Biber.* Paris, r Hautefeuille, 30.	Pompe-seringue.
1387	*Bicheron.* Paris, r. Saint-Martin, 115.	Baleines. M. H. 1844.
1388	*Billard.* Paris, r. de l'Ancienne-Comédie, 18.	Dents minérales.
1389	*Blanchard.* Paris, quai de la Mégisserie, 50.	Ustensiles de pêche.
1390	*Bourg.* Paris, boulevard Beaumarchais, 19.	Garde-robes inodores. (B) 1844.
1391	*Bourgery* (Madame). Paris, r. Hautefeuille, 22.	Peintures en relief, fruits artificiels, pièces artificielles d'anatomie. (A) 1839 et 1844 (Thibert).
1392	*Briet.* Paris, r. de Bondy, 70.	Appareils à eau gazeuse. (B) 1844.
1393	*Brifaut.* Paris, r. Neuve-Ménilmontant, 6.	Essuie-plume.
1394	*Brocard.* Paris, r. des Vinaigriers, 11.	Appareils pour la fabrication des bougies.
1395	*Bruneau* et *Pellerin.* Paris, r. Montmorency, 38.	Tabatières et timbales.
1396	*Caillaux* (Madame). Paris, passage du Saumon, 16.	Corsets.
1397	*Camus.* Paris, r. du Faubourg-Montmartre, 36.	Ouvrages en cheveux.
1398	*Cantier* (Veuve) et *Naves.* Paris, r. de Vendôme 2 *ter.*	Bretelles et jarretières.
1399	*Carbonnel* (Madame). Paris, r. Thévenot, 8.	Chapeaux en écaille et en corne.

N^os d'ord.	NOMS ET DEMEURES DES EXPOSANTS.	NATURE DES OBJETS EXPOSÉS.
1400	*Carrère*. Paris, r. Notre-Dame-de-Nazareth, 36.	Lettres d'enseigne en relief.
1401	*Cassella*. Paris, r. Saint-Denis, 191.	Peignes.
1402	*Cazal*. Paris, boulevard des Italiens, 20.	Parapluies, cannes et ombrelles. (B) 1839 et 1844.
1403	*Champeaux*. Paris, pl. de l'Ecole, 6.	Perruques et toupets.
1404	*Chansay*. Paris, r. du Faubourg-Saint-Denis, 65.	Appareil de vidange.
1405	*Chardin*. Montmartre, r. Véron, 17.	Objets moulés.
1406	*Chauvin*. Paris, r. de la Cerisaie, 12.	Barils et brocs.
1407	*Chevalier* (Madame). Paris, r. Joubert, 23.	Corsets.
1408	*Cheville*. Paris, r. des Hospitalières-Saint-Gervais, 4.	Brosses et balais.
1409	*Chiquet*. Paris, r. de la Croix, 15.	Objets de tableterie.
1410	*Classen*. Paris, r. Phélippeaux, 36.	Portefeuilles, porte-cigares porte-monnaie.
1411	*Claudé*. Paris, r. Beaubourg, 51.	Peignes. M. H. 1844.
1412	*Clémençon* (Mme). Paris, r. Port-Mahon, 8	Corsets.
1413	*Colletta*. Paris, r. Mandar, 9.	Objets de tableterie.
1414	*Collette*. Paris, r. du Temple, 12.	Cannes, cravaches et pommes de cannes.
1415	*Conor*. Paris, r. Bourg-l'Abbé, 22.	Jarretières.
1416	*Corich* (Mlle). Paris, r. de la Ferme-des-Mathurins, 24.	Corsets.
1417	*Croquart*. Paris, r. Montmartre, 132.	Perruques, toupets et tours.
1418	*Croutsch*. Paris, r. Notre-Dame-de-Nazareth, 19.	Filières. M. H. 1839.
1419	*Damour*. Paris, place Dauphine, 22.	Cuvettes à interception.
1420	*Darthenay*. Paris, r. d'Angoulême-du-Temple, 16.	Sujets en cire.
1421	*Daudé*. Paris, r. des Arcis, 22.	Corsets et œillets métalliques.
1422	*Debacq*. Paris, passage des Petites-Ecuries, 19.	Appareil de désinfection.
1423	*Debray*. Paris, r. de la République, 73.	Objets en osier.
1424	*Delabrosse* (Veuve). Paris, r. Montmartre, 147.	Plumes siphoïdes.
1425	*Delage-Montignac*. Paris, r. Saint-Honoré, 414.	Articles de pêche. C. F. 1834; M. H. 1844
1426	*Desarces*. Paris, r. N.-des-Pet.-Ch., 4.	Perruques et toupets.
1427	*Desjardins*. Paris, r. de Louvois, 12.	Yeux artificiels. M. H. 1819.
1428	*Didier*. Paris, r. Richelieu, 28.	Dents minérales.
1429	*Dorémus*. Paris, r. Neuve-des-Petits-Champs, 64.	Corsets.
1430	*Dumas*. Paris, r. Vivienne, 21.	Perruques.
1431	*Dumoulin* (Mademoiselle). Paris, r. Basse-du-Rempart, 44.	Corsets. M. H. 1844.

N^os d'ord.	NOMS ET DEMEURES DES EXPOSANTS.	NATURE DES OBJETS EXPOSÉS.
1432	*Duplany*. Paris, r. du Faubourg-Saint-Denis, 46.	Fontaine et seaux à filtrer.
1433	*Daran*. Paris, r. Gît-le-Cœur, 4.	Instruments de chirurgie. M. H. 1844.
1434	*Duvelleroy*. Paris, passage des Panoramas, 17.	Eventails et filoirs. (B) 1844.
1435	*Farge*. Paris, passage des Panoramas, galerie Feydeau, 6.	Parapluies, ombrelles et cannes. M. H. 1844.
1436	*Faucheux* (Madame). Paris, r. Saint-Sébastien, 40.	Biberons et bouts de sein. (B) 1827 et 1834; R. (B) 1839 et 1844.
1437	*Faure*. Paris, r. Neuve-Coquenard, 5.	Mannequins.
1438	*Fauvelle-Delebarre*. Paris, boulevard Bonne-Nouvelle, 10.	Peignes.
1439	*Fichot*. Paris, passage de l'Opéra, 21.	Perruques
1440	*Ferron*. Paris, r. Copeau, 11.	Yeux d'émail.
1441	*Feuillâtre*. Paris, r. Croix-des-Petits-Champs, 39.	Garde-robes. (B) 1839; R. (B) 1844.
1442	*Fèvre*. Paris, r. Saint-Honoré, 398.	Appareil dit arrête-bouchon.
1443	*Idem*.	Appareil à eau gazeuse.
1444	*Ficheux*. Paris, pl. de la Madeleine, 10.	Perruques, toupets et tours.
1445	*Flamet* jeune. Paris, r. Saint-Martin, 87.	Bretelles et bas élastiques. (B) 1834 et 1839; R. (B) 1844
1446	*Froment-Clotus*. Paris, r. Neuve-Saint-Méry, 15.	Sabots.
1447	*Fumet*. Paris, r. du Helder, 25.	Appareils pour faire de la glace.
1448	*Galibert*. Paris, r. Saint-Martin, 277.	Tuyaux et sacs sans couture; seaux à incendie.
1449	*Guanteliat*. Batignolles, r. de la Paix, 70.	Brosses. M. H. 1844.
1450	*Goubaud*. Paris, boul. Poissonnière, 12.	Appareils pour faire de la glace.
1451	*Gourdin*. Paris, cloître Saint-Honoré, 16.	Boutons.
1452	*Grossmann* et *Wagner*. Paris, r. du Renard-Saint-Sauveur, 11.	Vêtem. imperméables; appareils de chirurgie. M.H. 1844.
1453	*Gruin*. Paris, r. de Lappe, 40.	Objets de ferblanterie.
1454	*Guay*. Paris, r. Saint-Denis, 349.	Moules à pâtisserie.
1455	*Guérin*. Paris, pass. Brady, 96.	Voitures d'enfant et de malade Cheval mécanique.
1456	*Guichard*. Paris, r. Montmartre, 180.	Vases inodores.
1457	*Guilbault*. Paris, r. Saint-Martin, 214.	Clyso-pompe.
1458	*Guillard* (Madame). Paris, r. Sainte-Anne, 42.	Corsets.
1459	*Guille*. Paris, r. du Bac, 27.	Raies à perruque.
1460	*Guinier*. Paris, r de Grenelle-Saint-Honoré, 35.	Garde-robes et cuvettes. M. H. 1839 et 1844.
1461	*Havard*. Paris, pl. du Louvre, 12.	Garde-robes. M. H. 1844 (Havard et neveu).

N^{os} d'ord.	NOMS ET DEMEURES DES EXPOSANTS.	NATURE DES OBJETS EXPOSÉS.
1462	*Havard-Loyer*. Paris, r. Sainte-Anne, 50.	Garde-robes. M. H. 1839.
1463	*Halley*, Paris, r. de l'Echarpe, 11.	Porte-plumes et plumes.
1464	*Hély*. Paris, pass. des Petites-Ecuries, 15.	Appareil de sauvetage.
1465	*Hénoc*. Paris, r. Saint-Sauveur, 1.	Plumeaux.
1466	*Hippolyte* (Madame). Paris, r. de la Michodière, 21.	Corsets.
1467	*Huret*. Paris, r. Saint-Denis, 367.	Corsets.
1468	*Ibled*. Paris, r. des Coquilles, 4.	Chocolats.
1469	*Jacowski*. Paris, boul. des Capucines, 11.	Dents artificielles.
1470	*Joly* (Mesdemoiselles) Paris, r. Neuve-Saint-Augustin, 45.	Corsets.
1471	*Julien*. Paris, r. Saint-Martin, 277.	Fleurs métalliques.
1472	*Jouque*. Paris, r. Saint-Denis, 159.	Balais.
1473	*Knab* et Ce. Paris, r. Grange-Batelière, 12.	Objets recouverts d'un enduit destiné à les conserver.
1474	*Lafosse* (Madame) et Mademoiselle *Béchet*. Paris, r. de la Ferme-des-Mathurins, 30.	Corsets.
1475	*Lainé*. Paris, r. de Paradis, 10 (Marais).	Gélatine.
1476	*Lambert-Burel* et Ce. Paris, r. Saint-Avoie, 63.	Parapluies.
1477	*Langlois*. Paris. r. Saint-Martin, 175.	Bourses, sacs, calottes et sachets.
1478	*Laurençot*. Paris, r. Bourg-l'Abbé, 8.	Brosses.
1479	*Lavigne*. Paris, cour des Fontaines, 4.	Bustes pour tailleurs.
1480	*Lebâtard*. Paris, r. Coquillière, 37.	Filets, hamac et carnier. M. H. 1844.
1481	*Lecouvey*. Paris, r. Grenetat, 41.	Seringues. C. F. 1839.
1482	*Legras*. Paris, r. du Faubourg-Saint-Martin, 154.	Appareil désinfectant.
1483	*Lehodey*. Paris, r. Sainte-Croix-de-la-Bretonnerie, 52.	Clyso-pompe. M. H. 1844.
1484	*Lemasson*. Paris, r. Grenétat, 10.	Corsets.
1485	*Lemonnier*. Paris, r. du Coq-Saint-Honoré, 13.	Ouvrages en cheveux.
1486	*Leperdriel*. Paris, r. du Faubourg-Montmartre, 76.	Tissus élastiques et produits pharmaceutiques.
1487	*Letho*. Paris, r. Contrescarpe-Saint-Marcel, 23.	Yeux en émail. M. H. 1844.
1488	*Leunenschloss*. Paris, r. de la Fidélité, 13.	Bretelles, jarretières et tissus élastiques.
1489	*Ligot*. Paris, r. Saint-Dominique, 27.	Robinet à soupape
1490	*Lodde*. Paris, r. Bourg-l'Abbé, 52.	Plumeaux.
1491	*Louvel* (Charles). Paris, r. des Petits-Champs-Saint-Martin, 21.	Sabots.

N°s d'ord.	NOMS ET DEMEURES DES EXPOSANTS.	NATURE DES OBJETS EXPOSÉS.
1492	*Louvel* (Gustave Adolphe). Paris, r. d'Aboukir, 65.	Sabots.
1493	*Macé* (Madame). Paris, r. Neuve-Saint-Augustin, 5.	Corsets.
1494	*Majesté*. Paris, Palais-National, 2.	Perruques, toupets et tours.
1495	*Mantois* (Madame). Paris, r. du Pot-de-fer-Saint-Sulpice, 14.	Sujets coloriés. M. H. 1839 ; C. F. 1844.
1496	*Martin*. Paris, r. des Fossés-Montmartre, 8.	Perruques et toupets.
1497	*Massue*. Paris, r. Aumaire, 3 et 5.	Peignes. M. H. 1839 et 1844.
1498	*Mongin*. Paris, galerie de Valois, 106.	Parapluies et ombrelles.
1499	*Maillet et Bailliant*. Paris, place Maubert, 1.	Peignes et décrasse-peigne.
1500	*Mégnigl* Paris, r. de l'Arbre-Sec, 50.	Fourneaux et cafetières.
1501	*Mérel*. Paris, boulevard Bonne-Nouvelle, 9.	Parapluies.
1502	*Messmer* (Mme). Paris, r. Saint-Honoré, 357.	Corsets.
1503	*Meurisse* (Mme). Paris, r. 29 Juillet, 1.	Corsets
1504	*Millochau*. Choisy-le-Roi.	Charbon moulé.
1505	*Miroy*. Paris, r. d'Angoulême-du-Temple, 10.	Garde-robes.
1506	*Naudinat*. Paris, r. de la Cité, 19.	Clyso-pompe. Ⓑ 1839, 1844.
1507	*Nivel-Mandard*. Paris, boulevard Bonne-Nouvelle, 19.	Poupée et mannequin.
1508	*Normandin*. Paris, r. Neuve-des-Petits-Champs, 5.	Perruques, toupets et tours. M. H. 1827 et 1844.
1509	*Onfray*. Paris, r. Jean-Robert, 15.	Clyso-pompe et couverts.
1510	*Paillette*. Paris, r. Grenier-Saint-Lazare, 12.	Brosses. C. 1844.
1511	*Paturel*. Paris, r. Saint-Martin, 98.	Fouets, cannes et cravaches. C. F. 1844.
1512	*Péan et Cie*. Paris, r. Baillet, 5.	Placage imperméable.
1513	*Pelet*. Paris, boulevard Saint-Denis, 22 *bis*.	Corsets.
1514	*Pesquet*. Paris, r. Aumaire, 4.	Clyso-pompes.
1515	*Philippe*. Paris, r. du Gros-Chenet, 6.	Jeux et tableaux indicateurs.
1516	*Pierson*. Paris, r. Neuve-Saint-Denis, 42.	Ouvrages d'osier.
1517	*Poisson*. Paris, r. de Vendôme, 17.	Objets de tableterie. M. H. 1844.
1518	*Polge-Montalbert*. Paris, r. de la Montagne-Sainte Geneviève, 34.	Appareils à eau gazeuse.
1519	*Porlier*, Paris, r. Montmorency, 32.	Papier à filigrane. Ⓗ 1823; R. Ⓑ 1827.
1520	*Portier et Cie*. Paris, place de l'Ecole-de-Médecine, 6.	Instruments de chirurgie. M.H. 1819, 1823 ; Ⓐ 1827 ; R. Ⓐ

N^{os} d'ord.	NOMS ET DEMEURES DES EXPOSANTS.	NATURE DES OBJETS EXPOSÉS.
		1834, 1839 (Sirhenry, prédécesseur).
1521	*Potin*. Paris, r. de la Marche, 13.	Peignes.
1522	*Pousse*. Paris, r. Montmartre, 161.	Corsets.
1523	*Puccy* aîné. Paris, r. Saint-Denis, 277.	Brosses. M. A. 1844 (Chénier, prédécesseur).
1524	*Quignon*. Paris, r. des Fossés-Saint-Marcel, 23.	Cheval à bascule.
1525	*Rahon*. Paris, r. du Faubourg-Saint-Martin, 126.	Appareil de sauvetage.
1526	*Raphanel, Ledoyen et Rouget de Lisle*. Paris, r. Saint-Méry, 9.	Appareils désinfectants.
1527	*Rattier et Guibal*. Paris, r. des Fossés-Montmartre, 4.	Objets en caoutchouc et en gutta-percha. Ⓞ 1834; R. Ⓞ 1839, 1844.
1528	*Redelix*. Paris, r. Notre-Dame-de-Nazareth, 25.	Boutons à vis.
1529	*Renard*. Paris, r. Neuve-Saint-Laurent, 18.	Cannes et pommes de cannes.
1530	*Rennes*. Paris, r. de l'Aiguillerie, 2.	Brosses et balais. M. H. 1844.
1531	*Riche et* Cie. Paris, r. de Paradis-Poissonnière, 42.	Appareils à eau gazeuse et carafes à siphon.
1532	*Ringel*. Paris, r. des Trois-Pavillons, 18.	Jouets d'enfants.
1533	*Risler*. Paris, r. Saint-Honoré, 103.	Corsets et ceintures.
1534	*Rodier*. Paris, r. du Vieux-Marché-Saint-Martin, 5.	Appareil à lessive et baignoire.
1535	*Rolland et Lebon*. Paris, r. Montmartre, 180.	Appareil pour tempérer l'ébullition du lait.
1536	*Rousseau* (Mme). Paris, r. du Faubourg-Saint-Honoré, 36.	Corsets.
1537	*Rousseau* (Hippolyte). Paris, r. de Bondy, 54.	Papier métallique. M. H. 1844 (Rousseau et Poisson).
1538	*Roy et* Cie. Paris, r. de la Fidélité, 17.	Robinets et garde-robes.
1539	*Ruolz*. Paris, r. Saint-Louis-en-l'Ile, 98.	Enduit contre l'humidité.
1540	*Russier, Brewer et Trousset*. Paris, r. du Faubourg-Saint-Denis, 206.	Toile métallique et rouleau égoutteur.
1541	*Saint-Paul* (V^{e}) et fils. Paris, boulevard des Filles-du-Calvaire, 11.	Toile métallique. Ⓑ 1819, 1823.
1542	*Salfre*[illegible] ([illegible]). Paris, r. des Sauvages, 8.	Corsets et ceintures.
1543	*Sandoz*. [illegible] place Dauphine, 1.	Instruments de chirurgie. C. F. 1844.
1544	*Savouré* (Mme). Paris, r. Saint-Martin, 297.	Ustensiles de pêche.
1545	*Schloss*. Paris, r. Chapon, 15.	Porte-monnaie, porte-cigares et portefeuilles. C. F. 1839; M. H. 1844.

Nos d'ord.	NOMS ET DEMEURES DES EXPOSANTS.	NATURE DES OBJETS EXPOSÉS.
1546	*Sement*. Paris, r. d'Aval, 14.	Papier à polir.
1547	*Silva*. Paris, r. Saint-Honoré, 290.	Ouvrages en cheveux.
1548	*Simon*. Paris, boulevard du Temple, 42.	Dents minérales.
1549	*Smedt* (Mme). Paris, r. de la Chaussée-d'Antin, 23.	Corsets.
1550	*Tampier*. Paris, r. Saint-Denis, 361.	Articles de corderie.
1551	*Théodon* fils. Paris, r. Saint-Denis, 278.	Fouets, cravaches et cannes.
1552	*Thibault*. Paris, quai d'Anjou, 9.	Bandage pour les chevaux.
1553	*Thibierge*. Paris, r. Vide-Gousset, 4.	Perruques et postiches.
1554	*Thiellay*. Paris, passage Delorme, 12.	Perruques.
1555	*Thier*. Paris, passage Choiseul, 40.	Clyso-pompes, bidets, biberons.
1556	*Tirmarche*. Paris, r. Saint-Honoré, 368.	Garde-robes. M. H. 1827 (Tirmarche et Morand); M. H. 1834.
1557	*Tollay*. Paris, r. Cadet, 28.	Appareils pour injections et douches.
1558	*Vincent*. Paris, r. Ménilmontant, 24.	Objets de tableterie. C. F. 1844.
1559	*Vuillemot*. Paris, r. du Faubourg-Saint-Denis, 148.	Objets d'harnachement.
1560	*Wickham*. Paris, r. Saint-Honoré, 257.	Bandages. M. H. 1839, 1844 (Wickham et Hart).
1561	*Campion et Théroulde*. Granville (Manche).	Produits chimiques.
1562	*Cournerie*. Cherbourg (Manche).	Produits chimiques. Ⓐ 1839; R. Ⓐ 1844.
1563	*Lécluze-Biard*. Saint-Lô (Manche).	Coutils. Ⓑ 1834.
1564	*Siney* père et fils. Saint-Lô (Manche).	Linge de table.
1565	*Mabire*. Cherbourg (Manche).	Montres et outils d'horlogerie.
1566	*Le Parquois-Rauline*. Saint-Lô (Manche).	Droguets.
1567	*Frestel*. Saint-Lô (Manche).	Objets de coutellerie. M. H. 1819, 1823; Ⓑ 1827; R. Ⓑ 1834; Ⓑ 1839; R. Ⓑ 1844.
1568	*Mermilliod*. Cherbourg (Manche).	Outils.
1569	*Gontier*. Brest (Finistère).	Dents en hippopotame.
1570	*Roissard*. Brest (Finistère).	Instruments de chirurgie.
1571	*Colombi*. Brest (Finistère).	Micromètre.
1572	*Adam*. Plabennec (Finistère).	Panais provenant de graines envoyées d'Edimbourg.
1573	*Tissier*. Le Conquet (Finistère).	Produits chimiques extraits du varech.
1574	*Anner*. Brest (Finistère).	Ouvrage intitulé : *Eléments de navigation*. C. 1844
1575	*Lemorié*. Ergué (Finistère).	Papiers de tenture. Ⓑ 1844.
1576	*Belhommet* frères. Landerneau (Finistère).	Bougies stéariques, acide stéarique. Ⓑ 1844.

Nos d'ord.	NOMS ET DEMEURES DES EXPOSANTS.	NATURE DES OBJETS EXPOSÉS.
1577	*Verny*. Audierne (Finistère).	Bureau, greffoir, système de greffes et écartoir.
1578	*Société Linière*. Landerneau (Finistère).	Fils et tissus de lin. (A) 1834.
1579	*Peyron*. Romengol (Finistère).	Tamis.
1580	*Porquier* frères. Quimper (Finistère).	Objets en grès. C. F. 1844 (Eloury et Porquier)
1581	*Rolland*. Châteauneuf (Finistère).	Modèle de machine à vapeur.
1582	*Delahubaudière*. Quimper (Finistère).	Objets en grès et en faïence. C. F. 1844.
1583	*Le Bleis* fils. Pont-l'Abbé (Finistère).	Fécule de pommes de terre. M. H. 1844.
1584	*Paisant* fils Pont-l'Abbé (Finistère).	Fécule et glucose. M. H. 1844.
1585	*Lefranc*. Quimper (Finistère).	Espagnolette à cliquet.
1586	*Ferrari*. Quimper (Finistère).	Verres percés à jour.
1587	*Chicoineau*. Quimperlé (Finistère).	Echantillons de cuirs.
1588	*Andrieux*, *Vallée* père et fils et Cie. Morlaix (Finistère).	Papiers. (B) 1844.
1589	*Mairet*. Morlaix (Finistère).	Papiers peints.
1590	*Marsille-Guillotaux*. Quimperlé (Finistère).	Echantillons de cuirs.
1591	*Pernolet*. Huelgoat (Finistère).	Appareil pour la préparation des minerais.
1592	*Cresp*. Marseille (Bouches-du-Rhône)	Redingote sans couture.
1593	*Estublié* et *Cartau*. Marseille (Bouches-du-Rhône).	Filet fait au métier.
1594	*Garnier-Savatier*. Marseille (Bouches-du-Rhône).	Vases à fleurs et tuiles d'arrosage. Voy. n° 1603.
1595	*Rambaud* et Cie. Marseille (Bouches-du-Rhône).	Minerais de cuivre de Mouzaïa (Algérie).
1596	*Colin*. Marseille (Bouches-du-Rhône).	Orseille, carmin d'orseille et autres produits tinctoriaux.
1597	*Saint-Joannis*. Marseille (Bouches-du-Rhône).	Semoir.
1598	*Agard* et Cie. Aix (Bouches-du-Rhône.)	Sel fin, sel ordinaire et chlorure de potassium.
1599	*Rémy* et Cie. Marseille (Bouches-du-Rhône).	Ciment, chaux hydraulique et pierre artificielle.
1600	*Bonnet*. Rousset (Bouches-du-Rhône).	Charrue à double défoncement.
1601	*Roche*. Rousset (Bouches-du-Rhône).	Charrue couvre-garance.
1602	*Aycard*. Marseille (Bouches-du-Rhône).	Charrue.
1603	*Garnier-Savatier*. Marseille (Bouches-du-Rhône).	Chanvre de Chine et filasse. Voy. n° 1594.
1604	*Gonin*. Marseille (Bouches-du-Rhône).	Outils à graduer les épaisseurs.
1605	*Roubaud* et Cie. Marseille (Bouches-du-Rhône).	Moulin à vent.

N.os d'ord.	NOMS ET DEMEURES DES EXPOSANTS.	NATURE DES OBJETS EXPOSÉS.
1606	*Boisselot* et fils Marseille (Bouches-du-Rhône).	Pianos. M. H. 1834; Ⓐ 1839; Ⓞ 1844.
1607	*Schulz*. Marseille (Bouches-du-Rhône).	Pianos à queue et piano droit. M. H. 1844.
1608	*Tardieu de Virette*. Arles (Bouches-du-Rhône).	Echantillons de laine mérinos.
1609	*Barbaroux de Mégy*. Marseille (Bouches-du-Rhône).	Objets en corail. Ⓐ 1839, 1844.
1610	*Garaudy* et Cie. Marseille (Bouches-du-Rhône).	Objets en corail. Ⓑ 1839; Ⓐ 1844 (Bœuf et Garaudy).
1611	*Sagnier* et Cie. Montpellier (Hérault).	Pont à bascule, appareil de pesage, appareil pour régler les ressorts des locomotives, bascule à cadran et bascules romaines. Ⓑ 1839; Ⓐ 1844.
1612	*Bonifas*. Montpellier (Hérault).	Piano droit à cordes obliques et piano à queue.
1613	*Bourdeaux* aîné. Montpellier (Hérault).	Instruments de chirurgie. Ⓑ 1839, 1844.
1614	*Pagezy*, *Vassas* et Cie. Montpellier (Hérault).	Machine à nettoyer la laine.
1615	*Vernazobre* jeune et Cie. Bédarieux (Hérault).	Draps et cuir-laine. Ⓐ 1844.
1616	*Séguy*. Thézan (Hérault).	Charrue dite au dental.
1617	*Lichtenstein*, *Westphal* et Cie. Montpellier (Hérault).	Riz de diverses qualités.
1618	*Jeanjean* aîné et *Mazauyé* Montpellier (Hérault).	Croisées à percussion.
1619	*Prévotel-Thiberge*. Beauvais (Oise).	Carreaux et tuiles.
1620	*Coponet*. St-Just-des-Marais (Oise).	Tuiles, carreaux et briques.
1621	*Gratien*. Rieux-Hamel (Oise).	Extirpateur. Ⓑ 1844 (Gratien-Desavoye).
1622	*Mary*. Essuiles-Saint-Rimault (Oise).	Pièces de toile. Ⓡ 1839. R. Ⓑ 1844.
1623	*Guenucho*. Mareuil-sur-Ourcq (Oise).	Lamier défileur.
1624	*Lemaire*. Essuiles-Saint Rimault (Oise).	Extirpateur.
1625	*Bohorel*. Campeaux (Oise).	Extirpateur.
1626	*Dupuis-Petit*. Beauvais (Oise).	Corde à nœuds pour le bâtiment.
1627	*Martin*. Bulles (Oise).	Toile de lin.
1628	*Poly-Labesse*. Ferrières (Oise).	Tarares à cylindre et cylindre pour cribler la menue paille.
1629	*Crucifix*. Crèvecœur (Oise).	Chaussures imperméables.
1630	*Ouarnier*. Compiègne (Oise).	Cordes pour la marine.
1631	*Rudet*. Nanteuil-le-Haudouin (Oise).	Pendule astronomique.
1632	*Chaumet*. Beauvais (Oise).	Pipes en fonte de fer.
1633	*Turquet*. Senlis (Oise).	Chanvre préparé pour être filé.

N° d'ord.	NOMS ET DEMEURES DES EXPOSANTS.	NATURE DES OBJETS EXPOSÉS.
1634	*Mansard*. Voisinlieu (Oise).	Poteries de grès. Ⓐ 1844.
1635	*Lebeuf, Milliet* et Cie. Creil (Oise).	Objets en porcelaine et en faïence. Ⓞ 1834 (Lebeuf et Thibault); R. Ⓞ 1839 (Lebeuf); R. Ⓞ 1844.
1636	*Bazin* père. Le Mesnil-Saint-Firmin (Oise).	Gerbe de blé.
1637	*Bazin* fils. Le Mesnil-Saint-Firmin (Oise).	Charrue et fouilleuse.
1638	*Leclère*. Le Mesnil-Saint-Firmin (Oise).	Raquettes de paume.
1639	*Damainville*. Poudron (Oise).	Rayon artificiel pour les abeilles.
1640	*Montataire (Société anonyme des forges de)* Oise.	Tôle, fer-blanc, fer en barres.
1641	*Camus*. Wambez (Oise).	Herse.
1642	*Josset*. Enencourt-Léage (Oise).	Cuirs chamoisés.
1643	*Desnosse-Brunet*. Mouy (Oise).	Couvertures de laine.
1644	*Joly*. Coudun (Oise).	Modèle de féculerie et bachot-wagon.
1645	*D'huicques*. Betz (Oise).	Semoir cylindrique et fromager.
1646	*Chéguillaume* et Cie. Cugand (Vendée).	Tissus de laine et de coton. Ⓑ 1839; Ⓐ 1844.
1647	*Branger*. Marsais-Ste-Radegonde (Vendée).	Charrue à versoir et axe mobiles.
1648	*Le Président du Comice agricole de Fontenay*.	Chanvre et lin du pays.
1649	*Percepied-Maisonneuve*. St-Nectaire (Puy-de-Dôme).	Concrétions et incrustations minérales. M. H. 1844.
1650	*Poiret*. Clermont (Puy-de-Dôme).	Appareil pour les bains de vapeur.
1651	*Lecoq, Genillier* et *Planaix*. Billom (Puy-de-Dôme).	Produits céramiques.
1652	*Lecoq* et *Bargoin*. Clermont (Puy-de-Dôme).	Produits d'économie domestique.
1653	*Vieillard* frères. Clermont (Puy-de-Dôme).	Confitures et conserves.
1654	*Lhéritier*. Clermont (Puy-de-Dôme).	Meubles.
1655	*Gilberton*. Clermont (Puy-de-Dôme).	Lithographies.
1656	*Pianello*. Clermont (Puy-de-Dôme).	Vermicelles et pâtes.
1657	*Magnin*. Clermont (Puy-de-Dôme).	Vermicelles et farines alimentaires. Ⓑ 1834; Ⓐ 1839, 1844.
1658	*Constant*. Clermont (Puy-de-Dôme).	Vins mousseux.
1659	*Estrigue*. Montferrand (Puy-de-Dôme).	Cribles pour le blé.
1660	*Michel*. Chamalières (Puy-de-Dôme).	Instruments d'agriculture.
1661	*Bonny*. Clermont (Puy-de-Dôme).	Sabots.

Nos d'ord.	NOMS ET DEMEURES DES EXPOSANTS.	NATURE DES OBJETS EXPOSÉS.
1662	*Delcros*. Clermont (Puy-de-Dôme).	Objets de coutellerie.
1663	*Triolet*. Clermont (Puy-de-Dôme).	Sommier de voiture.
1664	*Andrieux*. Clermont (Puy-de-Dôme).	Nappe de table.
1665	*Chameil*. Clermont (Puy-de-Dôme).	Brocs et barils.
1666	*Verdier*. Thiers (Puy-de-Dôme).	Objets de coutellerie.
1667	*Chaput-Guérin*. Clermont (Puy-de-Dôme).	Objets de coutellerie.
1668	*Pallu* et Cie. Pontgibaud (Puy-de-Dôme).	Minerai de plomb. Ⓞ 1844.
1669	*Jabert*. Clermont (Puy-de-Dôme).	Marbre artificiel.
1670	*Colin* (Mlle). Clermont (Puy-de-Dôme).	Tapisserie.
1671	*Champclaux*. Clermont (Puy-de-Dôme).	Tableaux en cheveux.
1672	*Fauchery-Benoît*. Clermont (Puy-de-Dôme).	Turbine.
1673	*Bonnière*. Clermont (Puy-de-Dôme).	Confitures et conserves.
1674	*Clémentel*. Clermont (Puy-de-Dôme).	Concrétions minérales. M. H. 1844.
1675	*Crouzeix*. Clermont (Puy-de-Dôme).	Instrument dit métronome.
1676	*Navaron-Dumas*. Le Bessay (Puy-de-Dôme).	Rasoirs. Ⓗ 1844.
1677	*Coupelon*. Clermont (Puy-de-Dôme).	Fermeture de magasin.
1678	*Taillandier*. Pont-du-Château (Puy-de-Dôme).	Meubles.
1679	*Verany*. Clermont (Puy-de-Dôme).	Pianos.
1680	*Ligier*. Clermont (Puy-de-Dôme).	Cymbale à piston.
1681	*Vimal-Vialis*. Ambert (Puy-de-Dôme.)	Galons, étamines et limousines.
1682	*Jury*. Ambert (Puy-de-Dôme).	Objets de passementerie.
1683	*Tixier-Chabrier*. Ambert (Puy-de-Dôme).	Papiers.
1684	*Tixier-Durand*. Ambert (Puy-de-Dôme).	Dentelles et blondes.
1685	*Bachellery-Favier*. Arlanc (Puy-de-Dôme).	Dentelles.
1686	*Bernard*. Ambert (Puy-de-Dôme).	Lacets et cordons.
1687	*Bardey* aîné. Clermont (Puy-de-Dôme).	Chapeaux sur feutre.
1688	*Garochon*. Clermont (Puy-de-Dôme).	Pâtes d'abricots.
1689	*Jacquet-Sizelle*. Clermont (Puy-de-Dôme).	Table en ivoire guilloché.
1690	*Sandouly-Bonnet*. Sayat (Puy-de-Dôme).	Semoir.
1691	*Montader*. Clermont (Puy-de-Dôme).	Statue de Napoléon faite au repoussoir.
1692	*Fontanet*. Clermont (Puy-de-Dôme).	Clef avec son entrée.
1693	*Pardroux*. Randan (Puy-de-Dôme).	Charrues.
1694	*Vimal-Madur*. Ambert (Puy-de-Dôme).	Étamines.
1695	*Moranges*. Clermont (Puy-de-Dôme).	Constructions factices.
1696	*Béchonnet-Brizard*. Effiat (Puy-de-Dôme).	Sabots et musette.

N°s d'ord.	NOMS ET DEMEURES DES EXPOSANTS.	NATURE DES OBJETS EXPOSÉS.
1697	*Fabre*. Clermont (Puy-le-Dôme).	Tableau sur verre.
1698	*Tixier-Goyon*. Thiers (Puy-de-Dôme).	Couteaux et ciseaux. M. H. 1827, 1834, 1839.
1699	*Navaron-Dumas* (Étienne). Le Bessay (Puy-de-Dôme).	Rasoirs.
1700	*Sauvagnat*. Thiers (Puy-de-Dôme).	Objets de coutellerie.
1701	*Aubergier*. Clermont (Puy-de-Dôme).	Produits pharmaceutiques.
1702	*Laurent*. Belfort (Haut-Rhin).	Régulateur pour les métiers à tisser.
1703	*Kestner*. Thann (Haut-Rhin).	Produits chimiques. Ⓐ 1839; 1844.
1704	*Huguenin, Ducommun* et *Dubied*. Mulhouse (Haut-Rhin).	Tours et machines. Ⓑ 1839. Ⓐ 1844.
1705	*Audincourt (société anonyme des forges d')*. Doubs.	Objets en fer.
1706	*Peugeot* et Cie. Valentigney (Doubs).	Pièces détachées pour filatures. Ⓐ 1839, 1844.
1707	*Bichet*. Besançon (Doubs).	Charrue.
1708	*Terrier*. Besançon (Doubs).	Montre en argent.
1709	*Bataille*. Besançon (Doubs).	Montres.
1710	*Racine*. Besançon (Doubs).	Indigo.
1711	*Roussel*. Besançon (Doubs)	Impressions.
1712	*Nicod*. Les-Maisons-du-Bois (Doubs).	Faux. Ⓗ 1834.
1713	*Pareau* et Cie. Montbéliard (Doubs).	Clous et rivets. M. H. 1844.
1714	*Jeanningros*. Ornans (Doubs).	Rasoirs.
1715	*Marti* et Cie. Montbéliard (Doubs).	Mouvements de pendules. M. H. 1839. Ⓑ 1844.
1716	*Peugeot* aîné et *Jackson* frères. Hérimoncourt (Doubs).	Outils. Ⓑ 1819; Ⓐ 1823, R. Ⓐ 1827, 1839; Ⓐ 1844.
1717	*Lods*. Besançon (Doubs).	Train de voiture en fer.
1718	*Japy* fils. Seloncourt (Doubs).	Objets d'horlogerie, tournebroches et moulins à café. Ⓐ 1844.
1719	*Prével*. Besançon (Doubs).	Tuiles.
1720	*Martin*. Besançon (Doubs).	Poêles.
1721	*Roux*. Montbéliard (Doubs).	Objets d'horlogerie. Ⓐ 1834; R. Ⓐ 1839; Ⓐ 1844. (Vincenti, prédécesseur.)
1722	*Fouré*. La Rochelle (Charente-Inférieure).	Fils et étoupes de lin, fils de chanvre.
1723	*Bouscasse* père. Lagord (Charente-Inférieure).	Houe à cheval.
1724	*Belot*. Brisambourg (Charente-Inférieure).	Fers à chevaux.
1725	*Gallois-Foucault*. Saint-Martin (Ile de Ré).	Charpente en fer. Grue.

Nos d'ord.	NOMS ET DEMEURES DES EXPOSANTS.	NATURE DES OBJETS EXPOSÉS.
1726	*Sennelier*. La Ronde (Charente-Inférieure).	Rouleau-batteur.
1727	*Faussabry*. La Jarne (Charente-Inférieure).	Charrue.
1728	*Gillet* et *Dusaigne* Saintes (Charente-Inférieure).	Sonnette à déclic.
1729	*Dupuy de Podio*. Toulouse (Haute-Garonne).	Modèle d'avant-train d'artillerie.
1730	*Tarride* fils. Toulouse (Haute-Garonne).	Echantillons de marbres. Ⓐ 1844.
1731	*Paul* et *Cardailhac*. Toulouse (Haute-Garonne).	Papiers mécaniques.
1732	*Talabot et* Ce. Toulouse. (Haute-Garonne).	Faux, limes et barres d'acier. Ⓞ 1834; R. Ⓞ 1839.
1733	*Burdallet* fils, *Louet et* Ce. Toulouse (Haute-Garonne).	Cuirs cirés, blancs, lustrés, lisses et vernis.
1734	*Cardailhac*. Toulouse (Haute-Garonne).	Turbine simplifiée.
1735	*Rouquet*. Toulouse (Haute-Garonne).	Grappin pour le labour.
1736	*Labouysse*. Toulouse (Haute-Garonne).	Essieux, fusées d'essieu et boîte trempée.
1737	*Fieux* fils aîné et Ce. Toulouse (Haute-Garonne).	Echantillons de cuirs. M. H. 1844.
1738	*Lupis* aîné. Toulouse (Haute-Garonne).	Colliers pour bœuf et cheval.
1739	*Saffore*. Roques (Haute-Garonne).	Greffoir emporte-pièce.
1740	*Marcel* jeune. Toulouse (Haute-Garonne).	Chocolats.
1741	*Blanc*. Cazères (Haute-Garonne).	Trieuse pour les laines.
1742	*Rolland* père et fils. Toulouse (Haute-Garonne).	Alun, sulfate de fer, acide sulfurique, poudrette et engrais végétal.
1743	*Lambert* et fils. Toulouse (Haute-Garonne).	Chapeaux.
1744	*Meugniot*. Dijon (Côte-d'Or).	Charrue à tourne-oreille. M. H. 1834; C. 1839.
1745	*Prost*. Beaune (Côte-d'Or).	Lampe.
1746	*Delègue*. Saffres (Côte-d'Or).	Fils de laine.
1747	*Barbizet*. Dijon (Côte-d'Or).	Poteries.
1748	*Godin* aîné. Châtillon-sur-Seine (Côte-d'Or).	Toisons. Ⓐ 1834; R. Ⓐ 1839 Ⓞ 1844.
1749	*Luce-Villiard*. Dijon (Côte-d'Or).	Tissus de coton.
1750	*Borsary-Girard*. Dijon (Côte-d'Or).	Bandage herniaire.
1751	*Prouiet*, *Michot* et *Thomeret*. Arnay-le-Duc (Côte-d'Or).	Limes.
1752	*Grey*. Dijon (Côte-d'Or).	Moutarde, truffes et épine-vinette.

Nos d'ord.	NOMS ET DEMEURES DES EXPOSANTS.	NATURE DES OBJETS EXPOSÉS.
1753	*Carbonnel*. Vallauris (Var).	Briques réfractaires.
1754	*Méro*. Grasse (Var).	Eaux distillées et objets de parfumerie. Ⓑ 1839 (Méro et Curault) ; Ⓐ 1844.
1755	*Flageollet*. Vagney (Vosges).	Machine dite étirage finisseur, calicot dit *brillanté*.
1756	*Pizzala*. Epinal (Vosges).	Appareil de chauffage.
1757	*Pottecher*. Bussang (Vosges).	Etrilles, couverts et pochon de table.
1758	*Curasson*. Le Blanc-Murger (Vosges).	Fer galvanisé.
1759	*Laurent* et *Deckherr*. Le Châtelet (Vosges).	Turbine hydraulique à vanne tournante. Ⓑ 1844 (Lequin et Laurent).
1760	*Hildebrand*. Xertigny (Vosges).	Fers-blancs, outils et couverts de fer battu. Ⓐ 1844.
1761	*Choley*. Thunimont (Vosges).	Fers, aciers, socs et chaînes.
1762	*Bergaire*. Darney (Vosges).	Couverts de fer battu. M. H. 1834 et 1844.
1763	*Falatieu* et *Chavanne*. Bains (Vosges).	Tôle, fils de fer, baguettes de fer, fers-blancs. Ⓑ 1819 et et 1823 ; Ⓐ 1827 et R. Ⓞ 1834 (Falatieu); R. Ⓞ 1844.
1764	*Estienne* et *Irroy* fils. La Hutte. (Vosges).	Aciers, limes et ressorts.
1765	*Souche* (Société anonyme des papeteries du). Vosges.	Echantillons de papiers. Ⓐ 1844.
1766	*Michaut* frères. Laval (Vosges).	Echantillons de papiers.
1767	*Hamelin* (Veuve) et *Lefebvre*. Saint-Blaise-la-Roche (Vosges).	Cretonne.
1768	*Antoine-Collin* et Ce. Saulx (Vosges).	Calicot écru. Ⓑ 1844.
1769	*Steinheil - Dieterlein* et Ce. Rothau (Vosges).	Fils et tissus de coton.
1770	*Provensal*. Moussey (Vosges).	Tissus. Ⓑ 1844.
1771	*Grébus*. Saint-Dié (Vosges).	Tissus de coton.
1772	*Zetter-Tessier*. Saint-Dié (Vosges).	Tissus Ⓑ 1834.
1773	*Aubry* frères. Mirecourt (Vosges).	Dentelles. M. H. 1844.
1774	*Seillière* et Ce. Senones (Vosges).	Tissus blanchis. Ⓐ 1834 ; et R. Ⓐ (Seillière et Provensal) ; R. Ⓐ 1844 (Seillière et Ce).
1775	*Ferry*. Epinal (Vosges).	Rayonneur de prés, charrue et plantoir.
1776	*Lequin* et Ce. Lahayevaux (Vosges).	Pâtes alimentaires.
1777	*Marchal*. Saint-Laurent (Vosges).	Fécule de pommes de terre.
1778	*Bizot*. Godoncourt (Vosges).	Modèle de moulin à farine.
1779	*Ganderth*. Raon-l'Etape (Vosges).	Aiguille à flèche.
1780	*Schmitt*. Raon-l'Etape (Vosges).	Briquet à gaz hydrogène.

Nos d'ord.	NOMS ET DEMEURES DES EXPOSANTS.	NATURE DES OBJETS EXPOSÉS.
1781	*Nicolas* aîné. Mirecourt (Vosges).	Violons. M. H. 1827; Ⓑ 1834.
1782	*Mougin*, frères. Portieux (Vosges).	Verreries.
1783	*Colin*. Epinal (Vosges).	Ouvrages en marbre.
1784	*Jacquinot*. Droiteval (Vosges).	Essieux et bandes de roues.
1785	*Avy*. La Bastide-Saint-Pierre (Tarn-et-Garonne).	Racines de garance et garance broyée.
1786	*Couderc* et *Soucaret* fils. Montauban (Tarn-et-Garonne).	Flottes de soie grège; gazes de soie pour le blutage. Ⓐ 1839; R. Ⓐ 1844.
1787	*Bonnal* et Ce. Montauban (Tarn-et-Garonne).	Flottes de soie grège; gaze de soie pour le blutage. Ⓑ 1844.
1788	*Garrisson* oncle et neveu. Montauban (Tarn-et-Garonne).	Twine, serge, ratine, cadis et molletons. Ⓑ 1819; R. Ⓑ 1834; Ⓐ 1839 et 1844.
1789	*Belon*. Moissac (Tarn-et-Garonne).	Pendule.
1790	*Bagel*. Montauban (Tarn-et-Garonne).	Cyclographe.
1791	*Pauilhac*. Montauban (Tarn-et-Garonne).	Machine à tondre les tissus. M. H. 1844.
1792	*Jiraud*. Montauban (Tarn-et-Garonne).	Forge et soufflet portatifs.
1793	*Laisis* fils aîné. Laval (Mayenne).	Compensateur pour moyeux et fraises à entailler les moyeux.
1794	*Fouilleul*. Craon (Mayenne).	Blutoir économique.
1795	*Charbonnier*. Craon (Mayenne).	Espagnolette à pène.
1796	*Couet*. Méral (Mayenne).	Modèle de charrue.
1797	*Petithomme*. Laval (Mayenne).	Système de suspension de cloches.
1798	*Douin*. Craon (Mayenne).	Contours de selle en cuivre.
1799	*De la Rochelambert et Ce*. La Bazouge de Chéméré (Mayenne).	Bloc d'anthracite.
1800	*Aufray*. Renazé (Mayenne).	Ardoises.
1801	*Arthuis*. Bazouge (Mayenne).	Modèle de tarare.
1802	*Piquet*. Laval (Mayenne).	Sabots.
1803	*Foucoin*. Laval (Mayenne).	Sabots.
1804	*De Rumigny et Cie*. La Baconnière (Mayenne).	Bloc d'anthracite.
1805	*Croissant*. Laval (Mayenne).	Machines électriques à plateaux de papier.
1806	*Henry* (Veuve). Laval (Mayenne).	Echantillons de marbre du pays. Ⓑ 1839; R. Ⓑ 1844.
1807	*Durand*. Craon (Mayenne).	Echantillons de lin.
1808	*Tirouflet* et *Daveaux*. Laval (Mayenne).	Tissus de fil et coton.
1809	*Marie et Cie*. Laval (Mayenne).	Tissus de fil et coton; calicot écru. Ⓑ 1844.
1810	*Féron-Marie*. Mayenne (Mayenne).	Percaline noire.
1811	*Decrous*. (La Guadeloupe).	Farine de manioc.

Nos d'ord.	NOMS ET DEMEURES DES EXPOSANTS.	NATURE DES OBJETS EXPOSÉS.
1812	*Baccarat (Compagnie des cristalleries de)*. Meurthe.	Verres et cristaux. Ⓞ 1823; R. Ⓞ 1827, 1834, 1839 et 1844.
1813	*Serrière*. Malzéville (Meurthe).	Articles de quincaillerie et de taillanderie.
1814	*Trotot*. Nancy (Meurthe).	Pompe en cuivre à élévation et récipient d'air.
1815	*Willaumez* Lunéville (Meurthe).	Table d'émailleur, bouchoir et bouteilles de fruits et légumes conservés.
1816	*Humbert et Cie*. Dieuze (Meurthe).	Gélatine.
1817	*Riess*. Dieuze (Meurthe).	Gélatine.
1818	*Lorentz*. Nancy (Meurthe).	Bloc de houblon comprimé.
1819	*Turck*. Dommartemont (Meurthe).	Charrue-Grangé et rateau à divers usages. Ⓐ 1844.
1820	*Vigneron*. Toul (Meurthe).	Semoir.
1821	*Jacquot*. Nancy (Meurthe).	Instruments de musique.
1822	*Casse-Lhuillière* Nancy (Meurthe).	Mouchoirs, bonnets et cols brodés.
1823	*Barbe*. Nancy (Meurthe).	Mécanique à broder; articles de broderie.
1824	*Constantin* aîné. Nancy (Meurthe).	Epreuves de caractères typographiques. M. H. 1827 et 1834 (veuve Constantin); M. H. 1844.
1825	*De Grimaldi*. Dieuze (Meurthe).	Produits chimiques. Ⓐ 1834; R. Ⓐ 1844.
1826	*Noël*. Nancy (Meurthe).	Vermicelle, semoule, gruau et pâtes d'Italie.
1827	*Goudchaux-Picard* fils. Nancy (Meurthe).	Draps. M. H. 1834; Ⓑ 1839; R. Ⓑ 1844.
1828	*Perrin* frères et Cie. Nancy (Meurthe).	Draps et cuir-laine.
1829	*Belleville* frères. Nancy (Meurthe).	Amidon.
1830	*Olry*. Nancy (Meurthe).	Fusil de chasse.
1831	*Tetard*. Haussonville (Meurthe).	Bandages et machines orthopédiques.
1832	*De Klinglin*. Valerysthal (Meurthe).	Verres et cristaux. Ⓞ 1839; R. Ⓞ 1844.
1833	*Husson*. Haussonville (Meurthe).	Instruments d'agriculture; modèles de manége et de fosse à purain.
1834	*Serre*. Pont-à-Mousson (Meurthe).	Cric et vis pour enrayer les voitures. C. F. 1844.
1835	*Nauroy*. Pagny-sur-Moselle (Meurthe).	Chassis pour remplacer l'échalassement des vignes; clés pour serrures.
1836	*Molard*. Lunéville (Meurthe).	Machine à battre les grains.

N° d'ord.	NOMS ET DEMEURES DES EXPOSANTS.	NATURE DES OBJETS EXPOSÉS.
1837	*Cirey* (*compagnie des manufactures de glaces et de verres de*). Meurthe.	Objets de glacerie et de verrerie. Ⓞ 1834 ; R. Ⓞ 1839 et 1844.
1838	*Sérant*. Saucey-le-long (Doubs).	Equarrissoirs.
1839	*De Lignac* Montlevade (Creuse).	Conserves de lait.
1840	*Bathier*. La Souterraine (Creuse).	Sabots.
1841	*Rayet*. Lussat (Creuse).	Charrue à double versoir.
1842	*Barbazan*. Uzerche (Corrèze).	Echantillons d'acier et de fer. M. H. 1844.
1843	*Châteaunier*. Liginiac (Corrèze).	Charrue à double versoir mobile.
1844	*Bruno*. Brive (Corrèze).	Table de marbre.
1845	*Corrèze* (*Compagnie des ardoisières de la*). Brive (Corrèze).	Echantillons d'ardoises.
1846	*Philipot*. Perpignan (Pyrénées-Orientales).	Montures de pendules en marbre des Pyrénées. C. F. 1839; Ⓐ 1844.
1847	*Vallarino* fils. Perpignan (Pyrénées Orientales).	Chocolats.
1848	*Bergue*. Sorède (Pyrénées-Orientales).	Manches de fouet et cravaches.
1849	*Pujade*. Amélie-les-Bains (Pyrénées Orientales).	Album de l'établissement thermal de l'exposant.
1850	*Barré-Russin*. Orchamps (Jura).	Porcelaines. Ⓑ 1839, 1844
1851	*Guyon* frères. Dôle (Jura).	Fourneaux de cuisine et pompes à incendie. C. F. 1834; Ⓐ 1844.
1852	*Jacquemin* père et fils. Morez (Jura).	Cadrans, plaques et vases en fer émaillé. Ⓑ 1844.
1853	*Picque* frères. Nancuise (Jura).	Cartons d'apprêt. C. F. 1844.
1854	*Santonax* et *Jourdy*. Dôle (Jura).	Bougies stéariques.
1855	*Boyer*. Dôle (Jura).	Montres en or et en argent; mouvement marchant en blanc avec son modérateur.
1856	*Compagnie des Salines de l'Est*. Montmorot (Jura).	Echantillons de sel.
1857	*Sarret-Grozon* (*de*). Grozon (Jura).	Bloc de sel gemme.
1858	*Germain*. Censeau (Jura).	Fromage de l'année dernière.
1859	*Pasteur*. Censeau (Jura).	Miel en rayons.
1860	*Bouvenot* (Ve). Arbois (Jura).	Echantillons de vins d'Arbois.
1861	*Landry*. Poligny (Jura).	Echantillon de vin de Château-Chalon.
1862	*Poillevey*. Poligny (Jura).	Echantillons de vin rosé et paille.
1863	*Gagneux*. Poligny (Jura).	Echantillon de vin de Château-Chalon.
1864	*Bulabois*. Pupillin (Jura).	Echantillon de vin blanc sec.

Nos d'ord.	NOMS ET DEMEURES DES EXPOSANTS.	NATURE DES OBJETS EXPOSÉS.
1865	*Sauria*. Saint-Lothein (Jura).	Modèle de ruche à espacements. Echantillons de vin de Poligny.
1866	*Proux*. Levet (Cher).	Batteuse roulante, rouleau brise-motte, froisseur et modèle de parc.
1867	*Talbot* frères. Menetou-Salon (Cher).	Charrues.
1868	*Pignel*. Bois-sir-Amé (Cher).	Rouleau et semoir.
1869	*Mignan*. Le Petit-Moulet (Cher).	Charrue.
1870	*Vierzon* (*Société métallurgique de*).	Essieux de locomotives et wagons, bandages de roues et autres pièces de métallurgie. Ⓐ 1823, 1827, 1844.
1871	*Gallicher* et Cie. Digny (Cher).	Fils de fer.
1872	*Bourdaloue*. Bourges (Cher).	Plan automoteur pour le transport des matériaux de mines, et mire-modèle pour les nivellements.
1873	*Buisson*, *Robert* (Eugène) et *Champanhet*. Manosque (Basses-Alpes).	Echantillons de soie et cocons. Ⓑ 1844.
1874	*Cuthbert* et *Audeval*. Saint-Sulpice-sur-Rille (Orne).	Plumes métalliques.
1875	*Taillefer* et Cie. Laigle (Orne).	Aiguilles. Ⓞ 1839 (Cadou-Taillefer, prédécesseur).
1876	*Picard*. Laigle (Orne).	Peaux de veau.
1877	*Raux*. Le Mesnil-Hubert (Orne).	Chasse pour le tissage.
1878	*Rallu*. La Ferté-Macé (Orne).	Sangles, coutils, tissus de coton, nappes et serviettes.
1879	*Anfrie* et Cie. Laigle (Orne).	Epingles.
1880	*Mouchel*. Ray (Orne).	Fils de fer, planches et fils de laiton.
1881	*Dutertre*. Laigle (Orne).	Tissus imperméables ; modèle de parc couvert.
1882	*Bance*. Mortagne (Orne).	Toiles à tableau et de ménage. Ⓐ 1844.
1883	*Tavernier*. Argentan (Orne).	Cuir hongroyé. M. H. 1844.
1884	*Duhet*. Alençon (Orne).	Navette, métier à tisser et tissus qui en proviennent.
1885	*Bohin*. Laigle (Orne).	Boîtes, étuis et tabatières. M. H. 1844.
1886	*Diot* et *Nourry*. Flers (Orne).	Coutils
1887	*Lehujeur* et *Retout*. Flers (Orne).	Tissus de coton.
1888	*Toussaint*. Flers (Orne).	Coutils.
1889	*Violard*. Paris, r. de Choiseul, 4.	Dentelles en point d'Alençon. Voy. nos 788 et 2701.
1890	*Clérambault* et *Lecomte*. Alençon (Orne).	Mousseline de laine. Ⓞ 1827, 1839, 1844.

Nos d'ord.	NOMS ET DEMEURES DES EXPOSANTS.	NATURE DES OBJETS EXPOSÉS.
1891	*Leconte.* Alençon (Orne).	Toiles de chanvre et de lin.
1892	*Loret.* St-André-d'Echauffour (Orne).	Serrures et métiers à gants.
1893	*Bordeaux* fils. Beaulieu (Orne).	Filière.
1894	*De Buyer.* Aillevillers (Haute-Saône).	Fers blancs et noirs. (O) 1827 (de Buyer oncle et neveu). R. (O) 1834, 1839, 1844.
1895	*Falatieu* jeune. Le Pont-du-Bois (Haute-Saône).	Aciers. M. H. 1844.
1896	*Patret.* Varigney (Haute-Saône).	Essieux forgés au gros marteau.
1897	*Raincourt (Mme de).* Fallon (Haute-Saône).	Fourneau de cuisine.
1898	*Élien.* Gray (Haute-Saône).	Borne-fontaine.
1899	*Perney.* Luxeuil (Haute-Saône).	Instrument à battre les faux et faucilles.
1900	*Varelle.* Servance (Haute-Saône).	Granits et porphyres de la Haute-Saône.
1901	*Benouville (Mme).* Igny (Haute-Saône).	Echeveaux de soie grège.
1902	*Charpin.* Villersexel (Haute-Saône).	Modèle de machine à vapeur.
1903	*Méquillet, Noblot* et Cie. Héricourt (Haute-Saône).	Tissus de soie.
1904	*Motteau.* Angoulême (Charente).	Arbre en fer corroyé au marteau-pilon, et modèle d'étuve
1905	*Coussedière.* Cognac (Charente).	Guéridon et corbeille sculptés.
1906	*Cordebart.* Angoulême (Charente).	Fourneau de cuisine.
1907	*Marsat.* Angoulême (Charente).	Fers et fontes. (A) 1839. R. (A) 1844.
1908	*De Marcieu.* Nieuil (Charente).	Essieu et pièces de fer.
1909	*Dubut.* Cognac (Charente).	Clef anglaise.
1910	*Galland.* Ruffec (Charente).	Céréales obtenues par des croisements.
1911	*Pannelier.* Ruffec (Charente).	Brodequins-guêtres.
1912	*Durandeau* aîné, *Lacombe* et Cie. La Couronne (Charente).	Papiers. (O) 1839. R. (O) 1844.
1913	*Laroche-Joubert, Dumergue* et Cie. Nersac (Charente).	Papiers. (B) 1844.
1914	*Lacroix* frères. Angoulême (Charente).	Papiers. (O) 1839. R. (O) 1844.
1915	*Terrasson de Montleau.* Saint-Estèphe (Charente).	Toisons mérinos. (A) 1844.
1916	*Rivaud.* Puymoyen (Charente).	Laines métis-mérinos.
1917	*Le même.*	Extirpateur. M. H. 1844.
1918	*Trousset.* Angoulême (Charente).	Tissus métalliques et cylindre égoutteur. (B) 1844.
1919	*Laroche* frères. Saint-Michel (Charente).	Papiers. (A) 1839. R. (A) 1844.
1920	*Meslier* frères. Angoulême (Charente).	Cuirs.

N°s d'ord.	NOMS ET DEMEURES DES EXPOSANTS.	NATURE DES OBJETS EXPOSÉS.
1921	*Barrès* père et fils cadet. Saint-Julien-en-Saint-Alban (Ardèche).	Soies grèges et organsins.
1922	*Canson* frères. Vidalon-lès-Annonay (Ardèche).	Papiers. (O) 1819 ; R. (O) 1834 et 1844.
1923	*Canson* (*Étienne*). Vidalon-lès-Annonay.	Turbines rurales. M. H. 1844.
1924	*Deydier*. Niel (Ardèche).	Soies grèges et organsins.
1925	*Chambon*. Le Chaylard (Ardèche).	Foulards en soie façonnés,
1926	*Menet*. Boulieu (Ardèche).	Soies grèges et organsin.
1927	*Champanhet-Sargeas*. Vals (Ardèche).	Soies et cocons.
1928	*Tracol*. Annonay (Ardèche).	Peaux de chevreaux. M. H. 1844.
1929	*Chapuis* (Veuve). Annonay (Ardèche).	Gélatine.
1930	*Pradier*. Annonay (Ardèche).	Soies grèges et ouvrées. (B) 1839.
1931	*Johannot*. Annonay (Ardèche).	Papiers. (O) an X, 1806 et 1819. R. (O) 1834.
1932	*Nicod* (Veuve) et fils Annonay (Ardèche).	Mèches pour bougie.
1933	*Gauthier*. Villeneuve-de-Berg (Ardèche).	Guêtres de cuir cambrées sans couture.
1934	*Leguay* et Ce. Montluçon (Allier).	Glaces.
1935	*Bougueret*, *Martenot* et Ce. Commentry (Allier).	Rails et fers marchands. (O) 1844.
1936	*Rabourdin*. Cusset (Allier).	Papiers.
1937	*Desrosiers*. Moulins (Allier).	Volumes imprimés. (A) 1834; R. (A) 1839 et 1844.
1938	*Rongier*. Moulins (Allier).	Porte-plume.
1939	*Guérin*, *Kersaint* et Ce. Montluçon (Allier),	Fonte en lingots ; coussinets et barreaux d'épreuve.
1940	*Sorel*, *Berthelet* et Ce. Moulins (Allier).	Cuirs cirés et lisses. (B) 1844.
1941	*Dobler* et fils. Tenay (Ain).	Fils de laine. (A) 1827 (Dobler et Bouchaud); R. (A) 1834 et 1839; (A) 1844.
1942	*Sourd* frères. Tenay (Ain).	Fils de laine (A) 1839 (Sourd père et fils); R. (A) 1844.
1943	*Franc* père et fils et *Martelin*. Saint-Rambert (Ain).	Fils de laine.
1944	*Pernollet*. Ferney (Ain).	Crible-trieur cylindrique.
1945	*Giraud*. Bourg (Ain).	Balance à bascule.
1946	*Passerat*. Nantua (Ain).	Boutons de nacre.
1947	*Monod*. Arbent (Ain).	Peignes.
1948	*Geruzet*. Bagnères-de-Bigorre (Hautes-Pyrénées.)	Objets en marbre des Pyrénées. (A) 1834 ; (O) 1839 et 1844.

Nos d'ord.	NOMS ET DEMEURES DES EXPOSANTS.	NATURE DES OBJETS EXPOSÉS.
1949	*Saint-Ubéry*. Tarbes (Hautes-Pyrénées).	Meubles et échantillons de bois des Hautes-Pyrénées.
1950	*Robert-Faure*. Paris, r. des Jeûneurs, 29.	Dentelles.
1951	*Julien* (Mlle). Le Puy (Haute-Loire).	Dentelles.
1952	*Eymieu*. Saillans (Drôme).	Fils et rubans en déchets de soie. Ⓐ 1819, 1823, 1834, 1839.
1953	*Noyer* frères. Dieu-le-Fit (Drôme).	Organsins et trames. Ⓑ 1834; R. Ⓑ 1839.
1954	*Morin* et Cie. Dieu-le-Fit (Drôme).	Draps et tissus de laine. Ⓑ 1823; Ⓐ 1839; Ⓞ 1844.
1955	*Chartron* père et fils. Saint-Vallier et Saint-Donat (Drôme).	Soie grége et organsins Ⓑ 1806, 1819; Ⓐ 1823, 1827; Ⓞ 1834; R. Ⓞ 1839.
1956	*Autran* aîné. Montélimart (Drôme).	Cocons.
1957	*Herme*. Crest (Drôme).	Soie filée.
1958	*Paillet*. Valence (Drôme).	Instrument dit *dégazonneur*.
1959	*Cotte*. Hauterive. (Drôme).	Cric à levier.
1960	*Duval*. Saint-Laurent-en-Royans (Drôme).	Pelles, Lèches, souchets, règles et oreilles de charrue.
1961	*Rousset*. Dieu-le-Fit (Drôme).	Piano.
1962	*Lombard-Latune* et Cie. Crest (Drôme).	Papiers Ⓑ 1823; Ⓐ 1834; R. Ⓐ 1839; Ⓐ 1844.
1963	*Paul* aîné. Bourg-lès-Valence (Drôme).	Mouchoirs de coton et de fil imprimés Ⓑ 1839; M. H. 1844.
1964	*Lausser*. Aurillac (Cantal).	Sabots. C. F. 1844.
1965	*Graeter*. Forbach (Moselle).	Essieux.
1966	*Vaillant*. Metz (Moselle).	Fourneaux, calorifères
1967	*Firmenich*. Metz (Moselle).	Colle forte M. H. 1839, 1844.
1968	*Hourlier*. Metz (Moselle).	Amidon.
1969	*Virlet-Fournier*. Ars-sur-Moselle (Moselle).	Pâtes alimentaires.
1970	*Didelon*. Bury (Moselle).	Blé.
	D'Huart. Bettange (Moselle).	Blé.
	Gourier. Alémont (Moselle).	Blé.
	Grandidier. Pluché (Moselle).	Blé.
	Remlinger. Bannay (Moselle).	Blé.
	Genot. Saint-Ladre (Moselle).	Avoine, de Sibérie et esprit de pomme de terre.
1971	*Collignon*. Ancy (Moselle).	Vin de 1834. Treillage et échalassement de vigne. Modèle de clôture.
1972	*Saint-Louis* (Compagnie des cristalleries de). Moselle.	Cristaux.
1973	*Barthélemy*. Metz (Moselle).	Tissus et appareils en laine.
1974	*Pichon*. Metz (Moselle).	Crins frisés et soies de porc peignées.

N^os d'ord.	NOMS ET DEMEURES DES EXPOSANTS.	NATURE DES OBJETS EXPOSÉS.
1975	*Utzschneider* et Cie. Sarreguemines (Moselle).	Poteries. Ⓒ 1844.
1976	*Massing* frères. Puttelange (Moselle).	Peluche noire. Ⓒ 1844.
1977	*Nanot* et Cie. Sarreguemines (Moselle).	Peluche de soie.
1978	*Thibert* et *Adam*. Metz (Moselle).	Peluches. Ⓒ 1844.
1979	*Mariatte* et *Jacquemot*. Metz (Moselle).	Brosses.
1980	*Bultingaire*. Metz (Moselle).	Cuirs.
1981	*Pelte*. La-Grange-d'Envie (Moselle).	Tableau d'assolement septennal.
1982	*Simon* frères. Metz (Moselle).	Betteraves et lentilles.
1983	*Rachet*. Metz (Moselle).	Fourneau de cuisine.
1984	*Ackermann* et *Marx*. Sarreguemines (Moselle).	Tabatières en carton vernissé.
1985	*Karcher* et *Westermann*. Metz (Moselle).	Objets en fer battu et étamé.
1986	*D'Huart de Nothomb*. Longwy (Moselle).	Objets en faïence.
1987	*Florentin*. Metz (Moselle).	Perruques
1988	*Gillard* frères. Sierck (Moselle).	Cuirs.
1989	*Schmaltz*. Metz (Moselle).	Peluches et velours de soie. Ⓒ 1844.
1990	*Hesse*. Metz (Moselle). *Saby* aîné. Jouy-aux-Arches (Moselle). *Adam*. Moulin-lès-Metz (Moselle). *Vaultrin*. Metz (Moselle). *Gillot*. Metz (Moselle).	Soies grèges et cocons.
1991	*Massun* fils. Metz (Moselle).	Aiguilles et épingles.
1992	*Barth*, *Massing* et *Plichon*. Puttelange (Moselle).	Peluches de soie et tabatières en carton.
1993	*Muel* et *Wahl*. Vaucouleurs (Meuse).	Plaques tournantes pour chemins de fer; ornements et objets de ménage en fonte.
1994	*Colas*. Moutiers-sur-Saulx (Meuse).	Objets en fonte.
1995	*Pernot*. Gondrecourt (Meuse).	Objets de menuiserie faits au moyen d'une machine de l'exposant.
1996	*Collin* et Cie. Bar-sur-Ornain (Meuse).	Tissus de coton.
1997	*Henry* fils et *Bompart*. Bar-sur-Ornain (Meuse).	Cotons filés.
1998	*Estivant*. Givet (Ardennes).	Planches et objets en cuivre. M. H. 1839 ; Ⓐ 1844.
1999	*Tranchart-Froment*. Rethel (Ardennes).	Fils en laine peignée. Ⓒ 1844.
2000	*Bonnet*. Trélonne (Ardennes).	Spouloir pour la fabrication des bobines.
2001	*Harmel* frères. Boulzicourt (Ardennes).	Fils de laine.

Nos d'ord.	NOMS ET DEMEURES DES EXPOSANTS.	NATURE DES OBJETS EXPOSÉS.
2002	*Blanpain* frères. Sedan (Ardennes).	Draps, casimirs et satins. Ⓑ 1844.
2003	*Bacot* frères. Sedan (Ardennes).	Draps, casimirs et satins. Ⓞ 1819; R. Ⓞ 1823, 1827, 1834 et 1844.
2004	*Paret*. Sedan (Ardennes).	Draps, casimirs et satins. Ⓐ 1839; R. Ⓐ 1844.
2005	*Renard*. Sedan (Ardennes).	Draps. Ⓞ 1844.
2006	*Leroy* et *fils*, *Raulin* et Ce. Sedan (Ardennes).	Draps, casimirs, satins et nouveautés. M. H. an IX.
2007	*Bertèche*, *Chesnon* et Ce. Sedan (Ardennes).	Draps et nouveautés. Ⓐ 1827; Ⓞ 1834; R. Ⓞ 1839.
2008	*Bacot* et *fils*. Sedan (Ardennes).	Draps, casimirs et satins. Ⓞ 1819; R. Ⓞ 1823, 1827, 1834, 1844.
2009	*De Montagnac*. Sedan (Ardennes).	Draps et satins. Ⓐ 1844.
2010	*Cunin-Gridaine* (père et fils). Sedan (Ardennes).	Draps, casimirs et satins Ⓞ 1823; R. Ⓞ 1827.
2011	*Antoine Rousselet* et *fils*. Sedan (Ardennes).	Draps, casimirs et satins. Ⓞ 1844.
2012	*Estivant-Donau*. Givet (Ardennes).	Colle-forte. Ⓑ 1806; Ⓐ 1819; R. Ⓐ 1823, 1827, 1834, 1839 et 1844.
2013	*Estivan* fils aîné. Givet (Ardennes).	Colle-forte. Ⓐ 1819; R. Ⓐ 1823, 1827, 1834, 1839, 1844.
2014	*Micheau*. Rancennes (Ardennes).	Colle-forte. Ⓑ 1839; R. Ⓐ 1844.
2015	*Rimogne et Saint-Louis-sur-Meuse*. (Compagnie anonyme des ardoisières de). Ardennes.	Ardoises.
2016	*Moulin Sainte-Anne*. (Société anonyme de l'ardoisière du). Fumay (Ardennes).	Ardoises.
2017	*Oudart*. Charleville (Ardennes).	Médaillons en cuivre.
2018	*Parent* et *Donnay*. Givet (Ardennes).	Colle forte.
2019	*Henbauer*. Givet (Ardennes).	Pipes, briques et moufles.
2020	*Laignier*. Réthel (Ardennes).	Etau.
2021	*Gilbert*. Givet (Ardennes).	Crayons. Ⓐ 1844.
2022	*Lefort*. Raucourt (Ardennes).	Boucles, boutons, maillons, chaînes et paillettes. Machine pour la fabrication du fil de laiton.
2023	*Perrin Lecocq*. Sedan (Ardennes).	Chardons métalliques.
2024	*Mathieu-Danloy*. Raucourt (Ardennes).	Boucles en fer et en acier. Ⓑ 1844.
2025	*Jacquemart* frères. Charleville (Ardennes).	Fusil, mousqueton et objets de quincaillerie. M. H. 1839.

Nos d'ord.	NOMS ET DEMEURES DES EXPOSANTS.	NATURE DES OBJETS EXPOSÉS.
2026	*Estivant* et *Bidou* fils. Givet (Ardennes).	Cuir de bœuf. Ⓑ 1844.
2027	*Morel* frères. Charleville (Ardennes).	Tuyaux, ustensiles de ménage, clous, tôles, fusil, boites à graisse pour wagons, projectiles et ornements en fonte. Ⓐ 1844.
2028	*Peckels*. Charleville (Ardennes).	Tringles pour roulettes de lit et lits en bois.
2029	*Gamion-Pierron*. Vrignes aux-Bois (Ardennes).	Fiches, charnières et objets de quincaillerie. M. H. 1844.
2030	*Puiheaux* et *Parpette*. Sedan (Ardennes).	Crics.
2031	*Meurant* frères. Charleville (Ardennes).	Crics et étaux. M. H. 1844.
2032	*Leriche*. Charleville (Ardennes).	Soufflet de forge. C. F. 1844.
2033	*Caillet* frères. Donchery (Ardennes).	Enclumes, étaux, bigornes et arbre.
2034	*Moysen*. Mézières (Ardennes).	Instruments d'agriculture.
2035	*Boizet*. Ecordal (Ardennes).	Semoir à tamis.
2036	*Bruneau* père et fils. Réthel (Ardennes).	Machine pour la filature de la laine peignée; fils de laine peignée.
2037	*Coudron*. La Ferté-Gaucher (Seine-et-Marne).	Boutons de chemises.
2038	*Lebeuf*, *Milliet* et Cie. Montereau (Seine-et-Marne).	Porcelaines opaques. Ⓞ 1834; R. Ⓞ 1839 et 1844.
2039	*Lévêque*. Meaux (Seine-et-Marne).	Meubles.
2040	*Lebreton*. Meaux (Seine-et-Marne).	Bottes et souliers. C. F 1844.
2041	*Martin*. Chelles (Seine-et-Marne).	Charrue à quatre socs.
2042	*Desplanques*. Lisy-sur-Ourcq (Seine-et-Marne).	Machines pour le lavage et le dégraissage des laines; laines et tissus de laine. Ⓑ 1844.
2043	*Moutenot*. Coutevroust (Seine-et-Marne).	Sellette limonière.
2044	*Du Tremblay*. Rubelles (Seine-et-Marne).	Faïence, porcelaines et carreaux.
2045	*Gabry*. Melun (Seine-et-Marne).	Faïence.
2046	*Alibert*. Le Bréau (Seine et-Marne).	Porte en chêne du pays.
2047	*Guillaume*. Moisenay (Seine-et-Marne).	Paire de bottes.
2048	*Pillier*. Lieusaint (Seine-et-Marne).	Charrue-fouilleuse.
2049	*Mongas*. Limoges-Fourches (Seine-et-Marne).	Toisons de mérinos.
2050	*Colleau*. Maurevert (Seine et-Marne).	Toisons de mérinos.
2051	*Durand*. Maison-Rouge (Seine-et-Marne).	Toisons de mérinos. Ⓐ 1844
2052	*Bru*. Vanvillé (Seine-et-Marne).	Toison de mérinos.

Nos d'ord.	NOMS ET DEMEURES DES EXPOSANTS	NATURE DES OBJETS EXPOSÉS.
2053	*Ancelot*. Châtillon-lès-Soissons (Aisne).	Laines mérinos.
2054	*Bohmé* et *Lebrun*. Saint-Quentin (Aisne).	Pompes.
2055	*Godin*. Guise (Aisne).	Poêles.
2056	*Dauduille*. Saint-Quentin (Aisne).	Tissus pour ameublement. Ⓐ 1844.
2057	*Brin-Lalaux*. Homblières (Aisne)	Tissus pour ameublement.
2058	*Lehoult* et Cie. Saint-Quentin (Aisne).	Tissus de coton. Ⓐ 1819; R. Ⓐ 1823; Ⓞ 1844.
2059	*Longuet*. Saint-Quentin (Aisne).	Suc de réglisse.
2060	*Van Leempoel, de Colnet* et Cie. Quiquengrogne (Aisne).	Bouteilles. M. H. 1834 et 1839.
2061	*Deviolaine* frères. Cuffies (Aisne).	Bouteilles et cloches. Ⓑ 1827; R. Ⓑ 1834; Ⓐ 1839 et 1844.
2062	*Tordeux*. La Fère (Aisne).	Limes.
2063	*Saint-Gobain* (Société anonyme de). (Aisne).	Glaces et produits chimiques. Ⓞ 1819; R. Ⓞ 1823, 1827, 1834, 1839 et 1844.
2064	*Louvet* et *Cottard*. Soissons (Aisne).	Cuirs.
2065	*Lebel*. Soissons (Aisne).	Cordages et ficelles.
2066	*Graux*. Juvincourt (Aisne).	Laines. M. H. 1834; Ⓐ 1839; Ⓞ 1844.
2067	*Monnot-Leroy*. Pontru (Aisne).	Laine mérinos. Ⓐ 1834; R. Ⓐ 1839 et 1844.
2068	*Moret*. Berthenicourt (Aisne).	Fils d'étoupes de lin et de chanvre. Ⓑ 1834.
2069	*Lecointe*. Saint-Quentin (Aisne).	Machine à vapeur.
2070	*Casalis*. Saint-Quentin (Aisne).	Enveloppe et autres pièces de machines à vapeur. Ⓐ 1819 et 1827; Ⓞ 1839; R. Ⓞ 1844.
2071	*Trésel*. Saint-Quentin (Aisne).	Machine à vapeur, râpe, pompes et tour à façonner les pains de sucre. Ⓐ 1844.
2072	*Seyer*. Saint-Quentin (Aisne).	Cheminée à la prussienne.
2073	*Chagot, Perret-Morin* et Cie. Châlon-sur-Saône (Saône-et-Loire).	Briquettes.
2074	*Jome*. Mâcon (Saône-et-Loire).	Gypse et carreaux.
2075	*Baudot* et *Bougrand*. Charrecey (Saône-et-Loire).	Mosaïques, dallages et ciments. Ⓑ 1844. (Bidermann, prédécesseur.)
2076	*Desroches*. Romanèche (Saône-et-Loire).	Appareil destructeur de la pyrale de la vigne.
2077	*Saunier*. Mâcon (Saône-et-Loire).	Machine à arrondir les dents d'engrenage. Ⓑ 1844.
2078	*Batilliat*. Mâcon (Saône-et-Loire).	Traité sur les vins de France.

Nos d'ord.	NOMS ET DEMEURES DES EXPOSANTS.	NATURE DES OBJETS EXPOSÉS.
2079	*Fondet*. Châlon-sur-Saône (Saône-et-Loire).	Appareils de chauffage à tubes prismatiques.
2080	*Lacour*. Saint-Fargeau (Yonne).	Herse.
2081	*Veissière*. Seignelay (Yonne).	Vitraux peints. C. F. 1844.
2082	*Sauron*. Châtel-Censoir (Yonne).	Serrure double.
2083	*Léger*. Auxerre (Yonne).	Pressoir mécanique.
2084	*Laroque* frères, fils et *Jaquemet*. Bordeaux (Gironde).	Tapis, couvertures de laine et peausserie. Ⓐ 1844.
2085	*André* et *Bronski*. Saint-Selve (Gironde).	Charrues, araire et coupe-racines; flottes de soie et corons.
2086	*Aindas*. (Gironde).	Croisées, chambranles et autres pièces de menuiserie.
2087	*Arcachon* (Association ouvrière des forges d'), sous la raison sociale : Léon Brothier et Cie (Gironde).	Couronne de roue hydraulique, fourneaux et autres objets de fonte.
2088	*Ormières-Ponsian*. Bordeaux (Gironde).	Objets de menuiserie.
2089	*Fieffé*. Bordeaux (Gironde).	Plants de froment exotique, barrage mobile et herse.
2090	*Besson* frères. Bordeaux (Gironde).	Chapeaux de soie et de feutre.
2091	*Pascal*. Bordeaux (Gironde).	Parquet mosaïque. Ⓑ 1847.
2092	*Foussat* frères et Cie. Bordeaux (Gironde).	Echantillons de riz.
2093	*Duclos*. Bordeaux (Gironde).	Tapis et paillassons.
2094	*Lumeau*. Bordeaux (Gironde).	Modèle de bateau à vapeur.
2095	*Bequé* fils aîné. Bordeaux (Gironde).	Fer servant à former les cordons des bouteilles; moules à bouteilles et à bouchons en verre ; outils pour ajuster les bouchons, enlever les bavures et fermer le moule ; bouteilles avec bouchons de verre à vis; tours et fers pour mouler des lettres sur les cordons des bouteilles.
2096	*Vergniaud*. Bordeaux (Gironde).	Chaussures.
2097	*Boinot*. Bordeaux (Gironde).	Laines peignées et tortillonnées.
2098	*Vieillard* et Cie. Bordeaux (Gironde).	Porcelaines. Ⓐ 1839; R. Ⓐ 1844.
2099	*Cadou*. Chartres (Eure-et-Loir).	Pointes, rivets et clous.
2100	*Goupil* et *Guillain*. Dampierre-sur-Blévy (Eure-et-Loir).	Objets en fonte.
2101	*Fromont*. Chartres (Eure-et-Loir).	Turbine double. Ⓐ 1844. (Fontaine-Baron, prédécesseur,)
2102	*Lebert*. Bailleau-sous-Gallardon (Eure-et-Loir).	Instruments d'agriculture. Ⓑ 1844.

N°ˢ d'ord.	NOMS ET DEMEURES DES EXPOSANTS.	NATURE DES OBJETS EXPOSÉS.
2103	*Renou*. Gallardon (Eure-et-Loir).	Modèle de baratte.
2104	*Vercasson*. Chartres (Eure-et-Loir).	Métier circulaire à tisser les gants en castor.
2105	*Dubreuil*. Châteaudun (Eure-et-Loir).	Crochets à faucher les moissons.
2106	*Bournisien*. Escorpain (Eure-et-Loir).	Charrue.
2107	*Theil*. Saint-Lucien (Eure-et-Loir).	Meule.
2108	*Thoré* (Veuve), *Horens* et *Denis* aîné.	Calicot.
2109	*Launay*. Baillou (Loir-et-Cher).	Râteau-ratissoire.
2110	*Debrinay*. Romorantin (Loir-et-Cher).	Instrument pour découper les bottines.
2111	*Courtillet*. Cellettes (Loir-et-Cher).	Charrue-ratissoire et machine à fouler la vendange.
2112	*Lacaille-Trinquart*. Blois (Loir-et-Cher).	Mosaïque en bois.
2113	*Rastouin*. Blois (Loir-et-Cher).	Essieu de voiture.
2114	*Fichet*. Ménars (Loir-et-Cher).	Modèles de corps géométriques, de machines et d'instruments aratoires. M. H. 1839.
2115	*Voisin*. Blois (Loir-et-Cher).	Engrais de noir animal.
2116	*Ferry*. Epinal (Vosges).	Plantoir et rayonneur de prés.
2117	*Colombeau*. Smarves (Vienne).	Instrument dit *rafleur*.
2118	*Morillon*. Gençay (Vienne).	Machine à égrainer le trèfle et la luzerne, à vanner le blé.
2119	*Véron* frères. Ligugé (Vienne).	Amidon et gluten granulé.
2120	*Robert-Beauchamp* frères. Verrières (Vienne).	Essieu et barres de fer tordues.
2121	*Grimaud*. Poitiers (Vienne).	Appareil fumigatoire.
2122	*Dansac*. Le Bois (Vienne).	Pierre meulière.
2123	*Cazaux*, *Fabrège* et Cᵉ. Laruns (Basses-Pyrénées).	Carrelages et objets en marbre blanc. Voy. n° 2894.
2124	*Fouque* aîné et *Puente*. Gelos (Basses-Pyrénées).	Chocolats.
2125	*Laudet* (Mᵐᵉ). Pau (Basses-Pyrénées).	Linge de table et mouchoirs blancs.
2126	*Roussille* frères. Jurançon (Basses-Pyrénées).	Bougies stéariques, cierges et savon d'oléine.
2127	*Cazenave*. Coarraze (Basses-Pyrénées).	Coutil rayé. Ⓔ 1844.
2128	*Fort* et *Aguirre*. Saint-Jean Pied-de-Port (Basses-Pyrénées).	Couvertures de laine et drap burel. Ⓑ 1844.
2129	*Bégué*. Pau (Basses-Pyrénées).	Linge de table. M. H. 1819, 1834, 1839; Ⓐ 1844.
2130	*Angers* (*Société des Ardoisières d'*).	Ardoises. Ⓓ 1844.

N^os d'ord.	NOMS ET DEMEURES DES EXPOSANTS.	NATURE DES OBJETS EXPOSÉS.
2131	*Houyau*. Cheffes (Maine-et-Loire).	Cylindre de compression pour les chaussées en empierrement; machine à battre le blé. Ⓑ 1839.
2132	*Riby*. Angers (Maine-et-Loire).	Meule.
2133	*Verdun*. Angers (Maine-et-Loire).	Outils divers.
2134	*Oriolle*. Angers (Maine-et-Loire).	Fils et tissus de laine. Ⓐ 1844.
2135	*Dauphin*. Angers (Maine-et-Loire).	Horloge à équation.
2136	*Cariol-Baron*. Angers (Maine-et-Loire).	Laines cardées et peignées.
2137	*Leroy*. Châlons (Marne).	Appareils et instruments pour la production du gaz à éclairage.
2138	*Laverne*. Châlons (Marne).	Machine à enlever et vider les sacs de grains.
2139	*Jacquesson* et fils. Châlons (Marne).	Procédé d'éclairage des galeries souterraines par la lumière du jour; machine à boucher les bouteilles de champagne avec une broche élastique qui préserve la tête des bouchons; mode de bouchage des mêmes bouteilles à l'épreuve des variations de la température.
2140	*Delcroix*. Châlons (Marne).	Robinets, appareil inodore et coffret à gaz.
2141	*Thomas*. Bassuet (Marne).	Charrue.
2142	*Leroux*. Vitry (Marne).	Flacons de salicine et d'écorce. Ⓐ 1834; R. Ⓐ 1839.
2143	*Porquet*. Pierry (Marne).	Pressoir.
2144	*Marchal*. Saint-Memmie (Marne).	Pâtes alimentaires.
2145	*Faille*. Reims (Marne).	Reliures.
2146	*Conneaux* père et fils. Reims (Marne).	Machine à doser les vins de Champagne.
2147	*Bonjean*. Reims (Marne).	Appareil destiné à remplacer les bagues dans la filature.
2148	*Felly* et Cie. Reims (Marne).	Produits chimiques. Ⓐ 1839, 1844.
2149	*Desroches*. Grenoble (Isère).	Sabots.
2150	*Grasset*. La Charité (Nièvre).	Barres d'acier naturel. Ⓑ 1844.
2151	*Bouchard*. Nevers (Nièvre).	Cordes et billons pour la marine. M. H. 1839.
2152	*Liévin*. Cosne (Nièvre).	Pots de grès contenant du café.
2153	*Guillemenot*. Nevers (Nièvre).	Fourneau économique.
2154	*Cavy*. Nevers (Nièvre).	Paletots fourrés et chaussons. Ⓑ 1844.

Nos d'ord.	NOMS ET DEMEURES DES EXPOSANTS.	NATURE DES OBJETS EXPOSÉS.
2155	*Dequenne.* Varennes-lès-Narcy. (Nièvre).	Limes et acier de cémentation. Ⓞ 1819; R. Ⓞ 1823, 1827, 1834, 1839, 1844.
2156	*Fuselier-Lelaurin.* Nevers (Nièvre)	Instrument à faner. Ⓑ 1844.
2157	*Taverna* frères. Nevers (Nièvre).	Cheminée-calorifère. M. H. 1844.
2158	*Soyer.* Nevers (Nièvre).	Limes. Ⓑ 1839; R. Ⓑ 1844.
2159	*Godard* et *Bontemps.* Bapaume (Pas-de-Calais).	Batistes diverses. Ⓑ 1839, 1844.
2160	*Cohin* et Cie. Rollepot-lès-Frévent (Pas-de-Calais).	Fils et tissus de lin.
2161	*Laurent.* Arras (Pas-de-Calais).	Café-chicorée.
2162	*Blanzy-Poure* et Cie. Boulogne (Pas-de-Calais).	Plumes métalliques.
2163	*Valdelièvre* fils et Cie. Saint-Pierre-lès-Calais (Pas-de-Calais).	Fils de lin et d'étoupes.
2164	*De Beaulaincourt* (Mlle). Glominghem (Pas-de-Calais).	Fleurs artificielles.
2165	*Briche-Vanbavinchove.* Saint-Omer (Pas-de-Calais).	Etoffes diverses. Ⓑ 1844.
2166	*Lequien.* Lorgies (Pas-de-Calais).	Semoir.
2167	*Darroux* aîné. Auch (Gers).	Instrument dit ardosiotome.
2168	*Allard.* Paris, r. des Deux-Portes-Saint-Sauveur, 27.	Tranchets. C. F. 1844.
2169	*Anger.* Paris, r. du Faubourg-du-Temple, 7.	Glaces, toilettes et cadres ornés.
2170	*Audebert.* Paris, r. de Douai, 1.	Ecussons en verre bombé.
2171	*Audot.* Paris, r. Richelieu, 81.	Objets d'orfèvrerie.
2172	*Auger.* Paris, r. de la Harpe, 100.	Loqueteaux.
2173	*Barba.* Vaugirard, r. du Transit, 40.	Alambic.
2174	*Barbaroux.* Paris, r. du Faub.-Poissonnière, 13.	Bijoux de corail. Ⓐ 1839, 1844.
2175	*Baucheron.* Paris, r. Richelieu, 64.	Armes à feu.
2176	*Beau.* Paris, r. Montmartre, 148.	Bas-reliefs en bronze.
2177	*Bennesat.* Neuilly, Grande-Rue des Ternes, 17.	Machine à ferrer les chevaux.
2178	*Berger Walter.* Paris, r. de Paradis-Poissonnière, 27.	Boutons et verres de montres.
2179	*Bergougnan.* Paris, r. du Saumon, 55.	Couteaux. B. 1823.
2180	*Bernard* (Léopold). Passy, r. Villejust.	Canons, couteaux de chasse, sabres. Ⓑ 1839, Ⓐ 1844.
2181	*Bernard.* Paris, avenue Lamotte-Piquet, 8.	Canons. Ⓑ 1834, Ⓐ 1839, 1844.
2182	*Bernon.* Paris, r. de l'Arbre-Sec, 49.	Porcelaines.
2183	*Berteau.* Vaugirard, r. du Moulin-de-Beurre, 4.	Murs en briques.
2184	*Berthet.* Paris, r. Montmorency, 13.	Objets d'orfèvrerie et de tabletterie. Ⓑ 1844.

N^{os} d'ord.	NOMS ET DEMEURES DES EXPOSANTS.	NATURE DES OBJETS EXPOSÉS.
2185	*Bertrand-Provancher*. Paris, r. Neuve Coquenard, impasse de l'Ecole.	Lithographies.
2186	*Besset*. Paris, r. des Gravilliers, 30.	Lettres en relief.
2187	*De Bettignies*. Paris, r. Saint-Georges, 56.	Porcelaines décorées.
2188	*Bisson* et *Gaugain*. Paris, r. des Amandiers-Popincourt, 12.	Objets galvanisés.
2189	*Blesson*. Paris, r. aux Ours, 36.	Lettres en porcelaine.
2190	*Boche*. Paris, r. des Vinaigriers, 19 *bis*	Articles de chasse. Ⓑ 1839; Ⓐ 1844.
2191	*Bois* et *Chassagne*. Paris, r. de Berry, 14 (Marais).	Bronzes.
2192	*Boiste*. Paris, r. de Laval, 19.	Lettres métalliques.
2193	*Bondon*. Paris, impasse Sainte-Opportune, 5.	Papier-porcelaine.
2194	*Boquet*. Paris, r. Richelieu, 7.	Objets de papeterie et bronzes. C. F. 1839; M. H. 1844.
2195	*Boutinot*. Paris, r. Saint-Quentin, 1.	Tuiles.
2196	*Bovay*. Paris, r. du Faubourg-St-Denis, 84.	Poteries décorées.
2197	*De Braux d'Anglure* et Cie. Paris, r. Castiglione, 8.	Objets en zinc. M. H. 1834.
2198	*Bricard* et *Gauthier*. Paris, r. Pavée-Saint-Sauveur, 3.	Objets de serrurerie. Ⓑ 1839; Ⓐ 1844.
2199	*Brisseau*. Paris, r. Grenetat, 16.	Pièces d'orfévrerie plaquée.
2200	*Cahouet*. Paris, place aux Veaux, 4.	Outils pour fabriquer la bougie. M. H. 1839, 1844.
2201	*Chapelle-Maillard*. Paris, boulevard des Italiens, 19.	Porcelaines et cristaux. Ⓑ 1844.
2202	*Charlot*. Paris, r. Montmorency, 1.	Objets d'art en émail. M. H. 1844.
2203	*Charon* et Cie. Paris, r. du Temple, 59.	Pièces de fer, de fonte et de cuivre.
2204	*Charrière*. Paris, r. de l'Ecole-de-Médecine, 6.	Instruments de chirurgie. Ⓐ 1834, Ⓞ 1839, R. O. 1844.
2205	*Chavenois*. Paris, r. des Gravilliers, 10.	Pierres fausses.
2206	*Chavineau*. Paris, r. des Gravilliers, 18.	Verres et pierres taillées pour l'horlogerie. M. H. 1844.
2207	*Chemelat*. Paris, r. du Houssaye, 5.	Rasoirs. M. H. 1839, 1844.
2208	*Chérot*. Paris, r. du Bac, 42.	Statuettes recouvertes d'un enduit ; brosses et couleurs. M. H. 1844.
2209	*Christofle*. Paris, r. de Bondy, 52.	Pièces d'orfévrerie par l'électro-chimie.
2210	*Clicquot*. Courbevoie, r. du Château.	Roulettes et outils pour la gravure. Ⓑ 1839, R. Ⓑ 1844.
2211	*Claudin*. Paris, r. Joquelet, 1.	Armes à feu. Ⓑ 1839, 1844.

N°s d'ord.	NOMS ET DEMEURES DES EXPOSANTS.	NATURE DES OBJETS EXPOSÉS.
2212	*Clauss.* Paris, r. Pierre-Levée, 8 *bis.*	Porcelaines. M. H. 1839, 1844.
2213	*Clément.* Petit-Montrouge, r. Larochefoucault, 41.	Verres, prismes et disques pour l'optique.
2214	*Colville.* Paris, r. des Vinaigriers, 22.	Couleurs et tableaux céramiques. Ⓐ 1839, 1844.
2215	*Constantin.* Paris, r. Hauteville, 87.	Peinture vitrifiée.
2216	*Corbin.* Paris, r. du Faubourg-Saint-Denis, 53.	Porcelaine peinte. M. H. 1844.
2217	*Corderant.* Paris, r. Ste-Avoye, 12.	Cristaux pour le bâtiment. M. H. 1844.
2218	*Cordier.* Paris, r. Saint-Honoré, 275.	Cristaux et porcelaines.
2219	*Dalifol* et *Barré.* Paris, r. Pierre-Levée, 10.	Objets en fonte malléable.
2220	*D'Arx.* Paris, r. de la Roquette, 69.	Vis diverses.
2221	*David.* Paris, r. Neuve de Lappe, 45.	Chandelier en cuivre.
2222	*Dechavanne.* Paris, r. de la République, 1.	Objets de bijouterie et de tabletterie.
2223	*Dehaut.* Paris, r. du Faubourg-Saint-Denis, 148.	Appareils pour eaux gazeuses.
2224	*Dejean.* Paris, r. d'Angoulême-du-Temple, 15.	Châssis en fonte.
2225	*Delacour.* Paris, r. aux Fers. 20.	Objets en fonte. Ⓑ 1844.
2226	*Id.* ibid.	Armes blanches.
2227	*Denière.* Paris, r. d'Orléans (au Marais), 9.	Bronzes. Ⓞ 1827, R. Ⓞ 1834, 1839.
2228	*Déroland.* Paris, r. Ménilmontant, 47.	Limes. C. F. 1839. Ⓑ 1844.
2229	*Desartre.* Paris, r. Charlot, 41.	Plateaux en bronze.
2230	*De Seraincourt.* Paris, r. Richelieu, 63.	Minerais.
2231	*Desfossés* frères. Paris, r. de Bondy, 72.	Porcelaines. M. H. 1839. Ⓑ 1844.
2232	*Désirabode.* Paris, Palais - National, 154.	Instrument pour arracher les dents.
2233	*Desjardins - Fieux.* Paris, passage Sainte-Avoye, 4.	Gravures et estampages.
2234	*Desprats.* Paris, r. d'Enghien, 31.	Bas-reliefs et bustes au repoussoir.
2235	*Desrues.* Paris, r. de la Marche, 12.	Pendules.
2236	*Deyeux et* Ce. Paris, r. Garancière, 7.	Creusets.
2237	*Digard.* Paris, r. de la Ferronnerie, 12.	Serrures.
2238	*Discry.* Paris, pass. du Jeu-de-Boule, 8.	Porcelaines. Ⓞ 1839; R. Ⓞ 1844.
2239	*Dorval.* Paris, r. Feydeau, 14.	Caisses et coffres - forts. Ⓑ 1844.
2240	*Dotin.* Paris, r. Montmorency, 38.	Coupes en émail. Ⓑ 1844.
2241	*Duquesne.* Paris, r. de la Roquette, 90.	Glaces.
2242	*Dupont.* Paris, r. de la Ferronnerie, 13.	Boutons de porte en cristal.

Nos d'ord.	NOMS ET DEMEURES DES EXPOSANTS.	NATURE DES OBJETS EXPOSÉS.
2243	*Durand*. Paris, r. du Bac, 41.	Objets d'orfévrerie. (A) 1834; R. (A) 1839 et 1844.
2244	*Duthy*. Paris, r. du Faubourg-Saint-Martin, 151.	Verreries.
2245	*Du Tramblay*. Paris, r. de Milan, 3.	Objets en porcelaine et en faïence. (B) 1844.
2246	*Duvochel*. Paris, r. Du Petit-Thouars, 23.	Porte-plumes.
2247	*Eveillard*. Belleville, route de Pantin, 3.	Armes blanches.
2248	*Evrard* Paris, cour des Miracles, 6 et 8.	Vitraux peints.
2249	*Fayet*. Paris, r. Neuve-Saint-François, 16.	Instrument dit : *main mécanique*. Grattoir et canif.
2250	*Fayolle*. Paris, gal. Valois, 180.	Croix d'honneur.
2251	*Feldtrappe* (Auguste). Paris, r. du Faubourg-Saint-Denis, 144.	Peintures sur verre. *Voy.* n° 3530.
2252	*Ferrier*. Paris, r. du Faubourg-Saint-Honoré, 72.	Armes à feu.
2253	*Ferry*. Paris, r. de Beaune, 31.	Enduit destiné à préserver les armes de l'oxydation.
2254	*Fetu*. Paris, r. des Gravilliers, 10.	Bronzes.
2255	*Fèvre*. Paris, r. de Normandie, 1.	Objets dorés par l'électro-chimie.
2256	*Fincken* Paris, r. de l'Echiquier, 6.	Glaces, vitres et vitraux.
2257	*Fleury*. Paris, r. des Trois-Couronnes, 32.	Porcelaines.
2258	*Follet* (Armand). Paris, r. des Charbonniers Saint-Michel. 16-18.	Poteries. (B) 1844.
2259	*Follet* (Jean-Baptiste). Paris, r. Ollivier-Saint Georges, 16.	Procédé pour empêcher les chevaux de s'emporter.
2260	*Fontaine*. Paris, r. Montmorency, 3.	Outils pour découper et incruster le bois.
2261	*Frémy*. Paris, r. Beautreillis, 23.	Papiers de verre et d'émeri. (B) 1844.
2262	*Gaillard*. Paris, r. du Faubourg-Saint-Denis, 89.	Porcelaines.
2263	*Gaudizard* Paris, r. Saint-Honoré, 129.	Manches de couteaux.
2264	*Garnaud*. Paris, r. Saint-Germain des-Prés, 9.	Maître-autel en terre cuite.
2265	*Garnier* et Ce. Paris, r. de la Chaussée-d'Antin, 6.	Porcelaines.
2266	*Garnier*. Paris, r. Vieille-du-Temple, 131.	Vases et objets en cuivre doré.
2267	*Gauvain* aîné. Paris, boul. Mont-Parnasse, 47.	Armes à feu. (A) 1844.
2268	*Gérard*. Paris, r. Vaucanson, 4.	Articles de bureau.
2269	*Gernelle*, Paris, r. de l'Arbalète, 13.	Ouvrages en perles.

Nos d'ord.	NOMS ET DEMEURES DES EXPOSANTS.	NATURE DES OBJETS EXPOSÉS.
2270	*Gevelot* et *Lemaire*. Paris, r. Notre-Dame-des-Victoires, 30.	Amorces pour armes à feu (B) 1839 et 1844.
2271	*Giroux* et Ce. Paris, r. du Coq-Saint-Honoré, 7.	Bronzes et objets d'art. (A) 1834; R. (A) 1839.
2272	*Glaçon*. Paris, r. Marie-Stuart, 19.	Modèle de jalousies.
2273	*Godard*. Paris, r. Saint-Jacques, 2.	Planches en cuivre et en acier pour la gravure.
2274	*Godeau*. Paris, boul. du Temple, 26.	Mousqueton.
2275	*Gosse*. Paris, r. Jean-Jacques-Rousseau, 16.	Porcelaines.
2276	*Gosselin*. Paris, r. de Chaillot, 3.	Objets d'art.
2277	*Gouffé*. Paris, r. du Faubourg-Saint-Honoré, 225.	Clous à ferrer les chevaux.
2278	*Gréer*. Paris, r. Saint-Martin, 193.	Perles fausses. M. H. 1839 (B) 1844.
2279	*Grenon*. Paris, r. du Faubourg-Saint-Martin, 51.	Porcelaines dorées.
2280	*Grignon*. Paris, r. d'Anjou (Marais), 13.	Bronzes.
2281	*Grisard*. Paris, r. des Noyers, 54.	Outils pour la papeterie.
2282	*Grondard* frères. Paris, r. Jean-Robert, 17.	Tubes, moufle à engrenage et châssis à tabatière. (B) 1834, R. (B) 1839 et 1844.
2283	*Gsell*, *Laurent* et Ce. Paris, r. Saint-Sébastien, 21.	Vitraux.
2284	*Guenaut*. Paris, r. de la Roquette, 31	Poteries. M. H. 1844.
2285	*Hache* et *Pépin-Lehalleur*. Paris, r. Paradis-Poissonnière, 24.	Porcelaines. (A) 1844.
2286	*Halberg*. Paris, r. Montmorency, 38.	Perles. M. H. 1844.
2287	*Havé*. Paris, r. Neuve-Saint-Paul, 10.	Ferme persienne. (B) 1844.
2288	*Hébert*. Paris, r. Aubry-le-Boucher, 6.	Instruments pour la coiffure.
2289	*Hesty*. Paris, r. Hauteville, 20.	Vases pour eaux gazeuses.
2290	*Heringer* et Ce. Paris, r. Vieille-du-Temple, 40.	Miroir.
2291	*Hildebrand*. Paris, r. Saint-Martin, 202.	Cloches accordées, carillon, cymbales et tam tam; (B) 1823, 1827, 1834, 1839 et 1844.
2292	*Honoré*. Paris, boul. Poissonnière, 6.	Porcelaines. (B) 1834; R. (B) 1839; (A) 1844.
2293	*Kons*. Paris, r. Saint-Maur-Popincourt, 94.	Toiles métalliques.
2294	*Houssay* frères. Paris, pl. des Vosges, 26.	Vis diverses.
2295	*Renneberg* et Cie.. Montrouge, route d'Orléans, 113.	Objets en terre cuite.

N°s d'ord.	NOMS ET DEMEURES DES EXPOSANTS.	NATURE DES OBJETS EXPOSÉS.
2296	*Husson*. Paris, r. des Fontaines-du-Temple, 18.	Perles en cuivre doré; dés en acier. C. F. 1839; M. H. 1844.
2297	*Jacquet* (Veuve). Paris, r. Richelieu, 71.	Cristaux. Ⓐ 1844.
2298	*Joly*. Paris, r. du Marché-Neuf, 48.	Cristaux.
2299	*Jordery*. Paris, r. Thévenot, 12.	Instrument pour retourner la salade.
2300	*Jouhanneaud* et *Dubois*. Paris, r. de l'Entrepôt, 5.	Porcelaines.
2301	*Julienne*. Paris, r. du Bac, 50.	Porcelaines et cristaux. M. H. 1834, 1839 et 1844.
2302	*Kraintz* et Cie. Grenelle, r. Saint-Louis, 4 *bis*.	Objets d'orfévrerie.
2303	*Labat*. Paris, r. Saint-Quentin, 17.	Boucles, agrafes, boutons et plaques.
2304	*Laboulbène*. Paris, r. Sainte-Anne, 5.	Fourreaux.
2305	*Lachassagne*. Paris, r. Meslay, 35.	Porcelaines.
2306	*Lahoche*. Paris, Palais-National, 162.	Porcelaines et cristaux.
2307	*Landrieux*. Paris, r. Vieille-du-Temple, 80.	Coffres-forts.
2308	*Langevin*. Paris, r. Phelippeaux, 11.	Dorure sur métaux. Ⓗ 1839.
2309	*Larrivé*. Paris, r. des Petits-Champs-Saint-Martin, 2.	Boutons en métal. M. H. 1844.
2310	*Launay*, *Hautin* et Cie. Paris, r. de Paradis-Poissonnière, 30.	Cristaux peints. Ⓐ 1844.
2311	*Lavoux* (aveugle). Paris, r. de Charenton, 38.	Outils à l'usage des aveugles. M. H. 1844.
2312	*Léauté*. Paris, r. Bellefond, 19.	Châssis à tabatière et moulures en fer.
2313	*Lebrun*. Paris, quai des Orfévres, 40.	Piéres d'argenterie. Ⓐ 1823 et 1827; R. Ⓐ 1834 et 1839; Ⓞ 1844.
2314	*Ledreney*. Paris, r. de la Michodière, 21.	Miroirs.
2315	*Ledreney-Ledentu*. Paris, r. de la Michodière, 21.	Glaces et miroirs.
2316	*Lefèvre*. Paris, r Soufflot, 19.	Chauffe-pieds en bronze et boîtes de pendules en cuivre.
2317	*Legardeur*. Belleville, r. Delaître, 7.	Limes.
2318	*Leguay*. Paris, r. Richelieu, 7.	Boutons de métal.
2319	*Lemaître*. La Chapelle-Saint-Denis.	Objets en tôle; appareils mécaniques. Ⓞ 1844.
2320	*Lemesle*. Paris, r. des Fontaines-du-Temple, 9.	Boutons de métal.
2321	*Léonard*. Paris, r. Saint-Martin, 15.	Lits en fer.
2322	*Le Paul*. Paris, r. de la Paix, 2.	Coffres-forts et serrures. Ⓑ 1827; R. Ⓑ 1834 et 1839; Ⓐ 1844.

Nos d'ord.	NOMS ET DEMEURES DES EXPOSANTS.	NATURE DES OBJETS EXPOSÉS.
2323	*Leperche*. Nanterre, r. de Reuil.	Modèle de télégraphe.
2324	*Lesgent*. Paris, r. Bourg-l'Abbé, 32.	Couverts d'étain. M. H. 1844.
2325	*Letourneau*. Paris, r. Michel-le-Comte, 33.	Boutons.
2326	*Lierman*. Paris, r. Saint-Antoine, 35.	Porcelaines et cristaux.
2327	*Lüer*. Paris, r. et pl. de l'Ecole-de-Médecine, 3 et 19.	Instruments de chirurgie.
2328	*Maës*. Clichy-la-Garenne.	Cristaux. Ⓐ 1844.
2329	*Marquis*. Paris, r. des Amandiers-Popincourt, 6.	Verrières. Ⓑ 1844.
2330	*Masson* (Auguste). Paris, r. de l'Union, 53.	Portraits repoussés.
2331	*Masson* (Jean). Paris, Palais-National, 117.	Bijoux en imitation.
2332	*Mathieu*. Paris, r. des Poitevins, 7.	Instruments de chirurgie.
2333	*Mauny* et Ce. Paris, r. Copeau, 49.	Ustensiles de chimie.
2334	*Mayer*. Paris, r. des Marais, 50 bis.	Porcelaines peintes.
2335	*Mayet*. Paris, pl. Maubert, 1.	Objets de coutellerie. C.F. 1844.
2336	*Melfrederque*. Paris, r. de la Pépinière, 23.	Objets en tôle vernie. C.F. 1844.
2337	*Michault*. Paris, r. Sainte-Marguerite-Saint-Germain, 34.	Fleurets.
2338	*Miguet*. Paris, R. Molay, 2.	Objets de bijouterie.
2339	*Miroy*. Paris, r. d'Angoulême-du-Temple, 10.	Objets en tôle vernie.
2340	*Mojon*. Paris, r. Neuve-Saint-Martin, 9.	Bijoux.
2341	*Montagnac* et Ce. Paris, r. de Paradis-Poissonnière, 26.	Toiles métalliques. M. H. 1839
2342	*Montagnac* (Jean). Paris, r. du Temple, 63.	Pièces en métal argenté.
2343	*Mourey*. Paris, r. du Temple, 63.	Objets de bijouterie; Ⓑ 1839; Ⓐ 1844.
2344	*Nocus*. Saint-Mandé, r. du Rendez-Vous, 1.	Emaux et cristaux. Ⓑ 1844.
2345	*Noël*. Paris, r. du Temple, 101.	Yeux d'émail. Ⓑ 1834; R. Ⓑ 1839, 1844.
2346	*Ozouf*. Paris, r. de Chabrol, 28.	Appareils pour eaux gazeuses.
2347	*Paillard*. Paris, r. du Grand-Chantier, 16.	Miroiterie sur zinc et cuivre.
2348	*Parisot* et Cie. Paris, r. du Faubourg-du Temple, 7.	Régulateurs, robinets et becs gaz. M. H. 1844.
2349	*Parisot*. Paris, r. Richelieu, 113.	Objets de coutellerie Ⓑ 1827; R. Ⓑ 1834; Ⓑ 1844.
2350	*Parod*. Prés-St-Gervais, r. Plâtrière, 20.	Outils pour la gravure. M. H. 1839, 1844.
2351	*Passerieux*. Paris, r. des Vinaigriers, 25.	Appareils acoustiques. M. H. 1839, 1844.

N°s d'ord.	NOMS ET DEMEURES DES EXPOSANTS.	NATURE DES OBJETS EXPOSÉS.
2352	*Payen*. Paris, r. Folie-Méricourt, 30.	Creusets et fourneaux.
2353	*Penant*. Paris, r. de l'Arbre-Sec, 60.	Cafetières en verre et en porcelaine.
2354	*Perin-Lepage*. Paris, r. Notre-Dame-de-Lorette, 15.	Armes à feu. Ⓑ 1834; R. Ⓑ 1839, 1844.
2355	*Petibon*. Paris, r. du Port-Royal, 14.	Caractères d'imprimerie, Ⓑ 1844.
2356	*Petit*. Paris, r. des Fossés-du-Temple, 68.	Objets en porcelaine.
2357	*Petit (Jacob)*. Paris, r. de Bondy, 26.	Porcelaines.
2358	*Petry*. Paris, r. Pigale, 7.	Bronzes et porcelaines dorées.
2359	*Pichonnier*. Paris, r. Aumaire, 36.	Instrument dit taille-légumes.
2360	*Pidaud*. Gentilly, r. d'Ivry, 11.	Fusils Ⓑ 1844.
2361	*Pilloud*. Paris, r. Vieille-du-Temple, 44.	Ornements en cuivre.
2362	*Plumier*. Paris, r. Vivienne, 36.	Plaques argentées pour le daguerréotype.
2363	*Porteret*. Paris, r. de Hanôvre, 8.	Ornements pour ameublement.
2364	*Pouget*. Paris, r. Samson, 5.	Colle de poisson.
2365	*Pourier*, Paris, r. de Grenelle-Saint-Germain, 156.	Pierres à rasoirs.
2366	*Prelat*. Paris, r. Saint-Honoré, 343.	Armes à feu. Ⓑ 1823; R. Ⓑ 1827, 1834; Ⓑ 1844.
2367	*Proyet*. Paris, r. du Temple, 21.	Pièces en métal argenté.
2368	*Quillet* dit *Noël* fils. Paris, r. Vendôme, 9.	Porcelaines et bronzes.
2369	*Radiguet* et fils. Paris, r. des Filles-du-Calvaire, 17.	Glaces pour l'optique. Ⓑ 1844.
2370	*Regnier*. Paris, r. de Chartres-Saint-Honoré 19.	Fusils.
2371	*Rémy*. Paris, r. de la Paix, 6.	Gravures de camées.
2372	*Renard*. Paris, r. du Temple, 71.	Objets de serrurerie. C. F. 1844.
2373	*Renaud*. Paris, r. Montmorency, 18.	Objets de bijouterie.
2374	*Renaux*. Paris, r. Neuve-Popincourt, 2.	Modelures pour la fonte.
2375	*Reynaud-Chapelain* (Mme). Paris, passage Basfour, 13.	Objets de bijouterie.
2376	*Reynier*. Paris, r. du Vieux-Colombier, 19.	Appareil et moules en zinc pour la fonte des rouleaux d'imprimerie.
2377	*Richon*. Paris, r. de Chaillot, 47.	Bois de fusil.
2378	*Robert*. La Villette, r. de la Marne, 26.	Lingots de cuivre et d'étain. M. H. 1844.
2379	*Robin*. Paris, r. Grenetat, 32.	Timbres-sonnettes; presse hydraulique.
2380		
2381	*Rosier*. Paris, r. Saint-Honoré, 223.	Planches en fer et en bois.
	Rosselet. Paris, r. du Faubourg-Saint-Honoré, 26.	Procédé pour revivifier les dorures et argentures. M. H. 1844.

Nos d'ord.	NOMS ET DEMEURES DES EXPOSANTS.	NATURE DES OBJETS EXPOSÉS.
2382	*Roswag* et fils. Paris, r. Saint-Denis, 321.	Toiles métalliques. (A) 1806; (O) 1823; R. (O) 1827, 1834, 1839, 1844, *Voy.* n° 3217.
2383	*Rouvenat-Christofle*. Paris, r. de Bondy, 52.	Objets de bijouterie.
2384	*Roux* et *Fortin*. Paris, r. d'Anjou, 21, Marais.	Miroirs.
2385	*Roze*. Paris, r. Chapon, 15.	Objets en doublé argent.
2386	*Salmon*. Saint-Ouen.	Poteries de grès et de terre rouge.
2387	*Samson*. Paris, r. Grange-aux-Belles, 17.	Porcelaines dorées et peintes.
2388	*Savarin*. Paris, r. Saint-Honoré, 66.	Peintures sur porcelaine.
2389	*Serrin*. Paris, r. Transnonain, 39.	Outil pour travailler les pierres à bâtir.
2390	*Spiquel et Cie*. Paris, r. Saint-Honoré, 164.	Epaulettes, galons, sabres et épées.
2391	*Sonnois*. Paris, r. Saint-Jacques, 54.	Couverts en métal dit *argent anglais*.
2392	*Souchet*. Paris, r. de Charenton, 61.	Serrures.
2393	*Taborin*. Paris, r. Amelot, 52.	Limes. (B) 1844.
2394	*Talmours*. Paris, r. Popincourt, 68.	Porcelaines. (O) 1839; R. (O) 1844.
2395	*Templier*. Paris, r. du Faubourg-Montmartre, 25	Lettres en porcelaine.
2396	*Thibaud*. Paris, r. Guénégaud, 11.	Vitraux.
2397	*Thierry*. Paris. r. Thiroux, 8.	Objets de coutellerie,
2398	*Thomas*. Batignolles, boulevard Monceaux, 33.	Bouteilles dites *économiques*.
2399	*Thomas* (André). Paris, r. Saint-Martin, 63.	Etalages en cuivre.
2400	*Thomas* (Benoît). Paris, r. Saint-Jacques, 176.	Cafetières et lampes à vapeur.
2401	*Tillet*. Paris, r. des Fourneaux, 21.	Briques et tuiles.
2402	*Tinet*. Paris, r. du Bac, 37.	Porcelaines.
2403	*Tourneur*. Paris, r. Phelippeaux, 28.	Outils.
2404	*Truchy*. Paris, r. du Petit-Lion-Saint-Sauveur, 18.	Montre plate. (B) 1839; (A) 1844.
2405	*Ullmann*. Paris, r. de Bondy, 76.	Gravures sur vitraux.
2406	*Valès*. Paris, r. Saint-Martin, 161.	Perles fausses. M. H. 1834; (A) 1839, 1844.
2407	*Valette*. Paris, r. de la Croix, 23.	Boutons et autres objets émaillés.
2408		
2409	*Vantroys*. Paris, r. Saint-Denis, 380.	Lettres en relief.
	Vautier. Paris, r. du Temple, 57.	Bijoux d'acier (B) 1839; R. (B) 1844.
2410		
	Vincent. Paris, r. Neuve-Saint-François, 14, Marais.	Objets en imitation d'ivoire. (B) 1844.

Nos d'ord.	NOMS ET DEMEURES DES EXPOSANTS.	NATURE DES OBJETS EXPOSÉS.
2411	*Vion*. Paris, r. de Bondy, 7.	Pièces de porcelaine ; plaques pour meubles. M. H. 1839.
2412	*Voizot*. Paris, r. Bourg-l'Abbé, 34.	Perles, bijoux et boutons d'acier poli.
2413	*Beau* (Mme). Paris, r. Montmartre, 158.	Appareil de copiste.
2414	*Archereau*. Paris, r. des Deux-Ecus, 40.	Appareil d'éclairage électrique.
2415	*Armond-Clerc*. Paris, r. Saint-Maur, 128.	Tour et outils. (B) 1827 ; C. F. 1834 ; M. H. 1839 ; (B) 1844.
2416	*Auger*. Paris, r. Montmartre, 177.	Objets en bronze.
2417	*Baillon*. Paris, r. Saint-Antoine, 46.	Vernis.
2418	*Balan*. Paris, r. Mauconseil, 25.	Modèles de murs creux en plâtre et plâtras.
2419	*Baudot*. Paris, r. Charonne, 23.	Machine à scier le bois.
2420	*Baudon*. Paris, r. du Faubourg-Saint-Martin, 51.	Fourneaux et calorifères.
2421	*Béchu*. Paris, r. Saint-Antoine-Popincourt, 10.	Modèles de moulin à plâtre, tan et autres matières.
2422	*Bérard et* Cie. Paris, r. Saint-Sébastien, 19.	Objets en marbre.
2423	*Beslay*. Paris, r. Neuve-Popincourt, 17.	Chaussons de tresse.
2424	*Blanchin*. Paris, quai Valmy, 125.	Mécaniques à lacets. (B) 1834, 1839.
2425	*Blanck* frères. Paris, r. de l'Arcade, 28.	Coupé.
2426	*Blouet*. Paris, r. Saint-Antoine, 181.	Objets de boisellerie.
2427	*Bocquet*. Paris, r. du Temple, 203.	Chronomètres, réveils et montres. (B) 1844.
2428	*Bollotte*. Paris, r. Vivienne, 33.	Bronzes.
2429	*Bossi*. Paris, r. Sainte-Hyacinthe-Saint-Michel, 27.	Table en marbre mosaïque.
2430	*Bousseroux*. Paris, r. Mandar, 5.	Calorifères et fourneau. C. F. 1839, M. H. 1844.
2431	*Brisset* père. Paris, r. Saint-Jacques, 169.	Coupoir, presse et timbre sec. M. H. 1834, 1839 ; (B) 1844.
2432	*Britz*. Belleville, r. Ménilmontant, 60.	Tours de précision. (B) 1844.
2433	*Brunet*. Paris, r. de la Ferronnerie, 4.	Bronzes.
2434	*Bult*. Paris, r. du Buisson-Saint-Louis, 16.	Machine à fabriquer des clous d'épingles.
2435	*Calla*. Paris, r. du Faubourg-Poissonnière, 100.	Machines, tours et objets en fonte. C. F. 1827 ; (O) 1839, 1844.
2436	*Carillion*. Paris, r. Neuve-Popincourt, 8.	Machine à dresser les glaces. (A) 1844.
2437	*Chaix*. Paris, r. Bergère, 20.	Objets d'imprimerie. M. H. 1844.
2438	*Chaleyer*. Paris, r. du Roi-de-Sicile, 24.	Balancier, découpoir et cisaille.
2439	*Chamard*. Paris, avenue de Neuilly, 203.	Pompes.

Nos d'ord.	NOMS ET DEMEURES DES EXPOSANTS.	NATURE DES OBJETS EXPOSÉS.
2440	*Chamouillet*. Paris, r. de Cléry, 22.	Miroirs et glaces.
2441	*Charpentier* fils. Paris, r. de la Ferronnerie, 10 et 12.	Ponts à bascule et balances. Ⓐ 1844.
2442	*Chaussenot* aîné. Paris, r. Paradis-Poissonnière, 49.	Appareils de sûreté et de salubrité. Ⓐ 1844.
2443	*Chaussenot* (Jacques-Bernard). Paris, r. de Chaillot, 97.	Calorifères. Ⓐ 1839, 1844.
2444	*Chaventré*. Paris, r. Saint-Denis, 254.	Objets en métal blanc et poterie d'étain.
2445	*Charnod*. Paris, r. du Faubourg-Saint-Honoré, 217.	Fontaine en bronze et urinoir en fonte.
2446	*Chevillot*. Paris, rond-point des Champs-Elysées, 14.	Voiture de parc.
2447	*Choquart*. Paris, r. Saint-Honoré, 259.	Chocolats.
2448	*Coade*. Paris, quai Jemmapes, 232.	Scierie à chariot circulaire. Ⓑ 1834; M. H. 1839.
2449	*Saint-Quirin*, *Cirey* et *Montherme* (Société des manufactures de glaces et verres de). Entrepôt à Paris, r. Saint-Denis, 313.	Glaces. Ⓐ 1819; R. Ⓐ. 1823, 1827; Ⓞ 1834, 1839, 1844.
2450	*Contenot* (Veuve), Paris, r. de la Pépinière, 10.	Moulin à plâtre.
2451	*Corlieu*. Paris, quai du Marché-Neuf, 24.	Fontaine et objets de poterie d'étain.
2452	*Courtois*. Paris, r. Saint-Lazare, 148.	Modèles de couvertures. M. H. 1844.
2453	*Cottan* et Cie. Paris, r. J.-J.-Rousseau, 5.	Articles de parfumerie.
2454	*Crépatte*. Paris, r. Saint - Sébastien, 16.	Pendule en marbre.
2455	*Danguy*. Paris, r. de la Bruyère, 13.	Machine à vapeur et tour.
2456	*Dautry* et Cie. Paris, r. de Charonne, 74.	Machine doubleuse et bobineuse.
2457	*Davenne*. Paris, impasse Saint-Sébastien, 8, 10.	Moulins à plâtre.
2458	*Debruel*. Paris, r. du Faubourg-Montmartre, 8.	Croisée peinte.
2459	*Decourt*. Paris, passage Choiseul, 30.	Lampes et lustres de bronze. M. H. 1844.
2460	*Dedé*. Paris, Cité-Jussieu, 9.	Vernis et huiles.
2461	*Delaforge*. Paris, r. de Pontoise, 16.	Soufflets de forges et forge portative. M. H. 1827; Ⓑ 1834, 1844.
2462	*Delamarre*. Paris, r. de l'Hôtel-Colbert, 12.	Machine à couper le papier.
2463	*Delarivière*. Paris, r. Notre-Dame-des-Victoires, 46.	Garde-robes.

Nos d'ord.	NOMS ET DEMEURES DES EXPOSANTS.	NATURE DES OBJETS EXPOSÉS.
2464	*Delépine*. Paris, boulevard Bonne-Nouvelle, 11.	Chronomètre, pendule et échappements. Ⓐ 1844.
2465	*Deluil*. Paris, r. du Pont-de-Lodi, 8.	Instruments de physique. M. H 1837; Ⓑ 1834; Ⓐ 1839, 1844.
2466	*Dépassio*. Suresne (Seine).	Appareil de fosses inodores.
2467	*Descartes*. Paris, r. du Vingt-Neuf Juillet, 6.	Meubles en fer.
2468	*Desfontaines*. Paris, Palais-National, 13 et 15.	Pendules et montres. M. H. 1823; Ⓑ 1834; Ⓐ 1839; R Ⓐ 1844. (Leroy, prédécesseur)
2469	*Deyrolle*. Paris, r. de la Monnaie, 19.	Animaux empaillés.
2470	*D'Huicques*. Paris., r. des Fossés-St-Germain-l'Auxerrois, 26.	Semoir. *Voy.* nº 1645.
2471	*Dobbé* frères. Paris, r. du Temple, 56.	Bijouterie en doublé.
2472	*Brouard*. Paris, r. des Vieux-Augustins, 57.	Couleurs, vernis et cirages.
2473	*Institut national des Jeunes-Aveugles*. Paris, boulevard de l'Hôpital.	Objets fabriqués par les jeunes aveugles.
2474	*Duméry*. Paris, r. des Petites-Ecuries, 45.	Machines pour fabriquer les chaussures.
2475	*Dupuis*. Paris, Petite-rue-Saint-Pierre-Amelot.	Cheminées en marbre.
2476	*Dutartre*. Paris, avenue de Saxe, 24.	Machines à imprimer. Ⓐ 1839, 1844.
2477	*Duvoir-Leblanc*. Paris, r. Notre-Dame-des-Champs 38.	Poêles et calorifères. Ⓐ 1839; Ⓞ 1844.
2478	*Enfer*. Paris, r. de Malte, 52.	Table d'émailleur, forges, soufflet et ventilateur. C. F. 1834; M. H. 1839; Ⓑ 1844.
2479	*Ernie*. Paris, r. du Bac, 71.	Porcelaines et bronzes.
2480	*Fayet-Baron*. Paris, r. Saint-Honoré, 269.	Serrures.
2481	*Ferry*. Paris, r. Saint-Jacques, 29.	Machine à couper le papier; presse à rogner.
2482	*Fleschelle*. Paris, r. Neuve-Saint-Martin, 23.	Pétrin mécanique.
2483	*Fortin-Hermann*. Paris, r. de Charonne, 90.	Instruments de précision.
2484	*Fournet*. Paris, r. du Faubourg-Saint-Martin, 240.	Machine à nettoyer les grains.
2485	*Frank*. Paris, galerie Colbert, 23.	Pianos.
2486	*Frèche*. Paris, quai de Valmy, 145.	Voiture balance, mesures de capacité et moteur. C. F. 1839.

Nos d'ord.	NOMS ET DEMEURES DES EXPOSANTS.	NATURE DES OBJETS EXPOSÉS.
2487	*Fréminet*. Paris. r. Grange-aux-Belles, 63.	Cylindres.
2488	*Gaveaux*. Paris, r. Traverse-Saint-Germain, 15.	Machines typographiques. Ⓐ 1834; R. Ⓐ 1839, 1844.
2489	*Geneste*. Paris, r. Amelot, 53.	Machines et outils, Ⓑ 1844.
2490	*George* (Jacques). Paris, r. Papillon, 10.	Pressoir à vin et à cidre.
2491	*George* (Joseph). Paris, r. Papillon, 10.	Noria et machine à levier.
2492	*Gille* dit *Lainé*. Paris, boulevard des Italiens, 7.	Pianos.
2493	*Gillimann* et *Alauzet*. Paris, boulevard Mont-Parnase, 35.	Machines typographiques.
2494	*Girard*. Paris, r. d'Enghien, 40.	Machines hydrauliques.
2495	*Gueuvin*, *Bouchon* et Cie. Paris, r. Richelieu, 47.	Meules à moulin. Ⓐ 1844.
2496	*Goispard*. Paris, r. Bayard, 22.	Caisse de voiture et outils.
2497	*Grandhomme*. Paris, r. de Périgueux, (Marais), 1.	Appareils pour eau gazeuse, microscopes et fermetures de portefeuilles.
2498	*Grillet*. Paris, Chaussée-d'Antin, 77 *bis*.	Machines pour reproduire les dessins. Ⓑ 1844.
2499	*Guérin*. Paris, marché d'Aguesseau, 12.	Pompes à incendie. Ⓐ 1839; R. Ⓐ 1844.
2500	*Guillaume*. Paris, r. des Vieux-Augustins, 56.	Presses et machine à graver. M. H. 1834; Ⓑ 1844.
2501	*Hautefeuille*. Batignolles, r. Saint-Etienne, 23.	Modèle de machine à vapeur.
2502	*Hériot*. Paris, r. Saint-Honoré, 361.	Farines alimentaires.
2503	*Hermann*. Paris, r. de Charenton, 102.	Machines. Ⓐ 1834; R. Ⓐ 1839, 1844.
2504	*Hesselbein*. Paris, r. Vivienne, 24.	Pianos, Ⓑ 1844.
2505	*Hoffman*. Paris, r. des Enfants-Rouges, 4.	Tableau d'horlogerie.
2506	*Hubert*. Paris, r. de Thorigny, 6.	Lustres et appareils pour le gaz.
2507	*Huguet*. Paris, rue Corbeau, 28.	Mécanique Jacquart.
2508	*Huret*. Paris, boulevard des Italiens, 2.	Meubles en fer, machine à percer et filières. Ⓐ 1819; R. Ⓐ 1823. 1827, 1839, 1844.
2509	*Klemm*. Belleville, r. de Paris, 9.	Machine à raboter les métaux. Ⓑ 1839.
2510	*Jaquet*. Paris, r. des Amandiers-Popincourt, 4.	Pompe, réservoir et robinets.
2511	*Jeannin*. Paris, r. de l'Ecole-de-Médecine, 81.	Scierie de bois à brûler.
2512	*Labbé*. Vaugirard, r. de Sèvres, 34.	Machines.

Nos d'ord.	NOMS ET DEMEURES DES EXPOSANTS.	NATURE DES OBJETS EXPOSÉS.
2513	*Laburthe*. Paris, Faubourg-Saint-Denis, 14.	Billard.
2514	*Lacarrière*. Paris, r. Saint-Elisabeth, 3 *bis*.	Bronzes pour éclairage au gaz et pour bâtiments et devantures. M. H. 1834, 1839 ; Ⓐ 1844.
2515	*Lafosse*. Paris, r. de Vaugirard, 69.	Objets en fonte.
2516	*Laignel*. Paris, r. de la Harpe, 13.	Chariots pour chemins de fer. Ⓐ1834, 1839, 1844.
2517	*Lamare-Picquot*. Paris, r. de la Poterie-Saint-Honoré, 27.	Echantillons de picquotiane.
2518	*Larivière*. Paris, r. Montholon, 25.	Régulateurs à air.
2519	*Lebrun* jeune. Par., boul. du Templ. 9.	Cheminées en marbre.
2520	*Lefèvre*. Paris, quai Malaquais, 19, 21.	Préparations zoologiques.
2521	*Legrand*. Paris, r. Saint-Honoré, 319.	Articles de parfumerie.
2522	*Lenôtre*. Paris, r. de Jarente, 6.	Appareils pour eaux gazeuses.
2523	*Henry-Lepaute*. Paris, r. Saint-Honoré, 274.	Horloges, régulateurs, appareils lenticulaires et lentilles. Ⓐ1819 ; R. Ⓐ 1823, 1824 ; Ⓞ 1844.
2524	*Lespinasse*. Paris, r. de Sèvres, 76.	Modèle de four à cuire le pain. Ⓑ 1839.
2525	*Letellier*. Paris, r. Culture-Sainte-Catherine, 54.	Vis d'Archimède à air comprimé.
2526	*Letillois*. Paris, r. des Noyers, 47.	Vernis.
2527	*Létourneau* et Cie. Paris, Allée-des-Veuves, Cité-Soleil, 37.	Phares lenticulaires.
2528	*Mailles*. Paris, r. Saint-Honoré, 84.	Objets de coutellerie. Ⓑ 1834 ; Ⓐ 1839 ; R. Ⓐ 1844. (Sabatier, prédécesseur.)
2529	*De Mannoury d'Eclot*. *Voyez* Duhet, n. 1884.	
2530	*Marcerou*. Paris, r. Montmartre, 136.	Cirage.
2531	*Marguery*. Paris. r. des Cannettes, 18.	Mécanique à canneler et percer les aiguilles.
2532	*Marquis*. Paris, r. Chapon, 23.	Bronzes. Ⓑ 1844.
2533	*Mary*. Paris, r. Saint-Maur, 17.	Mécaniques Jacquart. C. F. 1844
2534	*Mercier*. Paris, boulevard Bonne-Nouvelle, 31.	Pianos. Ⓑ. 1839 ; Ⓐ 1844.
2535	*Meunier*. Paris, r. Neuve-Clichy, 6.	Canot de sauvetage.
2536	*Millange*. Paris, r. du Val-Sainte-Catherine, 7.	Filtre et alambic.
2537	*Mirouflle*. Paris, avenue de Fontainebleau, 22 *ter*.	Meubles découpés à la mécanique.
2538	*Montillier*. Paris, r. Pierre-Levée, 10 *bis*.	Presses à copier, pressoir et machines à percer.
2539	*Moriac*. Paris, r. Frépillon, 22.	Jardinière et lampes.

Nos d'ord.	NOMS ET DEMEURES DES EXPOSANTS.	NATURE DES OBJETS EXPOSÉS.
2540	*Moussard*. Paris, passage Joinville, 7 et 9.	Forge, condensateur, régulateur et valet de menuisier. C. F. 1844.
2541	*Moyne*. Paris, r. de Paradis-Poissonnière, 5.	Appareils en tôle.
2542	*Murard*. Paris, r. de Buffault, 22.	Appareil pour le conditionnement des soies.
2543	*Odiot*. Paris, r. Basse-du-Rempart, 26	Services de table et pièces de décor. Ⓞ 1806, 1819; R. Ⓞ 1823, 1827, 1834, 1844.
2544	*Pastier*. Paris, boul. Saint-Denis, 6.	Billards.
2545	*Payerne*. Paris, r. des Petites-Écuries, 51.	Bateau sous-marin.
2546	*Pecqueur*. Paris, r. Neuve-Popincourt, 11.	Machines. Ⓐ 1819; Ⓞ 1823; Ⓐ 1834; R. Ⓞ 1839, 1844.
2547	*Peigne*. Paris, r. de la République, 13	Machine pour calciner le noir animal; terrine à sucre candi; bassines pour évaporer les liquides.
2548	*Pelletier*. Paris, r. Saint-Denis, 71.	Moulin à broyer le cacao, et machine à mouler le chocolat. Ⓐ 1839.
2549	*Perreaux*. Paris, r. Monsieur-le-Prince, 14.	Machines.
2550	*Petiteau*. Paris, boul. Montmartre, 9.	Pièces de bijouterie et de joaillerie.
2551	*Petyt*. Paris, r. Neuve-Saint-Nicolas-Saint-Martin, 52.	Machines.
2552	*Pharaut*. Paris, r. du Faubourg-du-Temple, 93	Cafetières à pompe.
2553	*Philippe*. Paris, r. de Lappe, 44.	Tas, bigorne et cisailles.
2554	*Pladis*. Paris, Petite Rue du Bac, 15.	Machine à cintrer les roues.
2555	*Poitevin*. Paris, r. Ménilmontant, 23.	Métier circulaire.
2556	*Pommier*. Paris, r. Neuve-Coquenard, 22 *bis*.	Vernis.
2557	*Pons*. Paris, r. du Cherche-Midi, 73.	Machine à battre le blé.
2558	*Pottier*. Paris, r. Bourg-l'Abbé, 31.	Affiloirs.
2559	*Poulain*. Paris, pl. Lafayette, 3.	Modèle de couverture en ardoises.
2560	*Raingoa* frères. Paris, r. Saintonge, 11.	Bronzes. Ⓑ 1844.
2561	*Rebour*. Batignolles, r. de la Paix, 14 *ter*.	Système d'enrayage.
2562	*Reymondon* (Jean). Paris, r. Saint-Sauveur, 18.	Dynamomètres. Ⓐ 1839; R. Ⓐ 1844.
2563	*Reymondon* (Jean-Isaac). Paris, r. du Faubourg-Saint-Martin, 84.	Machine à retordre et racler la laine; métier à bobiner la soie.

N^os d'ord.	NOMS ET DEMEURES DES EXPOSANTS.	NATURE DES OBJETS EXPOSÉS.
2564	*Robinot*. Paris, r. Vieille-du-Temple, 82.	Mécanique à piquer les dessins de broderie.
2565	*Rabouin*. Paris, r. Mazagran, 10.	Appareil aérostatique et hydrostatique.
2566	*Rocle*. Paris, boul. Beaumarchais, 55.	Cheminées en marbre. Ⓑ 1834, 1844.
2567	*Roland*. Paris, r. Ménilmontant, 33.	Cheminées en marbre.
2568	*Rottée*. Paris, r. et imp. Popincourt, 30.	Métiers, machine à fileter, tours et tambour. Ⓑ 1834.
2569	*Rousselot*. Paris, q. Valmy, 109.	Métiers pour la bonneterie.
2570	*Rouyer*. Paris, r. Fontaine-au-Roi, 3.	Modèle d'ateliers d'orfévrerie et service en petit.
2571	*Ruff*. Paris, r. Fontaine-Saint-Georges, 35.	Machine à plier et métrer les étoffes.
2572	*Saint-Charles* et Ce. Paris, r. Furstenberg.	Buanderies.
2573	*Saint-Étienne* père et fils. Paris, r. des Ursulines, 16.	Machine à extraire la fécule, l'amidon et le gluten; échantillons de ces produits. Ⓑ 1834, 1839; Ⓐ 1844.
2574	*Salomon*. Paris, r. Neuve-Saint-Eustache, 32.	Papier et encre de sûreté.
2575	*Savaresse*. Paris, r. des Marais-Saint-Martin, 36.	Appareils pour eaux minérales et liquides gazeux. Ⓐ 1844.
2576	*Schoen*. Paris, r. Basse du Rempart, 46.	Pianos. Ⓑ 1839; Ⓐ 1844.
2577	*Séguier*. Paris, r. Garancière, 13.	Navire à vapeur, poulies métalliques pour la marine et balance monétaire.
2578	*Séguin*. Paris, r. d'Assas, 12.	Objets en marbre. Ⓐ 1844.
2579	*Silacée*. Paris, r. Notre-Dame-de-Nazareth, 27.	Cheminée et grillage.
2580	*Soleil*. Paris, r. de l'Odéon, 35.	Appareils d'optique. M. H. 1839; Ⓐ 1844.
2581	*Sorel*. Paris, r. de Lancry, 6.	Appareils de chauffage. M. H. 1834.
2582	*Steinnetz*. Paris, r. Saint-Jacques, 102.	Balancier à vapeur, presse et fermoirs.
2583	*Susse* frères. Paris, r. Ménilmontant, 12.	Bronzes. Ⓑ 1839.
2584	*Théroude*. Paris, r. Montmorency, 14.	Automate et jouets d'enfants.
2585	*Thomas*. Gennevilliers (Seine).	Charrue.
2586	*Tourneur*. Paris, r. Richelieu, 39.	Café torréfié.
2587	*Tussaud*. Paris, r. Neuve-de-Lappe, 4.	Pressoir; machines à hacher les viandes et à cintrer les cercles de roues; découpoir et emporte-pièce. M. H. 1839.
2588	*Vallée*. Paris, au Jardin-des-Plantes.	Couveuse artificielle.

Nos d'ord.	NOMS ET DEMEURES DES EXPOSANTS.	NATURE DES OBJETS EXPOSÉS.
2589	*Varrall*, *Middleton* et *Elwell*. Paris, av. Trudaine, 1.	Machines; changement de voie et casier à distribution. Ⓐ 1839.
2590	*Vellard*. Paris, r. Saint-Denis, 390.	Vernis.
2591	*Vigerie* aîné. Paris, r. du Faubourg-Saint-Denis, 243.	Savons et cosmétiques.
2592	*Waidèle*. Paris, r. Geoffroy-Saint-Hilaire, 7.	Voitures. Ⓑ 1844.
2593	*Weber*. Paris, r. Pastourel, 5.	Piano.
2594	*Peltereau*. Château-Renaud (Indre-et-Loire).	Echantillons de cuirs lissés et à la jusée.
2595	*Brédif* frères. Tours (Indre-et-Loire).	Chaussures en cuir verni, chagrin et maroquin.
2596	*Jamain-Cerisier*. Amboise (Indre-et-Loire).	Sabots et garnitures de sabots.
2597	*Pillard - Damilleville*. Saint-Paterne (Indre-et-Loire).	Toisons.
2598	*Perrin*. Tours (Indre-et-Loire).	Objets de parfumerie.
2599	*Durand-Deguelle* et *fils*. Tours (Indre-et-Loire).	Faïence brune et bronzée.
2600	*Durand-Bongard*. Tours (Indre-et-Loire).	Faïence brune et bronzée.
2601	*Barat-Pallu*. Tours (Indre-et-Loire).	Poteries.
2602	*Loyal* (veuve). Tours (Indre-et-Loire).	Poteries.
2603	*Depont-Bernard*. Azay-le-Rideau (Indre-et-Loire).	Table sculptée.
2604	*Mame*. Tours (Indre-et-Loire).	Gravures et volumes imprimés.
2605	*Ducel*. Pocé (Indre-et-Loire).	Objets en fonte. Ⓑ 1844.
2606	*Girard-Liothaud* et *Toutain-Girard*. Tours (Indre-et-Loire).	Balais, paniers en rotin, conserves de petits pois et riz de la Touraine.
2607	*Marquis*. Bourgueuil (Indre-et-Loire).	Suc de réglisse.
2608	*Peltereau* le jeune frère. Château-Renault (Indre-et-Loire).	Echantillons de cuirs. Ⓐ 1823; R. Ⓐ 1827; Ⓞ 1844.
2609	*Bettinger*. Tours (Indre-et-Loire).	Objets d'ébénisterie.
2610	*Avisseau*. Tours (Indre-et-Loire).	Poteries émaillées.
2611	*Landais*. Tours (Indre-et-Loire).	Poteries émaillées.
2612	*Fey* et *Martin*. Tours (Indre-et-Loire).	Brocatelles, damas, lampas et reps. Ⓐ 1844.
2613	*Delaunay* et Ce. Saint-Cyr (Indre-et-Loire).	Céruse, minium et mine orange. Ⓑ 1839 et 1844.
2614	*Lobin*. Tours. (Indre-et-Loire).	Vitrail.
2615	*De Boissimon* et Ce. Langeais (Indre-et-Loire).	Objets de poterie et de briqueterie. M. H. 1844.
2616	*Chemallé* aîné. Tours (Indre-et-Loire).	Chevilles, coins, coussinets et rondelles en chêne.

Nos d'ord.	NOMS ET DEMEURES DES EXPOSANTS.	NATURE DES OBJETS EXPOSÉS.
2617	*Pâtureau*. Tours (Indre-et-Loire).	Garde-robes.
2618	*Corbin*. Joué-lez-Tours (Indre-et-Loire).	Appareil de délitement.
2619	*Ballon*. Tours (Indre-et-Loire).	Modèle de four.
2620	*Jullien*. Tours (Indre-et-Loire).	Echantillons de passementerie. Ⓞ 1844 (*Méauzé* et *Cartier* prédécesseurs).
2621	*Guichard*. Saint-Symphorien-Extra (Indre-et-Loire).	Charrue et extirpateur.
2622	*Ligeard*. Saint-Cyr (Indre-et-Loire).	Houe à cheval, extirpateur, charrue et araire.
2623	*D'Outremont*. Tours (Indre-et-Loire).	Toison d'un mouton métis.
2624	*Delaville-Leroulx*. Veigné (Indre-et-Loire).	Toison de mérinos.
2625	*Galais*. Champigny-sur-Vende (Indre-et-Loire).	Echantillons de fécule.
2626	*Roché*. Tours (Indre-et-Loire).	Alberges et fruits confits.
2627	*Aubry-Dauphin* (madame). Tours (Indre-et-Loire).	Châle tricoté.
2628	*Fouassier*. Le Boulay (Indre-et-Loire).	Carreaux et briques.
2629	*Saintoin* frères. Orléans (Loiret).	Chocolats. M. H. 1844.
2630	*Béranger* frères. Orléans (Loiret).	Limes.
2631	*Baranger* frères. Château-Renard (Loiret).	Couvertures en laines.
2632	*Franc-Magnan*. Orléans (Loiret).	Colle-forte.
2633	*Gueury*. Orléans (Loiret).	Modèle de machine à vapeur.
2634	*Landron* frères. Meung (Loiret).	Cuirs. Ⓑ 1844.
2635	*Marchand-Lecomte*. Patay (Loiret).	Couvertures en laine. Ⓑ 1844.
2636	*Bernay* et *Peyrot*. Orléans (Loiret).	Objets de bonneterie.
2637	*Leroux*. Orléans (Loiret).	Navette pour la fabrication de couvertures.
2638	*Hazard* père et fils. Orléans (Loiret).	Draps. Ⓐ 1844.
2639	*Lefour*. Orléans (Loiret).	Dégras pour préparer les cuirs.
2640	*Rime* et *Renard*. Orléans (Loiret).	Couverture de laine.
2641	*Bardonnet-des-Martels*. Montbernaume (Loiret).	Charrue.
2642	*Revil* et Ce. Amilly (Loiret).	Fils en bourre de soie.
2643	*Saintoin* frères. Orléans (Loiret).	Machine à fabriquer les dragées.
2644	*Valentin Féau-Béchard*. Orléans (Loiret).	Articles de bonneterie orientale.
2645	Id.	Modèle de fondoir.
2646	Id.	Toiles et carreaux.
2647	*Head*. Saint-Germain (Loiret).	Outils de terrassement et de taillanderie.
2648	*Chaudron-Berland*. Orléans (Loiret).	Fouets.
2649	*Bailly*. Château-Renard (Loiret).	Confitures de poires, cocons et soie grège.

N°s d'ord.	NOMS ET DEMEURES DES EXPOSANTS.	NATURE DES OBJETS EXPOSÉS.
2650	*Fouquéau*. Orléans (Loiret).	Tour à tourner le bois.
2651	*Pépin-Veillard*. Orléans (Loiret).	Couvertures en laine.
2652	*Frinault*. Orléans (Loiret).	Robinets.
2653	*Martin-Perrot*. Jargeau (Loiret).	Modèle de pressoir.
2654	*Camus*. Orléans (Loiret).	Lanterne-ventilateur.
2655	*Léger Francolin* et *Goucherau*. Patay (Loiret).	Couverture en laine. Ⓑ 1839; R. Ⓑ 1844.
2656	*Jacquet* aîné. Arras (Pas-de-Calais).	Parachûte pour les fosses à charbon et mouvement de pompe d'injection.
2657	*Crespel-Dellisse*. Larbret (Pas-de-Calais).	Semoir.
2658	*Vigier*. Aurillac (Cantal).	Lanterne à double réflecteur.
2659	*Violet*. Bollène (Vaucluse).	Four à cuire le pain.
2660	*Gérard*. Avignon (Vaucluse).	Système d'enrayage.
2661	*Brunel*. Avignon (Vaucluse).	Marceline de soie teinte au moyen de la garance. Extraits de garance. M. H. 1819, 1823 et 1834; Ⓑ 1844.
2662	*Bonnet*. Apt (Vaucluse).	Minium et mine orange.
2663	*Pénil*. Pincé (Sarthe).	Fils de chanvre.
2664	*Cohin* et Cie. Paris; r. des Bourdonnais, 11.	Toiles de lin et de chanvre.
2665	*Leborgne* et Cie. La Ferté-Bernard (Sarthe).	Treillis et toiles.
2666	*Rousseau* père et fils. Fresnay-sur-Sarthe (Sarthe).	Toiles de lin et de chanvre. M. H. 1827, 1834 et 1839; Ⓐ 1844.
2676	*Mallet* et *Lepeltier*. Le Mans (Sarthe).	Carbonate de magnésie.
2668	*Lusson*. Sainte-Croix (Sarthe).	Vitraux peints.
2669	*Trouvé, Cutivel* et Cie. La Suze (Sarthe).	Cuirs et havresacs.
2670	*Milon-Marquant*. Beine (Marne).	Baréges pour voiles et fils de laine.
2671	*Gilbert*. Reims (Marne).	Laine peignée.
2672	*Croutelle* neveu. Pontgivart (Marne).	Laine cardée; tissus de laine. Ⓐ 1834; Ⓞ 1839; R. Ⓞ 1844.
2673	*Harmel* frères. Warmériville (Marne).	Laine peignée et cardée.
2674	*Dauphinot-Pérard*. Isle-sur-Snippes (Marne).	Tissus de laine. Ⓑ 1834; Ⓐ 1839; Ⓞ 1844.
2675	*Patriau*. Reims (Marne).	Nouveautés pour pantalons et gilets. Ⓐ 1844.
2676	*Fortel-Larbre* et Cie. Reims (Marne).	Nouveautés. Ⓐ 1844.
2677	*Caillet-Franqueville*. Bazancourt (Marne).	Tissus en mérinos. Ⓐ 1844.
2678	*Machet-Marotte*. Reims (Marne).	Nouveautés.

N^os d'ord.	NOMS ET DEMEURES DES EXPOSANTS.	NATURE DES OBJETS EXPOSÉS
2679	*Lachapelle* et *Levarlet*. Reims (Marne)	Fils de laines peignées et cardées. Ⓐ 1839 ; R Ⓐ 1844.
2680	*Sentis* père et fils. Reims (Marne).	Fils de laines cardées et peignées. Ⓞ 1844.
2681	*Bertherand-Sutaine*. Reims (Marne).	Fils de laine cardée et piquée. Ⓞ 1844.
2682	*Duchauffourt-Achez*. Reims (Marne).	Cardes. Ⓑ 1834.
2683	*Pradine* et Cie. Reims (Marne).	Fils de laine peignée et cardée.
2684	*Benoît-Malot* et Ce. Reims (Marne).	Tissus de laine.
2685	*Buffet-Périn*. Reims (Marne).	Nouveautés, casimirs et satins pour robes. Ⓑ 1834 ; Ⓐ 1844.
2686	*Lucas* frères. Reims (Marne).	Fils de laine peignée. Ⓞ 1839 ; R. Ⓞ 1844.
2687	*Destruque* et *Boucher*. Reims (Marne).	Nouveautés.
2688	*Andrès* père et fils. Reims (Marne).	Flanelles.
2689	*Schneider* et Ce. Usine du Creusot (Saône-et-Loire).	Essieux, fer en barres, tôles, rails ; pièces de machines et bandages de roues de locomotives ; copeau de fer enlevé au tour. Ⓞ 1839 et 1844.
2690	*Gaugry-Lumet*. Châteauroux (Indre).	Charrue.
2691	*Girod*. Ecueillé (Indre).	Bandage herniaire.
2692	*Dupuy*. Châteauroux (Indre).	Couverture de coton.
2693	*Juhel-Desmares*. Vire (Calvados).	Draps et cuir-laine. Ⓑ 1834, 1839 et 1844.
2694	*Lenormand*. Vire (Calvados).	Draps. Ⓐ 1844.
2695	*Lebailly*. Vire (Calvados).	Peaux de veau. M. H. 1844.
2696	*Durand*. Rully (Calvados).	Peaux de veau. Ⓑ 1839 ; R. Ⓑ 1844.
2697	*Vincent*. Vire (Calvados).	Carde fileuse.
2698	*Grison*. Orbec (Calvados).	Serrure, tournebroche et locqueteau.
2699	*De Bergues* frères et Ce. St-Jacques-de-Lisieux (Calvados).	Cotons filés.
2700	*Hellouin*. Aunay-sur-Odon (Calvados).	Machine dite tord-lien et ébroussoir.
2701	*Violard*. Courseulles (Calvados).	Dentelles. *Voy.* n°s 788 et 1889.
2702	*Ravent*. Caen (Calvados).	Sabots.
2703	*Geslin*. Aunay-sur-Odon (Calvados).	Sabots et galoches.
2704	*Guérin* et *Lemonnier* frères. Caen (Calvados).	Cordon-soupape pour chemin de fer.
2705	*Desbordeaux*. Caen (Calvados).	Balances, étau et taraud.
2706	*Torcapel-Thouroude*. Caen (Calvados).	Dentelles et tulles brodés. Ⓑ 1844.

Nos d'ord.	NOMS ET DEMEURES DES EXPOSANTS.	NATURE DES OBJETS EXPOSÉS.
2707	*Fournier-Lardon*. Caen (Calvados).	Dentelles et tulles brodés.
2708	*Boulay*. Falaise (Calvados).	Objets de bonneterie.
2709	*Guérin*. Caen (Calvados).	Eteignoir mécanique.
2710	*Pagny*. Bayeux (Calvados).	Châles, écharpes et dentelles.
2711	*Lecornu* frères et Ce. Gonneville-sur-Merville (Calvados).	Demi-châles en dentelle.
2712	*Lefébure*. Bayeux (Calvados).	Dentelles et blondes. Ⓑ, 1819, Ⓐ 1823; Ⓞ 1827 (Mme Carpentier); Ⓑ 1834; R. Ⓞ 1844.
2713	*Langlois* (Mlles). Bayeux (Calvados).	Porcelaines. Ⓑ 1819, 1827, 1839; R. Ⓑ 1844.
2714	*Liazard* et *Isabelle*. Sannerville (Calvados).	Alcools.
2715	*Lardière*. Crocy-sur-Dives (Calvados).	Objets de bonneterie.
2716	*Chauvel* aîné. Lisieux (Calvados).	Toiles et fils.
2717	*De Berque*, *Desfrièches* et *Gillotin*. Saint-Désir-de-Lisieux (Calvados).	Peignes à tisser, maillons et verges cannelées. Ⓐ 1834 et 1839; R. Ⓐ 1844.
2718	*Boursier*. Caen (Calvados).	Cadres réparés.
2719	*Seigneurie*. Mallot (Calvados).	Tarare pour nettoyer les grains.
2720	*Hayot-Heudiard*. Caen (Calvados).	Voiture à 2 ou 4 roues, à volonté.
2721	*Mittelette*. Soissons (Aisne).	Machine à battre le blé. M. H. 1844.
2722	*Dezaux-Lacour*. Guise (Aisne).	Echantillons de cuirs. Ⓑ 1844.
2723	*Chérot* frères. Nantes (Loire-Inférieure).	Fils de chanvre et de lin. Ⓐ 1844.
2724	*Laidet*. Nantes (Loire-Inférieure).	Pendules et mouvements.
2725	*Testé*. Nantes (Loire-Inférieure).	Solfége.
2726	*Oudin* et Cie. Saint-Herblain (Loire-Inférieure).	Lait solidifié.
2727	*Duchesne Bettinger* (Mme). Nantes (Loire-Inférieure).	Fleurs artificielles.
2728	*Duchesne*. Nantes (Loire-Inférieure).	Vases pour eaux minérales.
2729	*Grassay*. Nantes (Loire-Inférieure).	Enduit.
2730	*Fromantault*. Nantes (Loire-Inférieure).	Bottes dites doubles imperméables.
2731	*Suzer*. Nantes (Loire-Inférieure).	Cuirs tannés et corroyés. M. H. 1839; Ⓑ 1844.
2732	*Legal*. Châteaubriant (Loire-Inférieure).	Cuirs tannés en croûte. M. H. 1844.
2733	*Delaunay* et *Leroy*. Nantes (Loire-Inférieure).	Bougies et acide stéariques; huiles de sésame et d'arachide.
2734	*Sébille*. Nantes (Loire-Inférieure).	Feuilles de plomb et tuyaux en plomb.

N^os^ d'ord.	NOMS ET DEMEURES DES EXPOSANTS.	NATURE DES OBJETS EXPOSÉS.
2735	*De Saint-Amand.* (Loire-Inférieure).	Noir animal.
2736	*Thibault* frères. Nantes (Loire-Inférieure).	Chandelles et bougies stéariques. M. H. 1844.
2737	*Carlier* fils et Cie. Nantes (Loire-Inférieure).	Produits chimiques.
2738	*Leduc.* Nantes (Loire-Inférieure).	Fil pour filets; cordes et lignes en chanvre.
2739	*Prin.* Nantes (Loire-Inférieure).	Peaux de veau cirées. Ⓑ 1839; Ⓐ 1844.
2740	*Dercelles.* Nantes (Loire-Inférieure).	Machine à raboter les engrenages.
2741	*Dezaunay.* Nantes (Loire-Inférieure).	Pressoir et manége.
2742	*Legal* (Frédéric). Nantes (Loire-Inférieure).	Objets de grosse chaudronnerie.
2743	*Calland.* Nantes (Loire-Inférieure).	Moulin à graines oléagineuses.
2744	*Lotz* fils aîné. Nantes (Loire-Inférieure).	Compteur en cuivre. M. H. 1844.
2745	*Cornillier* aîné et Cie. Nantes (Loire-Inférieure).	Viandes salées. Ⓑ 1844.
2746	*Rocher.* Nantes (Loire-Inférieure).	Appareil distillatoire pour la cuisine à bord des bâtiments.
2747	*Lété.* Nantes (Loire-Inférieure).	Pianos.
2748	*Guénal.* Nantes (Loire-Inférieure).	Appareil uranographique.
2749	*Guénebault.* Laperrière (Côte-d'Or).	Toisons. Ⓐ 1844.
2750	*Cornilleau* aîné. Le Mans (Sarthe).	Toiles à hamacs; à courroies, à seaux à incendie et à sacs; coutil ; sacs à charbon pour chemins de fer et sacs sans couture.
2751	*Pouyer-Quertier* et *Palier.* Fleury (Eure).	Fils et tissus de coton. Ⓐ 1844.
2752	*Hamelin.* Les Andelys (Eure).	Soies. Ⓑ 1834; Ⓐ 1839, 1844.
2753	*Leblond.* Gisors (Eure).	Appareil de chauffage.
2754	*Romilly* (Société anonyme des fonderies de).	Objets en cuivre. Ⓞ 1819. R. Ⓞ 1823, 1834, 1839, 1844.
2755	*Davillier* et Cie. Gisors (Eure).	Tissus de coton.
2756	*Saint-Alary.* Gisors (Eure).	Corbeille en papier.
2757	*Renard* fils. Nonancourt (Eure).	Machine servant à la fabrication du papier.
2758	*Thouet.* Nonancourt (Eure).	Métier à tisser le drap.
2759	*Cohue* fils. La Guéroulde (Eure).	Outils de maréchalerie.
2760	*Chesnon.* Evreux (Eure).	Congélateur.
2761	*Hachette.* Evreux (Eure).	Objets de coutellerie. M. H. 1844.
2762	*Auger.* Louviers (Eure).	Pompes et accessoires.
2763	*Ball* et Cie. Pont Audemer (Eure).	Papiers.

Nos d'ord.	NOMS ET DEMEURES DES EXPOSANTS.	NATURE DES OBJETS EXPOSÉS.
2764	*Plummer*. Pont-Audemer (Eure).	Cuirs vernis.
2765	*Deusy* et Cie. Athies-lès-Arras (Pas-de-Calais).	Carton-pâte; carton-paille et carton-toile.
2766	*Pinard* frères. Marquise (Pas-de-Calais).	Candelabres, consoles et autres objets en fonte. (A) 1844.
2767	*Violette*. Esquerdes (Pas-de-Calais).	Produits chimiques
2768	*Jacquet-Robillard*. Arras (Pas-de-Calais).	Semoir et limes.
2769	*Fiolet*. Saint-Omer (Pas-de-Calais).	Pipes et briques. (A) 1844.
2770	*Briès-Brûlé*. Arras (Pas-de-Calais).	Etendelles.
2771	*Hopwood*; *Bosson* et Cie. Boulogne (Pas-de-Calais).	Fils de lin.
2772	*Oeschger-Rauch* et Cie. Biache Saint-Waast (Pas-de-Calais).	Planches de cuivre rouge.
2773	*Idjiez*. Arras (Pas-de-Calais).	Instrument dit céphalomètre.
2774	*Fiennes* (Société charbonnière de). Rety (Pas-de-Calais).	Briques réfractaires.
2775	*Morisson* et Cie. Guines (Pas-de-Calais	Fer laminé.
2776	*Le Bonniec*. Lannion (Côtes-du-Nord).	Lin en bois et lin teillé.
2777	*Durand*. Yvias (Côtes-du-Nord).	Filasse de lin. Lin et chanvre teillés.
2778	*Boizard*. Moncontour (Côtes-du-Nord).	Romaine à balancier.
2779	*Bahier*. Saint-Ilan (Côtes-du-Nord).	Modèle de manége sans engrenages, et moteur applicable aux machines à battre et à hacher.
2780	*Roucel*. Saint-Brieuc (Côtes-du-Nord).	Lin teillé et lin peigné.
2781	*Teissier* frères. Vallerangue (Gard).	Cocons, soies grèges, soies ouvrées. (A) 1823, 1827; (O) 1834; R. (O) 1839, 1844.
2782	*Mourgue* et *Bousquet*. Saint-Hippolyte (Gard).	Soie filée.
2783	*Carrière*. Saint-André-de-Valborgne (Gard).	Soies grèges. (A) 1839; R. (A) 1844.
2784	*Roux* frères et *Cabri*. Saint-André-de-Valborgne (Gard).	Soies grèges.
2785	*Gibelin* et fils. La Salle (Gard).	Soies grèges. (H) 1844.
2786	*Mazorin* fils. Saint-Hippolyte (Gard).	Soies grèges.
2787	*Molines*. Saint-Jean-du-Gard (Gard).	Cotons et soies grèges.
2788	*Chambon*. Alais (Gard).	Soies grèges et soies ouvrées. (O) 1839; R. (O) 1844.
2789	*Daudet* aîné et *Chardon*. Nîmes (Gard).	Etoffes de soie. (A) 1844.
2790	*Chabaud*. Nîmes (Gard).	Foulards. (A) 1829. R. (A) 1844.
2791	*Prade-Foulc*. Nîmes (Gard).	Châles brochés. (A) 1844.

Nos d'ord.	NOMS ET DEMEURES DES EXPOSANTS.	NATURE DES OBJETS EXPOSÉS.
2792	*Fabrègue-Noury* fils, *Barnouin* et Cie. Nîmes (Gard).	Châles brochés; bourre et fantaisie cardées.
2793	*Fabre*. Nîmes (Gard).	Châles tartans.
2794	*Constant* et fils. Nîmes (Gard).	Châles brochés. Ⓐ 1844.
2795	*Devèze* fils et Cie. Nîmes (Gard).	Châles brochés. Ⓞ 1844.
2796	*Hugon*. Nîmes (Gard).	Châles.
2797	*Audemard* et *Brès* fils. Nîmes (Gard).	Châles brochés. M. H. 1844.
2798	*Pourcherol* cousins. Nîmes (Gard).	Châles brochés.
2799	*Bouët*. Nîmes (Gard).	Châles brochés. Ⓑ 1839; R. Ⓑ 1844.
2800	*Constant* jeune. Nîmes (Gard).	Châles brochés.
2801	*Huguet*. Nîmes (Gard).	Châles.
2802	*Gas-Veyrun* et Cie. Nîmes (Gard).	Châles.
2803	*Sagnier-Teulon*. Nîmes (Gard).	Etoffes de soie. Ⓑ 1844.
2804	*Bougnol* et *Giran*. Nîmes (Gard).	Rubans.
2805	*Bruguière*. Nîmes (Gard).	Soie à coudre. Ⓐ 1839; R. Ⓐ 1844.
2806	*Audumarès*. Sauve (Gard).	Bonnets de coton.
2807	*Dumas* frères, *Bossens* et Cie. Nîmes (Gard).	Tricots et chaussons en laine.
2808	*Reynaud*. Nîmes (Gard).	Fils et tissus blanchis.
2809	*Joyeux* et *Laune*. Nîmes (Gard).	Gants et bas de soie.
2810	*Chabert*. Nîmes (Gard).	Machine à battre et à vanner le blé.
2811	*Feuillet*. Nîmes (Gard).	Chapeaux. C. 1844.
2812	*Sarran* et *Dufour*. Nîmes (Gard).	Fourches et attelles.
2813	*Reynaud* père et fils. Nîmes (Gard).	Châles brochés. Ⓑ 1844.
2814	*Rouvière*, *Cabane*, *Milhaud*, *Martin* et *Grill*. Nîmes (Gard).	Tapis de pied et étoffes pour l'ameublement.
2815	*Colondre* et *Ducros*. Nîmes (Gard).	Châles brochés. Ⓐ 1839; R. Ⓐ 1844.
2816	*Carville*. Alais (Gard).	Briques, creusets, cornue et four à griller.
2817	*Beau*, gérant de la Compagnie des mines d'asphalte de Servas (Gard).	Asphalte.
2818	*Daudet-Queirety*. Nîmes (Gard).	Foulards. Ⓐ 1844.
2819	*Malhian* aîné. Nîmes (Gard).	Châles brochés.
2820	*Ponge* fils et *Muret*. Nîmes (Gard).	Châles brochés. C. F. 1844.
2821	*Vallée*. La Grand'-Combe (Gard).	Zinc.
2822	*Flaissier* frères. Nîmes (Gard).	Tapis. Ⓞ 1844.
2823	*Joyeux*. Nîmes (Gard).	Tricots. M. H. 1839, 1844.
2824	*Veyrun-Dumor* (veuve). Nîmes (Gard).	Foulards et châles. M. H. 1844.
2825	*Mirial*. Anduze (Gard).	Colle.
2826	*Miergues*. Anduze (Gard).	Instruments de chirurgie.
2827	*Pellorjas*. Nîmes (Gard).	Gants.
2828	*Laverne* et *Mathieu*. Uzès (Gard).	Soies ouvrées.

Nos d'ord.	NOMS ET DEMEURES DES EXPOSANTS.	NATURE DES OBJETS EXPOSÉS.
2829	*Michel.* Nîmes (Gard).	Mécanique à la Jacquard.
2830	*Curnier* et Cie. Nîmes (Gard).	Châles brochés ; Ⓞ 1823 ; R. Ⓞ 1834, 1839, 1844.
2831	*Guy* et Cie. Le Vigan (Gard).	Pierres lithographiques du Gard.
2832	*Michel.* Saint-Hippolyte (Gard).	Machine et tours pour la filature de la soie. Ⓑ 1844.
2833	*Soubeiran.* Saint-Jean-du-Gard (Gard).	Soies grèges et ouvrées.
2834	*Guérin.* Nîmes (Gard).	Lacets. Ⓑ 1844.
2835	*Sévégner.* Nîmes (Gard).	Châles brochés.
2836	*Germain* (Pierre). Le Vigan (Gard).	Bas. Ⓐ 1839.
2837	*Germain* fils. Nîmes (Gard).	Gants de soie.
2838	*Lausser.* Aurillac (Cantal).	Sabots. M. H. 1844.
2839	*Niort* (fonderie de) Deux-Sèvres.	Grue en fonte à équilibre constant. Ⓐ 1844.
2840	*Guétrot.* Melle (Deux-Sèvres).	Plafond mobile en plâtre.
2841	*Philippe Karmel.* Lorient (Morbihan).	Céréales et chanvre du Piémont.
2842	*Le Pontois.* Lorient (Morbihan).	Futaine.
2843	*Corniquel.* Vannes (Morbihan).	Cuirs préparés.
2844	*Guriec.* Roche-Bernard (Morbihan).	Cuir fort.
2845	*Gillet.* Kuevel (Morbihan).	Conserves de sardines, anchois et légumes. Argile blanche. Ⓑ 1844.
2846	*Marsollier.* Lorient (Morbihan).	Machine à vapeur.
2847	*Besquent.* Vannes (Morbihan).	Objets en fonte. Ⓑ 1844.
2848	*Ropert.* Vannes (Morbihan).	Modèle de pompe. C. 1844.
2849	*Guillotaux.* Lorient (Morbihan).	Porte d'écluse.
2850	*Urner* jeune. Sainte-Marie-aux-Mines (Haut-Rhin).	Tissus de coton. M. H. 1844.
2851	*Stehelin* frères. Bischwiller (Haut Rhin).	Presse à caler. Ⓞ 1839; R. Ⓞ 1844
2852	*Blech*, *Steinbach* et *Mantz.* Mulhouse (Haut-Rhin).	Tissus de coton imprimés. Ⓐ 1844.
2853	*Grün.* Guebwiller (Haut-Rhin).	Banc à broches, et autres appareils. Ⓐ 1844.
2854	*Allain-Tarbourieck*, gérant d'une association d'ouvriers chapeliers. Paris, r. des Trois-Pavillons, 5.	Chapeaux.
2855	*Allard.* Paris, r. du Faubourg du-Tem-46.	Meubles.
2856	*Alexandre.* Paris, r. Neuve-Saint-Eustache, 3.	Objets de papeterie.
2857	*Amiard.* Paris, r. Geoffroy-Saint-Hilaire, 19.	Harnais et colliers. M. H. 1827; Ⓑ 1834 (Arnheiter et Petit, prédécesseurs); R. Ⓑ 1839; Ⓑ 1844.

Nos d'ord.	NOMS ET DEMEURES DES EXPOSANTS.	NATURE DES OBJETS EXPOSÉS.
2858	*Amis* (madame). Paris, r. du Regard, 30.	Corset à béquilles.
2859	*Andrillat* et *Muret* Paris, r. Saint-Sauveur, 7.	Cuirs.
2860	*Arnheiter*. Paris, pl. Saint-Germain-des Prés, 9.	Instruments d'agriculture. M. H. 1827.
2861	*Aubineau* (Henri). Paris, r. de la Corderie-du-Temple, 11.	Sucre de betterave.
2862	*Aubineau*. Paris, r. Meslay, 63 bis.	Lampes.
2863	*Babonceu* et Ce. Paris, avenue de l'Hôpital-Saint-Louis, 3.	Asphalte.
2864	*Bachelier*. Paris, r. du Jardinet, 12.	Volumes imprimés.
2865	*Barba*. Vaugirard (Seine).	Instruments d'agriculture.
2866	*Barrande*. Paris, r. des Cinq-Diamants, 11.	Peaux. M. H. 1844.
2867	*Baudrit* père et fils. Paris, r. de Malte, 22.	Ferme-jumelle en fer.
2868	*Bavoux*. Paris, r. du Marché-Saint Honoré, 5.	Lampes.
2869	*Bencraft*. Paris, r. Neuve-de-Berry, 1 bis.	Objets de sellerie.
2870	*Bernier*. Paris, r. Saint-Martin, 30.	Chaussures.
2871	*Berton*. Paris, r. du Faubourg-Saint-Martin, 13.	Objets de papeterie.
2872	*Berton*. La Chapelle, Grande-Rue, 22.	Modèle de moulin à vent.
2873	*Bertrand*. Paris, boul. du Temple, 18.	Robinets.
2874	*Berthiot*. Paris, r. Oblin, 5.	Cuirs pour la sellerie.
2875	*Bir*. Courbevoie, pl. de la Mairie, 12 bis.	Couveuses artificielles et ruches.
2876	*Maximilien*. Paris, r. Richelieu, 102.	Cartes à jouer.
2877	*Blot*. Paris, r. Pastourel, 5.	Cuirs vernis.
2878	*Boland*. Paris, r. et île Saint-Louis, 62.	Pétrin mécanique. M. H. 1839; (B) 1844.
2879	*Borie* frères et *Patinot*. Paris, boul. Poissonnière, 24.	Pans de murs en briques dites tubulaires.
2880	*Boudier* et Ce. Paris, r. de Choiseul, 9.	Vernis et cirage. M. H 1844.
2881	*Bourru* et *Martineau*. Paris, r. de Bondy, 66.	Cartes à jouer.
2882	*Bréauté*. Paris, r. de la Monnaie, 11.	Cartons en relief.
2883	*Brichard*. Paris, r. Notre-Dame-de-Victoires, 32.	Tarare.
2884	*Brie* et *Jeofrin* (mesdames). Paris, r. Richelieu, 81.	Chapeaux de femme.
2885	*Brisse*. Paris, r. Saint-George, 12.	Plantoir.
2886	*Bruyer* et *Bunel*. Paris, r. Hautefeuille, 20.	Carton-pâte.
2887	*Bouché*. Paris, r. Mandar, 1.	Registres.

N^os d'ord.	NOMS ET DEMEURES DES EXPOSANTS.	NATURE DES OBJETS EXPOSÉS.
2888	*Budin*. Paris, r. du Fer-à-Moulin, 50.	Cuirs de cheval. Ⓐ 1839; R. Ⓐ 1844.
2889	*Budy*. Puteaux, r. Nationale, 9.	Fonte étamée. Ⓐ 1839; R. Ⓐ 1844.
2890	*Buffet* jeune. Paris, r. du Bouloy, 4.	Instruments de musique. Ⓑ 1839 et 1844.
2891	*Cabirol*. Paris, r. Saint-Marc-Feydeau, 6.	Objets en gutta-percha Ⓑ 1844.
2892	*Callerot*, gérant d'une association d'ouvriers cordonniers, r. Bailleul, 6.	Chaussures.
2893	*De Cavaillon*. Paris, r. Taitbout, 30.	Sulfate d'ammoniaque.
2894	*Cozaux*, *Fabrège* et Ce. Paris, r. de Grenelle-Saint-Honoré, 24.	Carrelages et objets en marbre blanc et des Pyrénées. *Voy.* n° 2123.
2895	*Chaulin*. Paris, r. Saint-Honoré, 218.	Encriers siphoïdes et papiers de fantaisie. M. H. 1839.
2896	*Celis*. Paris, r. du Faubourg-du-Temple, 50.	Pierres à brunir. M. H. 1839; Ⓑ 1844.
2897	*Cercueil*. Paris, r. Traversière-Saint-Antoine, 33.	Laine teinte et moulue pour la fabrication des papiers peints; couleurs pour le même objet. Ⓑ 1844.
2898	*Chataux*. Paris, r. de la Chaussée-d'Antin, 5.	Ruches.
2899	*Chauvel*. Paris, r. Sainte-Avoie, 14.	Pièces de feutre. Chapeaux en soie et en feutre.
2900	*Chevalier*. Paris, boul. Bonne-Nouvelle, 9.	Epreuves daguerriennes.
2901	*Chevallier*. Paris, r. Papillon, 4.	Papier et tissus de soie.
2902	*Chrétien*. Batignolles, r. de la Félicité, 3.	Marbre.
2903	*Chretin*. Paris, r. des Nonandières, 13.	Machines à débiter le marbre et à fabriquer des mosaïques. Sujets en mosaïque.
2904	*Chriten*. Paris, r. Montmorency, 26.	Pierres fines.
2905	*Clement* et *Filloz*. Paris, r. Neuve-Bourg-l'Abbé, 10.	Chapelets, coraux et verroteries.
2906	*Clerget*. Paris, r. de Condé, 5.	Appareil pour déterminer le rendement des sucres.
2907	*Collard au-Duheaume*. Paris, r. du Faubourg-Saint-Martin, 56.	Instruments de précision. Ⓐ 1834 et 1839.
2908	*Con ou[illegible]*. Paris, r. Bichat, 13.	Cuirs vernis.
2909	*Coquelin*. Paris, pl. des Petits-Pères, 9.	Bougies.
2910	*Coquet*. Paris, r. Censi[illegible]r, 45.	Cuirs.
2911	*Cotel*. Paris, pl. du Louvre, 8.	Modèles d'emballage.
2912	*Court*. Paris, r. Bailleul, 50.	Cuirs.
2913	*Courtepée-Duchesnay*. Paris, r. du Renard-Saint-Sauveur, 11.	Cuirs. Ⓑ 1844.

Nos d'ord.	NOMS ET DEMEURES DES EXPOSANTS.	NATURE DES OBJETS EXPOSÉS.
2914	*Courtois*. Paris, r. Grégoire-de-Tours, 2 ter.	Cuirs.
2915	*Daudrieu*. Paris, r. de Sèvres, 55.	Papiers marbrés. C. 1839 et 1844.
2916	*Dauteuille*. Paris, r. Saint-Germain-l'Auxerrois, 14.	Formes pour chaussures.
2917	*Déaddé* Paris, r. Montmartre, 9.	Cuirs vernis.
2918	*Debarle*. Paris, r. Sainte-Avoie, 25.	Maroquins pour la chapellerie.
2919	*Debergue*. Paris, r. Montmorency, 3.	Papiers de fantaisie.
2920	*Dédé*. Gros-Caillou, cité Jussieu, 9.	Papier.
2921	*Deharambure*. Paris, r. Saint-Denis, 166.	Papiers à lettres.
2922	*Dehaule*. Paris, chemin de ronde, barr. Pigale, 11.	Formes pour chaussures, embouchoirs et chaussures.
2923	*Dégardin*. Paris, r. du Temple, 62.	Pierres à brunir.
2924	*Delarue*. La Villette, r. de Flandre, 170.	Herses.
2925	*Délicourt*. Paris, r. de Charenton, 125 ter.	Papiers peints.
2926	*Derveloy*. Belleville, r. des Amandiers, 20.	Cuirs vernis.
2927	*Dessaigne*. Paris, r. de Cléry, 19.	Objets de papeterie.
2928	*Destibeaux*. Paris, pas. Saulnier, 11.	Cuirs vernis.
2929	*Desvarannes* et Ce. Paris, boul. Poissonnière, 23.	Asphalte de Seyssel.
2930	*Desvignes*. Paris, r. Sainte-Foy, 24.	Pièces en osier.
2931	*Dida*. Paris, r. Vivienne, 20.	Chapeaux.
2932	*Doué* et Ce. Paris, r. du Ponceau, 13.	Café-chicorée.
2933	*Drapier*. Paris, r. Belle-Chasse, 42.	Meubles.
2934	*Dreyfus* et Ce. Paris, r. de Vendôme, 13.	Registres.
2935	*Dubray*. Paris, r. Sainte-Barbe, 5.	Registres.
2936	*Dubreuil* frères. Paris, r. Montesquieu, 4.	Papiers peints.
2937	*Duchêne* aîné. Paris, boul. Saint-Denis, 9 bis.	Chapeaux. M. H. 1844.
2938	*Duclos*. Paris, pas. Jouffroy, 21.	Chapeaux de soie.
2939	*Dufossé*. Paris, r. Saint-Dominique-Saint-Germain, 13.	Chaussures de chasse.
2940	*Dufour*. Paris, q. Valmy, 5.	Papier doré, pierres à brunir et assiettes pour les doreurs.
2941	*Dunet*. Paris, r. Thiroux, 4.	Coffres, malles et étuis.
2942	*Durand*. Paris, r. de l'Ourcine, 9.	Cuirs.
2943	*Edan*. Paris, r. d'Angevilliers, 10.	Objets sculptés.
2944	*Ernoux*. Paris, pas. Sainte-Avoie, 9.	Chapeaux.
2945	*Evans*. Paris. q. Voltaire, 1.	Objets d'histoire naturelle.
2946	*Evrard*. Paris, r. Bourtibourg, 9.	Suif, saindoux et huile pour les arts et métiers.

N°s d'ord.	NOMS ET DEMEURES DES EXPOSANTS.	NATURE DES OBJETS EXPOSÉS.
2947	*Faclly* (veuve). Batignolles, pl. de l'Eglise-Sainte-Marie, 8.	Colonne en mosaïque.
2948	*Favret*. Paris, r. Chapon, 23.	Pièces d'horlogerie.
2949	*Fauler* et *Bayvet* frères. Paris, r. Mauconseil, 16.	Maroquins et peaux en couleur. Ⓞ an IX, an X et 1806; R. Ⓞ 1823 et 1834; Ⓞ 1839; R. Ⓞ 1844.
2950	*Fissot*. Paris, r. Bichat, 8 bis.	Têtes de cheminée
2951	*Fontaine*. Paris, r. de Charonne, 39.	Papiers peints.
2952	*Fouque*. Paris, r. du Mail, 33.	Objets de papeterie.
2953	*Fournier* et *Dupuy*. Paris, r. du Cadran, 14.	Papiers de fantaisie.
2954	*Fromont*. Paris, r. du Faubourg-du-Temple, 40 bis.	Fauteuils.
2955	*Gagneux*. Paris, r. de Rivoli, 22.	Etoffe élastique.
2956	*Gagnant*. Batignolles, r. des Dames, 66.	Claques et sabots.
2957	*Gagnet*. Thermes, Grande-Rue, 8.	Chaussures.
2958	*Gaillard* fils. Paris, r. du Faubourg-Saint-Denis, 210.	Toiles métalliques. Machine pour la conservation des grains. Ⓐ. 1819; R. Ⓐ 1827, 1834 et 1839.
2959	*Gauthier*. Paris, r. du Faubourg-Montmartre, 4.	Cuirs vernis. Ⓑ 1839; Ⓐ 1844.
2960	*Gaymard* et *Gérault*. Paris, r. Montmorency, 10.	Registres, presses à copier. Ⓑ 1839; R. Ⓑ 1844 (Roumestant, prédécesseur)
2961	*Gellée* frères. Paris, q. de l'Horloge, 27	Boites d'orfévre.
2962	*Genoux*. Paris, r. du Faubourg-Saint-Antoine, 257.	Papiers peints. Ⓑ 1844.
2963	*Georget*. Paris, r. Saint-Hippolyte, 6.	Peaux teintes.
2964	*Germain Simier*. Paris, r. Saint-Honoré, 245.	Papier pour obligations, et papier-monnaie.
2965	*Godefroy*. Paris, r. Richelieu, 49.	Tiges pour souliers.
2966	*Gossin*. Paris, r. de la Roquette, 57.	Statues et ornements.
2967	*Grandcher*. Paris, r. de Vendôme, 9.	Objets de fantaisie.
2968	*Gratiot*. Paris, r. du Bouloy, 23.	Papiers. Ⓐ 1839 et 1844.
2969	*Grison*. Paris, r. Corbeau, 28.	Peaux de chevreau pour les cordonniers.
2970	*Guerlin-Houel*. Paris, r. Samson, 3.	Cuirs tannés et vernis.
2971	*Guillaume*. Paris, r. du Delta, 11.	Statues et objets sculptés. M. H. 1844.
2972	*Guillot*. Paris, r. des Anglaises-Saint-Marcel, 28.	Cuirs.
2973	*Guilloud* et *Savoye*. Paris, r. des Poitevins, 7.	Plâtre aluné. Ⓑ. 1844.
2974	*Handus*. Paris, r. Richelieu, 34.	Chapeaux.

N[os] d'ord.	NOMS ET DEMEURES DES EXPOSANTS.	NATURE DES OBJETS EXPOSÉS.
2975	*D'Hangest*. Paris, r. Montmartre, 124.	Etoffes en relief.
2976	*Hartmann* et fils. Paris, r. du Sentier, 20 bis.	Fils et tissus de coton. Ⓞ 1834; R. Ⓞ 1839.
2977	*Hechler*. Paris, r. du Temple, 13.	Porte-monnaie et porte-bougie.
2978	*Hermet*. Petite-Villette, r. d'Allemagne, 66.	Harnais et colliers. M. H. 1844.
2979	*Houtret*. Paris, r. Poissonnière, 26.	Vernis.
2980	*Houette* aîné. Paris, r. du Fer-à-Moulin, 46.	Cuirs tannés et vernis. Ⓐ 1844.
2981	*Houzé* et Ce. Montmartre, r. Muller, 10.	Instruments de musique.
2982	*Hugo* et Ce. La Chapelle-Saint-Denis, Grande-Rue, 156.	Peaux de couleur.
2983	*Hurel*. Paris, pas. Saulnier, 10.	Modèle de bateau à vapeur.
2984	*Jantelet* et Ce. Paris, r. d'Aboukir, 3.	Lustre et lampes.
2985	*Jaudin*. Paris, r. de la Croix, 13.	Etain en feuilles. M. H. 1844 (Cornillard, prédécesseur.
2986	*Jeannin*. Paris, r. de l'Ecole-de-Médecine, 81.	Meubles, mosaïques et plaqués.
2987	*Jeunesse*. Paris, r. du Faubourg Saint-Denis, 136.	Chaussures.
2988	*Joly*. Paris, r. des Francs-Bourgeois, 1.	Rouleaux-buvards.
2989	*Joostens*. Paris, r. d'Enfer, 11.	Caractères d'imprimerie.
2990	*Jouanin*. Paris, r. des Vieux-Augustins, 40.	Urines solidifiées pour engrais.
2991	*Jouanne*. Paris, r. du Luxembourg, 12.	Objets de papeterie.
2992	*Jourdant*. Paris, r. Croix-des-Petits-Champs, 13.	Appareil d'enrayage.
2993	*Jurisch*. Paris, r. de Surênes, 23.	Souliers sans couture.
2994	*Klammer*. Paris, boul. des Capucines, 19.	Chaussures.
2995	*Klotz*. Paris, r. de la République, 73.	Casquettes et calottes.
2996	*Lobbé*. Paris, r. du Faubourg-Saint-Denis, 14.	Ouvrages en chenilles.
2997	*Lany* Paris, r. Ollivier-Saint-George, 14.	Fourneaux et poêles.
2998	*Lapeyre, Kob* et Cie. Paris, r. de Charenton, 120.	Papiers peints. Ⓑ 1839; Ⓐ 1844.
2999	*Laporte*. Paris, r. du Sentier, 31.	Veaux en croûte, blancs et cirés.
3000	*Lasserre* frères et Cie. Paris, r. Mazagran, 9.	Tuyaux en bitume.
3001	*Laulus*. Paris, r. de l'Ouest, 80.	Fils de lin et de chanvre.
3002	*Lavoisy*. Paris, r. Montmartre, 180.	Baratte à beurre.
3003	*Lebesgue* et *Roullet*. Paris, r. Pastourel, 5.	Appareils d'éclairage.
3404	*Lebrun*. Paris, r. Neuve-Saint-Martin, 12.	Chaussures.

N°s d'ord.	NOMS ET DEMEURES DES EXPOSANTS.	NATURE DES OBJETS EXPOSÉS.
3005	*Lecomte*. Paris, r. Monsieur-le-Prince, 28.	Balances, instruments de physique. Ⓑ 1839; Ⓐ 1844.
3006	*Lecrosnier* (mademoiselle). Paris, r. du Faubourg-Saint-Martin, 27.	Broderies au crochet.
3007	*Lefebure*. Paris, r. de Paradis-Poissonnière, 14.	Chaussures.
3008	*Lejeune*. Paris, r. Saint-Honoré, 251.	Chapeaux. M. H. 1844.
3009	*Lemesle* et fils. Paris, r. du Chemin-Vert, 21.	Poudre d'albâtre.
3010	*Leuillet* fils. Paris, r. Montmorency, 46	Cuirs à rasoirs.
3011	*Leven* et fils aîné. Paris, r. de l'Ourcine, 23.	Cuirs. Ⓐ 1844.
3012	*Leydecker*. Paris, q. des Augustins, 55.	Baromètres et thermomètres. Ⓑ 1844.
3013	*Lezé* fils. Paris, r. du Faubourg-Poissonnière, 27.	Appareils de chauffage.
3014	*Liégard*. Paris, r. du Val-Sainte-Catherine, 19.	Harnais, selles et brides. Ⓐ 1839.
3015	*Loire*. Paris, r. Saint-Denis, 39.	Objets de tabletterie.
3016	*Longuet*. Paris, r. des Coquilles, 2.	Registre.
3017	*Macheteau*. Paris, r. Mauconseil, 2.	Malles, sacs de nuit, étuis.
3018	*Mader* frères. Paris, r. Montreuil, 1.	Papiers peints.
3019	*Magnier*, *Cler* et *Morgeridon*. Paris, r. Saint-Bernard (faubourg Saint-Antoine), 26.	Papiers peints.
3020	*Malard*. Paris, r. des Rosiers, 20.	Chapeaux.
3021	*Malbec*. Vaugirard, r. Mademoiselle, 4.	Meules. Ⓐ 1844. (Perrot et Malbec.)
3022	*Marchand*. Paris, r. de l'Université, 46.	Meubles.
3023	*Marangoni*. Paris, pl. des Vosges, 26.	Table de marqueterie.
3024	*Marguerie* (Bernard). Paris, r. Ménilmontant, 79.	Papiers peints. Ⓑ 1844.
3025	*Marguerie* (Jean-Louis). Paris, r. Montmorency, 34.	Jet d'eau sans réservoir; bronzes.
3026	*Marion*. Paris, cité Bergère, 14.	Papiers de fantaisie. C. F. 1834; M. H. 1839; Ⓑ 1844.
3027	*Massemin*. Paris, r. du Jardin-des-Plantes, 16.	Peaux tannées et corroyées.
3028	*Massenot*. Paris, r. Popincourt, 60.	Brides.
3029	*Mathieu* et *Agombard*. Grande-Villette, r. Joinville.	Objets en chaux et en brique.
3030	*Mausson-Michel*. Paris, r. du Faubourg-Saint-Denis, 184.	Instrument dit *rávaleur vicinal*.
3031	*Michel* (François-Alexandre). Paris, r. du Hazard, 5.	Clichés.
3032	*Michel* (François). Paris, r. de la Croix, 15.	Rose végétal et taffetas d'Angleterre.

N^os d'ord.	NOMS ET DEMEURES DES EXPOSANTS.	NATURE DES OBJETS EXPOSÉS
3033	*Micoud*. Belleville, r. de Meaux, 14.	Cuirs et tissus vernis. C. F. 1834; Ⓑ 1844.
3034	*Millochau*. Paris, r. de la Gare d'Ivry, 21.	Huile. C. F. 1844.
3035	*Moisson*. Paris, r. de la Vieille-Monnaie, 21.	Savon à dégraisser.
3036	*Monpied*. Paris, r. du Faubourg-Montmartre, 10.	Dessins exécutés au moyen de filets d'imprimerie.
3037	*Mosson*. Paris, r. Haute-des-Ursins, 3.	Presse lithographique.
3038	*Moyse*. Paris, r. de la Bienfaisance, 51.	Tuyaux en cuir.
3039	*Muller*. Paris, r. Folie-Méricourt, 38.	Panneaux et cartons.
3040	*Muzard*. Paris, pass. Molière, 12.	Chaussures.
3041	*Néraudau*. Paris, r. des Fosses-Montmartre, 18 et 16.	Registres. M. H. 1844.
3042	*Neveu*. Paris, r. Saint-Sébastien, 32.	Boules pour allumer du feu.
3043	*Nuty*. Paris, r. de Mulhouse, 13.	Mosaïques en marbre et asphalte.
3044	*Nys* et Cie. Paris, chemin de ronde de la barrière de Belleville, 1.	Cuirs vernis. Ⓐ 1834; Ⓞ 1839; R. Ⓞ 1844.
3045	*Obry, Bernard* et Cie. Paris, r. Saint-Benoît, 5.	Papiers. Ⓐ 1844.
3046	*Pathier*. Paris, r. Saint-Jean-de-Beauvais, 18.	Brides.
3047	*Pâtissier*. Paris, r. d'Angoulême-du-Temple, 28 *bis*.	Papiers et toiles gauffrées M. H. 1844. (Durand, prédécesseur.)
3048	*Penot* et Cie. Paris, r. Bergère, 30.	Chaussures sans couture. M. H. 1844.
3049	*Pigis*. Paris, avenue des Champs-Elysées, 91.	Chapeaux. M. H. 1834. (Allan-Migout, prédécesseur.)
3050	*Plattet* frères. Paris, r. Chapon, 23.	Cuirs vernis. Ⓐ 1844.
3051	*Pontrevé*. Batignolles, r. Saint-Etienne, 9.	Courroies.
3052	*Porcher*. Paris, r. Saint-Sauveur, 16.	Mélophone.
3053	*Pouard*. Paris, pl. des Vosges, 24.	Chaussures.
3054	*Pradier* et *Sarrazin*. Paris, r. de la Roquette, 41.	Objets en marbre.
3055	*Prud'homme*. Paris, r. des Filles-du-Calvaire, 6.	Machine pour la bonneterie.
3056	*Puel* et *Barthel*. Paris, r. Pascal, 16.	Maroquins.
3057	*Ray*. Paris, r. Saint-Maur-du-Temple, 72.	Objets en feutre moulé.
3058	*Regniaud*. Paris, r. Sainte-Foy, 6.	Moules en cuivre.
3059	*Regnier*. Batignolles, r. de la Paix, 68.	Machine à vapeur.
3060	*Riottot*. Paris, grande rue de Reuilly, 67.	Papiers peints.
3061	*Rocher*. Paris, r. Saint-Victor, 111.	Couvertures.

Nos d'ord.	NOMS ET DEMEURES DES EXPOSANTS.	NATURE DES OBJETS EXPOSÉS.
3062	*Rodel*. Paris, boul. Beaumarchais, 109.	Bronzes. (B) 1844.
3063	*Rogé*. Paris, r. Vivienne, 12.	Produits chimiques.
3064 et 3065	*Renault*. Paris, r. de la Harpe, 45.	Papiers de fantaisie et cartes à jouer. C. F. 1844.
3066	*Reulos*. Paris, r. du Jardin-des-Pl., 15.	Cuirs. (A) 1839; R. (A) 1844.
3067	*Roehn* et Cie. Paris, r. Saint-Denis, 268.	Instruments de musique.
3068	*Rolland*. Paris, r. de Charenton, 138.	Papiers peints.
3069	*Rollin*. Paris, r. de la Corderie-du-Temple, 11.	Bronzes.
3070	*Romoli* et *Molino*. Paris, r. Fortin, 6.	Imitations d'ébène, d'ivoire e de marbre.
3071	*Roper*. Paris, r. de l'Oratoire-du-Roule, 19.	Cuirs à rasoirs et limes.
3072	*Roque*. Paris, r. des Martyrs, 12.	Fibres de bananier et papier fabriqué avec ce produit. (B) 1839; R. (B) 1844.
3073	*Rouget de Lisle* et *Lempereur*. Paris, pass. des Petites-Ecuries, 15.	Montures pour chapeaux pliants
3074	*Ruchet* et Cie. Paris, r. Neuve-Popincourt, 9.	Objets en cuir.
3075	*Sablon*. Paris, r. du Faubourg-Montmartre, 23.	Chapeaux en feutre et en castor.
3076	*Salleron*. Paris, r. du Chaume, 6.	Papiers de fantaisie. (B) 1844.
3077	*Soudan* (Madame). Paris, r. de la République, 55.	Casquettes.
3078	*Saint-Maurice Cabany* (Veuve). Paris, r. Sainte-Avoye, 57.	Objets de papeterie. (B) 1844.
3079	*Saintoyant*. Paris, r. des Fossés-Saint-Victor, 4.	Appareils pour les bains de vapeur.
3080	*Sainton*, *Léonard* et *Cambon* jeune. Paris, r. du Chevalier-du-Guet, 4.	Gants.
3081	*Sauvage*. Paris, r. Neuve-Ménilmontant, 6.	Figures en plâtre et en bronze; pompes. (B) 1844.
3082	*Séguin*. Paris, pass. du Caire, 57.	Objets de papeterie.
3083	*Serre*. Paris, r. Saint-Denis, 81.	Registre.
3084	*Signy*. Paris, r. de la Bourse, 9.	Brodequins. C. F. 1839.
3085	*Sisco*. Paris, pass. Chausson, 6.	Chaussures; chaînes pour la marine.
3086	*Tangre* (Constant). Paris, r. Saint-Maur, 47.	Tissus métalliques. C. F. 1839 et 1844.
3087	*Tangre* (Victor). Paris, r. du Faubourg-du-Temple, 95.	Tissus métalliques.
3088	*Trempé* oncle et Cie. Paris, r. des Ecluses-Saint-Martin, 24.	Peaux de couleur. (B) 1834.
3089	*Terrien*. Belleville, r. Saint-Laurent, 49.	Marqueurs et compteurs de billards et d'omnibus.

N^os d'ord.	NOMS ET DEMEURES DES EXPOSANTS.	NATURE DES OBJETS EXPOSÉS.
3090	*Terrisse*. Paris, r. du Faubourg-Saint-Martin, 235.	Tuyaux en gutta-percha.
3091	*Thirion*. Paris, allée des Veuves, 93.	Pompe à incendie. (B) 1844.
3092	*Tronel* et Cie. Paris, r. Saint-Denis, 257.	Papier découpé en dentelles; étiquettes et impressions en couleur.
3093	*Thorel*. Paris, r. des Batailles, 12.	Machine pour embattre les roues.
3094	*Thoumin*. Paris, r. Saint-Antoine, 165.	Ornements en cuivre.
3095	*Tiefenbruner*. Paris, r. Montmorency, 6.	Objets de tabletterie.
3096	*Vandendorpel* fils. Paris, r. Chapon, 3.	Ornements en papier.
3097	*Varin*. Paris, r. Censier, 7.	Cuirs.
3098	*Velleaux*. Paris, r. de l'Arbre-Sec, 33.	Talons mobiles.
3099	*Verstaen*. Paris, r. Sainte-Anne, 48.	Chapeaux.
3100	*Villeneuve*. Paris, r. du Faubourg-Poissonnière, 35.	Peaux préparées.
3101	*Williams*. Paris, r. de Charenton, 111 *bis*.	Imitations de bois et de marbre.
3102	*Voisin* et Cie. Paris, r. d'Amsterdam, 35.	Modèles de couverture et de dallage.
3103	*Wolhin*. Paris, boul. Saint-Martin, 3.	Bâtons de bois doré, supports et rideaux.
3104	*Rockel*. Metz (Moselle).	Lustres et lampes. (B) 1844.
3105	*Gaudy*. Boulogne-sur-Mer (Pas-de-Calais).	Objets en marbre. (A) 1827; (B) 1834.
3106	*Ponchon* fils aîné. Vienne (Isère).	Cuir-laine. (B) 1844.
3107	*Signoret-Rochat*. Vienne (Isère).	Draps.
3108	*Maniguet*. Vienne (Isère).	Cuir-laine. (B) 1844.
3109	*Thiollier* et fils. Vienne (Isère).	Pièces de drap. M. H. 1844.
3110	*Giroud* frères. Serezin (Isère).	Couvertures en laine, en coton et en bourre de chevreaux. M. H. 1844.
3111	*Perrucat*. Grenoble (Isère).	Gants. M. H. 1844.
3112	*Abraham* fils. Grenoble (Isère).	Gants et bijouterie.
3113	*Bayoud* fils. Grenoble (Isère).	Peaux teintes.
3114	*Camichel* et Cie. Grenay (Isère).	Pains de sucre. M. H. 1844.
3115	*Sappey*. Vizille (Isère).	Cheminées de marbre blanc. M. H. 1844.
3116	*Cuaz*. Montferrat (Isère).	Charrue.
3117	*Millioz*. Grenoble (Isère).	Attelage de sûreté. C. F. 1844.
3118	*Arnaud*. Grenoble (Isère).	Conduit de fontaine en ciment. C. F. 1844. (Carrière, *prédécesseur*.)
3119	*Lo[illegible]t* et *Dupuy*. Vizille (Isère).	Coton filé et coton cardé.
3120	*Delavalette*. Brié (Isère).	Peaux imprimées.
3121	*Ducrilly* et fils. Grenoble (Isère).	Chapeaux de paille française.

N^os d'ord.	NOMS ET DEMEURES DES EXPOSANTS.	NATURE DES OBJETS EXPOSÉS.
3122	*Leborgne* et *Dutour*. Grenoble (Isère).	Chapeaux et cabas de paille d'Italie et de France, échantillons de paille.
3123	*Girond-Argoud*. Villeurbanne (Isère)	Machine à sécher et à étirer les étoffes.
3124	*Tholon*. Grenoble (Isère).	Cosmétiques.
3125	*Blanchet* et *Kléber*. Rives (Isère).	Papiers de diverses qualités. Ⓐ 1834 ; Ⓞ 1839 ; R. Ⓞ 1844.
3126	*Breton* frères et Cie. Claix (Isère).	Papiers. Ⓑ 1839 ; R. Ⓑ 1844.
3127	*Biett* et Cie. La Poipe (Isère).	Feuille et lingot de zinc en plomb.
3128	*Gourju*. Bonpertuis (Isère).	Aciers. Ⓐ 1844.
3129	*Frèrejean*. Vienne (Isère).	Tôles, fers et échantillons de minerais. Ⓞ 1827. R. Ⓞ 1834, 1839, 1844.
3130	*Charrière* et Cie. Allevard (Isère).	Fers des hauts-fourneaux d'Allevard Ⓐ 1834 ; R. Ⓐ 1839. (Giraud père, *prédécesseur*.) R. Ⓐ 1844.
3131	*De Bec*. Saint-Cannat (Bouches-du-Rhône).	Charrue *sous-sol*.
3132	*Maurel*. Marseille (Bouches-du-Rhône).	Cloche à battant articulé.
3133	*Marsais*. Saint-Etienne (Loire).	Charbon de terre. Ⓐ 1844.
3134	*Neyrand*, *Thiollière*, *Bergeron*, *Verdier* et Cie. Lorette (Loire).	Aciers.
3135	*Jackson* frères. Assailly (Loire).	Aciers. Ⓞ 1823. R. Ⓞ 1834, 1839, 1844.
3136	*Jackson* frères, *Gérin* et *Massenet*. Saint-Etienne (Loire).	Faucilles et faulx. Ⓞ 1844.
3137	*Petin* et *Gaudet*. Rive-de-Gier (Loire).	Mortier, arbres, bandages, creusets et essieu coudé.
3138	*Debrye*. Valbenoite (Loire).	Aciers. Ⓑ 1834.
3139	*Schnell* dit *Tobias*. Valbenoite (Loire).	Martinet et lingot d'acier étiré.
3140	*Berger*. Saint-Etienne (Loire).	Armes à feu.
3141	*Aubry* et *Châteauneuf*. Valbenoite (Loire).	Ancres, enclumes et étaux.
3142	*Toulza*. Saint-Étienne (Loire).	Serrure. C. F. 1839.
3143	*Holtzer*. Vineux (Loire).	Aciers.
3144	*Teillard*. Roanne (Loire).	Charrues.
3145	*Chauffrial*. Saint-Étienne (Loire).	Enclumes, étaux et soufflets.
3146	*Hutter* et Cie. Rive-de-Gier (Loire).	Verre à vitre. Ⓑ 1834 ; Ⓐ 1839 ; Ⓞ 1844.

N^os d'ord.	NOMS ET DEMEURES DES EXPOSANTS.	NATURE DES OBJETS EXPOSÉS.
3147	*Dumaine, Dorian* et Cie. Valbenoite (Loire).	Faulx, faucilles, sapes.
3148	*Bory*. Saint-Etienne (Loire).	Couteaux.
3149	*Renodier, Ballefin* et Cie. Valbenoite (Loire).	Aciers.
3150	*Dumas*. Saint-Etienne (Loire).	Serrures.
3151	*Pichon* (veuve). Saint-Etienne (Loire).	Tranchets, fleurets et rogne-pieds. M. H. 1834.
3152	*Dauvergne*. Saint-Chamond (Loire).	Romaine.
3153	*Chaleyer* et *Granjon*. Firminy (Loire).	Faulx, faucilles et sapes.
3154	*Payre*. Saint-Etienne (Loire).	Machines pour la filature de la soie.
3155	*Peyret-Lacombe*. Saint-Etienne (Loire).	Sujets fabriqués à la Jacquart sur un ruban.
3156	*Richard* frères. Saint-Chamond (Loire).	Lacets et outils pour en fabriquer Ⓐ 1839.
3157	*Robert*. Saint-Etienne (Loire).	Tableaux pour l'enseignement de la lecture et de l'orthographe.
3158	*David*. Valbenoite (Loire).	Teintures. Ⓑ 1844.
3159	*Balay*. Saint-Etienne (Loire).	Rubans. Ⓐ 1839; Ⓞ 1844.
3160	*Farissier*. Valbenoite (Loire).	Lacets et soutaches.
3161	*Vignat* frères. Saint-Etienne (Loire).	Rubans. Ⓐ 1834; Ⓞ 1839; R. Ⓞ 1844.
3162	*Grangier* frères. Saint-Chamond (Loire).	Rubans. Ⓗ 1839; Ⓐ 1844.
3163	*Passerat* fils et Cie Saint-Etienne (Loire).	Rubans. Ⓐ 1844.
3164	*Baret*. Saint-Etienne (Loire).	Rubans et écharpes.
3165	*Mounier* père et fils. Saint-Etienne (Loire).	Rubans.
3166	*Milliant*. Valbenoite (Loire).	Teintures. Ⓑ 1844.
3167	*Mercier* et Cie. Firminy (Loire).	Galons et épaulettes.
3168	*Maygre*. Saint-Etienne (Loire).	Portrait tissé du duc d'Orléans.
3169	*Bouvard*. Saint-Etienne (Loire).	Tableaux peints à l'huile par un nouveau procédé.
3170	*Larcher-Faure* et Cie. Saint-Etienne (Loire)	Rubans.
3171	*Couturat et Frérot*. Troyes (Aube).	Objets de bonneterie en coton.
3172	*Quinquarlet-Dupont*. Troyes (Aube).	Camisoles à taille.
3173	*Douine*. Troyes (Aube).	Bonnets, tricots et calottes en coton.
3174	*Michaux-Duranton*. Troyes (Aube).	Pompe à incendie.
3175	*Vin-Dard*. Troyes (Aube).	Bougies.

N^{os} d'ord.	NOMS ET DEMEURES DES EXPOSANTS.	NATURE DES OBJETS EXPOSÉS.
3176	*Berge*. Belley (Aube).	Charrue.
3177	*Tarin*. Coclois (Aube).	Houe à cheval.
3178	*Souplet*. Troyes (Aube).	Appareils anatomiques.
3179	*Milard*. Ménil-Saint-Pérès (Aube).	Tuiles.
3180	*Jacquin*. Troyes (Aube).	Métiers circulaires et objets de bonneterie. B. Ⓐ 1844.
3181	*Fox*. St-Genis-Laval (Rhône).	Briques.
3182	*Carquillat*. Lyon (Rhône).	Tableau tissé en soie. Ⓑ 1844.
3183	*Guinaud*. Lyon (Rhône).	Meubles.
3184	*Vachon* père et fils. Lyon (Rhône).	Trieurs cylindriques.
3185	*Rogeat* frères. Lyon (Rhône).	Objets en fonte. Ⓑ 1844.
3186	*Béranger* et Ce. Lyon (Rhône).	Balances-bascules. Ⓐ 1844.
3187	*Mercier* et *Gravier*. Lyon (Rhône).	Abat-jour et tente de magasin.
3188	*Vincent*. Lyon (Rhône).	Filet au métier.
3189	*Coignet* père et fils. Lyon (Rhône).	Colles, gélatines et phosphores.
3190	*Dejey*. Lyon (Rhône).	Pompe à incendie.
3191	*Rachel*. Lyon (Rhône).	Candélabres en bronze.
3192	*Villard*. Lyon (Rhône).	Pompes à jet continu. C. F. 1839 ; M. H. 1844.
3193	*Mathis*. Lyon (Rhône).	Calorifères.
3194	*Silvestre*. Lyon (Rhône).	Instruments de musique. Ⓑ 1844.
3195	*Brunet*. Lyon (Rhône).	Objets en cuivre et en argent ciselés.
3196	*Nathan-Mayer*. Lyon (Rhône).	Mosaïque.
3197	*Daubet* et *Dumarest*. Lyon (Rhône).	Meubles.
3198	*Margeois*. Lyon (Rhône).	Lit mécanique.
3199	*Carrier-Rouge*. Lyon (Rhône)	Candélabres.
3200	*Malinand*. Lyon (Rhône).	Machine à broyer le chocolat.
3201	*Martin*. Lyon (Rhône).	Serrures à soupape.
3202	*Duboys*. Lyon (Rhône).	Essieu et boîte de roue.
3203	*Brisson*. Lyon (Rhône).	Peluche. Ⓐ 1844.
3204	*Noyé*. Lyon (Rhône).	Pommes de terre et châtaignes sèches.
3205	*Hugueny*. Strasbourg (Bas-Rhin).	Eclairage et chauffage.
3206	*Mohler*. Obernay (Bas-Rhin).	Colonnades, tapis et couvre-pieds. Ⓐ 1844.
3207	*Roth*. Strasbourg (Bas-Rhin).	Instruments de musique.
3208	*Blumer*. Strasbourg (Bas-Rhin).	Parquet.
3209	*Jordan*. Wolf (Bas-Rhin).	Tabac d'Alsace.
3210	*Baillet*. Strasbourg (Bas-Rhin).	Laines teintes et broderies sur canevas.
3211	*Dietrich*. Niederbronn (Bas-Rhin).	Objets en fonte ; roues et essieux en fer. Ⓑ 1827 ; Ⓐ 1834 ; Ⓞ 1844.

Nos d'ord.	NOMS ET DEMEURES DES EXPOSANTS.	NATURE DES OBJETS EXPOSÉS.
3212	*Bloch (Naphtali Cerf)* Duttlenheim (Bas-Rhin).	Fécule, sagou, glucose et dextrine.
3213	*Bloch (Némis)*. Duttlenheim (Bas-Rhin).	Réservoir et siphon à écoulement intermittent.
3214	*Albin* et Cie. Strasbourg (Bas-Rhin).	Toiles métalliques, rouleau égoutteur et courroie sans fin.
3215	*Bouxwiller* (Société des mines de). Bas-Rhin.	Produits chimiques. Ⓐ 1823 et 1827 ; Ⓐ 1834 ; Ⓞ 1839 ; R. Ⓞ 1844.
3216	*Schattenmann*. Bougviller (Bas-Rhin).	Céréales et modèle de fosse à fumier.
3217	*Kuntzer*. Bischviller (Bas-Rhin).	Draps. M. H 1839 ; Ⓐ 1844.
3218	*Roswag* père et fils. Schlestadt (Bas-Rhin).	Toiles métalliques. *Voy.* no 2382.
3219	*Goldenberg* et Ce. Dornhoff (Bas-Rhin).	Objets de grosse quincaillerie. Ⓑ 1827 et Ⓐ 1834 (de Guaita); R. Ⓐ 1844.
3220	*Schindler*. Strasbourg (Bas-Rhin).	Or faux battu en feuilles.
3221	*Ritter* et *Petit-Gérard*. Strasbourg (Bas-Rhin).	Vitraux peints.
3222	*Heiligenthal* et Ce. Strasbourg (Bas-Rhin).	Sculptures en carton-pierre
3223	*De Chastellux* père et fils. Hagueneau (Bas-Rhin).	Cordes, toile à seaux à incendie, fils de déchets de bourre de soie ; tissu damassé et tapis en bourette.
3224	*Gail (De)*. Mulhausen (Bas-Rhin).	Céréales, foin, paille de seigle et betteraves.
3225	*Baumüller*. Dupigheim (Bas-Rhin).	Seaux à incendie et tuyaux en chanvre.
3226	*Coulaux* et Ce. Holsheim (Bas-Rhin).	Objets de taillanderie et de quincaillerie ; cuirasses et hache d'abordage. Ⓞ 1806, 1819, 1823, 1827, 1834 ; R. Ⓞ 1839 et 1844.
3227	*Wingerter*. Oberbetschdorf (Bas-Rhin).	Tubes et manchon en grès.
3228	*Heinhold*. Strasbourg (Bas-Rhin).	Modèles de pressoir.
3229	*Herrenschmidt*. Strasbourg (Bas-Rhin).	Cuirs et courroies.
3230	*Ruef* et *Bicard*. Bischwiller (Bas-Rhin).	Draps et cuir laine. M. H. 1837 ; Ⓑ 1844.
3231	*Dournay* et Ce. Lobsann (Bas-Rhin).	Asphaltes ; huiles et essences minérales ; mosaïque.
3232	*Seib*. Strasbourg (Bas-Rhin).	Tissus de lin et de coton. Ⓑ 1834 ; Ⓐ 1839 et 1844.
3233	*Blin* père et fils et *Bloc-Javal*. Bischwiller (Bas-Rhin).	Drap, satin et cuir-laine.

Nos d'ord.	NOMS ET DEMEURES DES EXPOSANTS.	NATURE DES OBJETS EXPOSÉS.
3234	*Huguelin*. Strasbourg (Bas-Rhin).	Poêles en faïence.
3235	*Maire*. Strasbourg (Bas-Rhin).	Produits chimiques. C. 1839 ; Ⓐ 1844.
3236	*Schelestadt* (Comice agricole de).	Produits agricoles.
3237	*Nicolas*. Molsheim (Bas-Rhin).	Rabots en fer.
3238	*Graff*. Strasbourg (Bas-Rhin).	Pot au lait.
3239	*Albrecht*. Schlestadt (Bas-Rhin).	Orge.
3240	*Mutzig*. Strasbourg (Bas-Rhin).	Sceaux à incendie
3241	*Werner* et *Durr*. Strasbourg (Bas-Rhin).	Pompe à incendie.
3242	*Christ*. Strasbourg (Bas-Rhin).	Objets de taillanderie.
3243	*Baltzer* Strasbourg (Bas-Rhin).	Transport de gravures sur pierres.
3244	*Silbermann*. Strasbourg (Bas-Rhin).	Impressions en couleurs. Ⓐ 1844.
3245	*Robert*. Strasbourg (Bas-Rhin).	Pièces d'anatomie plastique.
3246	*Dietz*. Barr (Bas-Rhin).	Pressoirs.
3247	*Graffenstaden* (Usine de) (Bas-Rhin).	Mécaniques. 1844.
3248	*Simon*. Strasbourg (Bas-Rhin).	Impressions en couleurs; pierres lithographiques; marbres incrustés.
3249	*Jundt* et Ce. La Robertsau (Bas-Rhin).	Almanachs et papiers-porcelaine.
3250	*Dupont*. Saint-Brice (Marne).	Poils de lapin.
3251	*Chastelain*. Vitry (Marne).	Toisons mérinos.
3252	*Degand*. Saint-Omer (Pas-de-Calais).	Objets de lingerie.
3253	*Langevin* et Ce. Itteville (Seine-et-Oise).	Bourre de soie filée. Ⓞ 1839 ; R. Ⓞ 1844.
3254	*Bisson*. Guijcray (Seine-et-Oise).	Fils de lin teints et blanchis. M. H. 1844.
3255	*Dailly*. Marines (Seine-et-Oise).	Tarières à vis.
3256	*Luce*. Versailles (Seine-et-Oise).	Cheminée garnie de glaces.
3257	*Roussel*. Versailles (Seine-et-Oise).	Turbine à vent, piston hydraulique et section de chemin de fer. M. H. 1844.
3258	*Vissière*. Argenteuil (Seine-et Oise).	Chronomètres et pendule astronomique.
3259	*Pechin*. Sartrouville. (Seine-et-Oise).	Peinture de décor.
3260	*Loron*. Versailles (Seine-et-Oise).	Armes à feu. C. F 1844.
3261	*Laumeau*. Versailles (Seine-et-Oise).	Instruments d'horticulture.
3262	*Duval*. Chatou (Seine et Oise).	Peintures sur verre à la mécanique.
3263	*Berthoud* (Louis). Argenteuil (Seine-et-Oise).	Chronomètres.
3264	*Berthoud* (Charles). Argenteuil (Seine-et Oise).	Chronomètres. Ⓐ 1827 ; Ⓞ 1834; R. Ⓞ 1844.

N^{os} d'ord.	NOMS ET DEMEURES DES EXPOSANTS.	NATURE DES OBJETS EXPOSÉS.
3265	*Charpentier* et Cie. Poissy (Seine-et-Oise).	Bijoux d'acier.
3266	*Delbut* père et Ce. St-Germain-en-Laye (Seine-et Oise).	Cuirs au jus. (B) 1834 ; (A) 1839 ; (O) 1844.
3267	*Falhon*. Versailles (Seine-et-Oise).	Serrures.
3268	*Richard*. Versailles (Seine-et-Oise).	Cartes géographiques dites agricoles.
3269	*Noble*. Versailles (Seine-et-Oise).	Chaise-lit.
3270	*Bussard*. Versailles (Seine et-Oise).	Chronomètre de poche.
3271	*Lavigne*. Bougival (Seine-et-Oise).	Machine à percer et fraiser les métaux.
3272	*Goupillat*, *Illig*, *Guindorff* et *Masse*. Sèvres (Seine et-Oise).	OEillets métalliques et capsules. (B) 1844.
3273	*Rabourdin*. Velisy (Seine et-Oise).	Charrue.
3274	*Baudry*. Athis-Mons (Seine-et-Oise).	Fer et acier. (O) 1839. R. (O) 1844.
3275	*Motté*. Etampes. (Seine-et-Oise).	Sabots.
3276	*Guillard*. Versailles (Seine-et-Oise).	Serrure de sûreté.
3277	*Bouvenot*. Versailles (Seine-et-Oise).	Appareil pour la conservation du gibier dans les carnassières.
3278	*Quénot*. Versailles (Seine-et-Oise).	Gargouille en fonte.
3279	*Letenneur*. Pontoise (Seine-et-Oise).	Bluterie.
3280	*Lemaire-Daimé*. Andrésy (Seine-et-Oise).	Moules et papiers pour cigarettes.
3281	*Champion* aîné. Jouars-Pontchartrain (Seine-et Oise).	Ustensiles pour la fabrication des briques et tuiles. C. F. 1844.
3282	*Huard* frères. Versailles (Seine-et-Oise).	Chronomètres et pièces d'horlogerie. (B) 1834 ; R. (B) 1839.
3283	*Angibaud*. Versailles (Seine-et-Oise).	Serrure de sûreté.
3284	*Ottenheim*. Versailles (Seine-et Oise).	Cuirs.
3285	*Joly*. Argenteuil (Seine-et-Oise).	Modèles de combles en fer et de pont en fonte. M. H. 1844.
3286	*Fimbel*, *Bergès* et Cie. Persan (Seine-et-Oise).	Ressorts de carrosserie. (B) 1839, 1844.
3287	*Hudde*. Villiers-le-Bel (Seine-et-Oise).	Charrue, tarare et horloge à compensateur. C. F. 1834.
3288	*Delon*. Essonnes (Seine-et-Oise).	Plantoirs.
3289	*Biétry* et fils. Villepreux (Seine-et Oise).	Cachemires français ; fils de laine et fils de cachemire. M. H. 1823 ; (A) 1827 ; (O) 1834 ; R. (O) 1844.
3290	*Bertier*. Poissy (Seine-et-Oise).	Articles de bureaux. M. H. 1844.
3291	*Crété*. Corbeil (Seine-et-Oise).	Livres de piété. (B) 1844.

N[os] d'ord.	NOMS ET DEMEURES DES EXPOSANTS.	NATURE DES OBJETS EXPOSÉS.
3292	*Thiboust.* St-Germain-en-Laye (Seine-et-Oise).	Tricots en laine.
3293	*Grignon* (*Institut agronomique de*). Seine-et-Oise.	Ustensiles aratoires.
3294	*Carlier.* Corbeil (Seine-et-Oise).	Déchets de tissus de laine, et engrais provenant de ces déchets.
3295	*Vernier.* Beaumont-sur-Oise (Seine-et-Oise).	Instrument à régler le papier.
3296	*Barbier* et *Travaillot.* Beaumont-sur-Oise (Seine-et-Oise).	Objets en ivoire.
3297	*Cartier.* Pontoise (Seine-et-Oise).	Produits chimiques. Ⓐ 1844.
3298	*Benoit.* Versailles (Seine-et-Oise).	Dessins de machines et de perfectionnements introduits dans l'horlogerie. Ⓐ 1834. Ⓞ 1839. R. Ⓞ 1844.
3299	*Fauveau.* Bruyères-le-Châtel (Seine-et-Oise).	Fils de laine peignée.
3300	*Girault.* Arpajon (Seine-et-Oise).	Réveil et échappement.
3301	*Willencourt (De).* Saint-Blimont (Somme).	Becs de canne, pênes dormants et serrures.
3302	*Doudet.* Ault (Somme).	Pênes dormants et serrures.
3303	*Rimbault.* Vismes (Somme).	Serrures, verrous de sûreté et pênes dormants.
3304	*Joseph* (V[e]) et *Depoilly* frères. Escarbotin (Somme).	Serrures et cadenas.
3305	*Vittard* jeune. Péronne (Somme).	Cheminée-calorifère à régulateur.
3306	*Randoing.* Abbeville (Somme).	Draps, cachemires et cuir-laine. Ⓞ 1834. Ⓞ 1844.
3307	*Bocquet* et Cie. Ailly-sur-Somme (Somme).	Fils de lin et d'étoupes.
3308	*Amiens* (*Société anonyme de la filature d'*) Somme.	Fils de chanvre, de lin et d'étoupes. Ⓒ 1844.
3309	*Deneux-Michaut.* Hallencourt (Somme).	Linge de table damassé et ouvré; toiles à matelas. M. H. 1844.
3310	*Bouthors* et *Dercins.* Amiens (Somme).	Mousselines brodées et à jour.
3311	*Delattre* et Cie. Bamburelles (Somme).	Tissus de coton.
3312	*Carette.* Gentelles (Somme).	Couvre-pieds, jupons et rideaux de coton.
3313	*Vayson.* Abbeville (Somme).	Tapis veloutés et moquettes.
3314	*Caussin* et *Devieilhe.* Le Petit-Saint-Roch (Somme).	Moquettes.
3315	*Foye-Davenne.* Paris, r. Neuve-des-Petits-Champs, 63.	Moquettes et tapis de foyer.
3316	*Payen* et Cie. Amiens (Somme).	Velours d'Utrecht et moquettes.

Nos d'ord.	NOMS ET DEMEURES DES EXPOSANTS.	NATURE DES OBJETS EXPOSÉS.
3317	*Barbaza* et Cie. Belloy-sur-Somme (Somme).	Carpettes et moquettes.
3318	*Berly* et Cie. Amiens (Somme).	Tapis, moquettes, velours d'Utrecht.
3319	*Henry Laurent* et fils. Amiens (Somme).	Moquettes et carpettes. Ⓐ 1834. Ⓞ 1844.
3320	*Kuhlmann* frères. Amiens (Somme).	Produits chimiques.
3321	*Dambreville*. Amiens (Somme).	Hyposulfite de soude cristallisé.
2322	*Bor*. Amiens (Somme).	Biberons et bouts de sein.
	Idem.	Chaux et hydrosulfite de soude extrait de la chaux.
	Idem.	Déchets de fil de lin; charpie vierge.
3323	*Wasse*. Cagny (Somme).	Charrue à soc et à versoir mobiles.
3324	*Laurent*. La Neuville-sous-Corbie (Somme).	Herse.
3325	*Guillemont*. Etinehem (Somme).	Charrue.
3326	*Baillet*. Fouilloy (Somme).	Charrues, semoir, échenilloir, plantoir, rouleau et dynamomètre.
3327	*Delamare-Debouteville*. Rouen (Seine-Inférieure).	Cotons filés; boîtes-bobines. Ⓐ 1844.
3328	*Gallet* et *Dubus*. Rouen (Seine-Inférieure).	Batteur étaleur à double batte, avec son aspirateur.
3329	*Bertrand-Girard*. Rouen (Seine-Inférieure).	Coton filé, mélangé à la carde.
3330	*Tricot*. Rouen (Seine-Inférieure).	Rouenneries en coton et en laine et coton. M. H. 1834; Ⓐ 1844.
3331	*Collin-Royer*. Rouen (Seine-Inférieure).	Reproduction d'une planche typographique.
3332	*Deck* aîné. Fécamp (Seine-Inférieure).	Machine pour nettoyer les blés; herse et rayonneur.
3333	*Derubé*. Rouen (Seine-Inférieure).	Mouchoirs.
3334	*Bluet*. Rouen (Seine-Inférieure).	Nouveautés pour robes. Ⓑ 1844.
3335	*Rousée*. Darnetal (Seine-Inférieure).	Calicots. Ⓑ 1844.
3336	*Chatain* fils aîné. Rouen (Seine-Inférieure).	Tissus en coton et en laine et coton. Ⓐ 1844.
3337	*Dupasseur*. Gerville (Seine-Inférieure).	Fils de lin et d'étoupes. Ⓐ 1844.
3338	*Debu* père et fils. Blosseville-Bonsecours (Seine-Inférieure).	Tissus de coton. Ⓑ. 1844.
3339	*Vaussard*. Bondeville (Seine-Inférieure).	Tissus de coton. Ⓐ 1839; R. Ⓐ 1844.

N^os d'ord.	NOMS ET DEMEURES DES EXPOSANTS.	NATURE DES OBJETS EXPOSÉS.
3340	*Barbet.* Rouen (Seine-Inférieure).	Indiennes et cravates.
3341	*Braquehays.* Bolbec (Seine-Inférieure).	Chaussures.
3342	*Naudin.* Le Havre (Seine-Inférieure).	Balances-bascules.
3343	*Huntzinger.* Le Havre (Seine-Inférieure).	Cercle de réflexion, sextant et octant. Ⓑ 1839.
3344	*Orange.* Rouen (Seine-Inférieure).	Fauteuil.
3345	*Pouyet-Quertier* fils. Rouen (Seine-Inférieure).	Boîte d'embrayage et de débrayage; coton filé.
3346	*Silvestre* (Madame). Lillebonne (Seine-Inférieure).	Toile filée et tissée à la main.
3347	*Hutchison, Owen* et Ce. Rouen (Seine-Inférieure).	Graisse anti-corrosive.
3348	*Fauquet-Lemaître.* Bolbec (Seine-Inférieure).	Coton filé. Ⓞ 1834; R. Ⓞ 1839 et 1844.
3349	*Bons* frères. Bolbec (Seine-Inférieure).	Rôts pour le tissage.
3350	*Hémery.* Guerville (Seine-Inférieure).	Verreries.
3351	*Deplat.* Elbeuf (Seine-Inférieure)	Machines à fouler.
3352	*Gosse de Serlay.* Guenin (Seine-Inférieure.	Papier.
3353	*Desaubry.* Darnetal (Seine-Inférieure).	Vernis noir.
3354	*Croutte* et Ce. Saint-Aulin-le-Caul (Seine-Inférieure).	Régulateur de cheminée, pendule, roulants de pendules et mécanismes de lampes.
3355	*Pouchet.* Rouen (Seine-Inférieure).	Machine à faire des rôts.
3356	*Lacroix* père et fils. Rouen (Seine-Inférieure).	Machine à lithographier, à fouler les draps et à peigner le lin. Ⓐ 1834.
3357	*Delavigne.* Deville (Seine-Inférieure).	Coton filé.
3358	*Grenet.* Rouen (Seine-Inférieure).	Gélatine et préparation pour la clarification de la bière. Ⓑ 1827; Ⓐ 1834; R. Ⓐ 1839; Ⓐ 1844.
3359	*Dumontier.* Rouen (Seine-Inférieure).	Produits retirés.
3360	*Sauvage.* Rouen (Seine-Inférieure).	Bretelles et tissus pour bretelles.
3361	*Allais.* Rouen (Seine-Inférieure).	Mouchoirs et rouenneries.
3362	*Keittinger.* Rouen (Seine-Inférieure).	Indiennes. Ⓐ 1834; Ⓞ 1839.
3363	*Dervque* et *Godefroy.* Rouen (Seine-Inférieure).	Fils de lins blanchis.
3364	*Doliphard* et *Dessaint.* Rouen (Seine-Inférieure).	Indiennes. Ⓐ 1844.
3365	*Lepicard,* Rouen (Seine-Inférieure).	Rouenneries.
3366	*Petit.* Rouen (Seine-Inférieure).	Café dit *de santé.*
3367	*Quenet* frères. Rouen (Seine-Inférieure).	Fils de lin et de coton.

N° d'ord.	NOMS ET DEMEURES DES EXPOSANTS.	NATURE DES OBJETS EXPOSÉS.
3368	*Petit-Leclère*. Rouen (Seine-Inférieure).	Cardes.
3369	*Baudouin*. Graville-l'Eure (Seine-Inférieure).	Bougies stéariques.
3370	*Sautreuil* fils. Fécamp (Seine-Inférieure).	Machine à raboter le bois. M. H. 1839.
3371	*Miroude*. Rouen (Seine-Inférieure).	Plaques et rubans à laine, à coton et à soie; rubans pour carder les étoupes. M. H. 1834; Ⓐ 1839; Ⓐ 1844.
3372	*Nillus*. Graville-l'Eure (Seine-Inférieure).	Machine à vapeur.
3373	*Beaudouin*. Saint-Paër (Seine-Inférieure).	Huile et graisse.
3374	*Cruct*. Rouen (Seine-Inférieure)	Fourneau-poêle,
3375	*Grellet*. Rouen (Seine-Inférieure).	Blutoir métallique à axe vertical.
3376	*Rosay*. Roquefort (Seine-Inférieure)	Fenêtre imperméable.
3377	*Rhem*. Maromme (Seine-Inférieure),	Indiennes et cravates.
3378	*Delabarre*, Rouen (Seine-Inférieure).	Châssis à tabatière et à rideaux.
3379	*Nicolle*. Darnetal (Seine Inférieure)	Tapis.
3380	*Hazard* frères. Rouen (Seine-Inférieure).	Indiennes. Ⓐ 1839; R. Ⓐ 1844.
3381	*Lebas*. Montivilliers (Seine-Inférieure).	Charrue.
3382	*Bordes*. Rouen (Seine-Inférieure).	Rouleau gravé à la molette roulante.
3383	*Bernard*. Rouen (Seine-Inférieure).	Régulateur pour machine à vapeur.
3384	*Steinbach*. Petit-Quevilly (Seine-Inférieure).	Amidon.
3385	*Hubert*. Rouen (Seine-Inférieure).	Taquets et navettes.
3386	*Desert*. Banville (Seine-Inférieure).	Charrue cauchoise, herse, houe-blutoir et ratissoire de jardin.
3387	*Fromage*. Darnetal (Seine-Inférieure).	Machine pour la fabrication des étoffes brochées.
3388	*Lebaudy*, *John Peter* et Ce. Petit-Quevilly (Seine-Inférieure).	Fils de lin et de chanvre.
3389	*Fumière* et *Fortin*. Rouen (Seine Inférieure).	Plaques et rubans pour carder la laine et le coton. Ⓑ 1839; Ⓐ 1844.
3390	*Dehayes-Benard*. Rouen (Seine Inférieure).	Cotons filés, bobines et canettes.
3391	*Galizel*. Malaunay (Seine-Inférieure).	Coton filé.
3392	*Duthuit*. Barentin (Seine-Inférieure).	Fil de lin, d'étoupes et de chanvre. Ⓑ 1844.
3393	*Gallet*. Havre (Seine-Inférieure).	Poudre absorbante et appareil de séparation,

N^os d'ord.	NOMS ET DEMEURES DES EXPOSANTS.	NATURE DES OBJETS EXPOSÉS.
3394	*Dupré*. Forges (Seine-Inférieure).	Couperose.
3395	*Lethuillier*. Sotteville-lèz-Rouen (Seine-Inférieure).	Appareil pour machines.
3396	*Mabire*. Havre (Seine-Inférieure).	Plomb de chasse et plomb laminé. C. F. 1844.
3397	*Neveu*. Malaunay (Seine-Inférieure).	Coton filé. Ⓑ 1844.
3398	*Bataille*. Blangy (Seine-Inférieure).	Produits chimiques.
3399	*Stroehlin*, *Peynaud* et *Lecomte*. Rouen (Seine-Inférieure).	Calicot.
3400	*Mutrel*. Rouen (Seine-Inférieure).	Régulateur à gaz.
3401	*Dorey*. Havre (Seine-Inférieure).	Lame à œillet pour le tissage mécanique.
3402	*Pinel*. Sotteville-lez-Rouen (Seine-Inférieure).	Machine à canneler et calibrer les cylindres des filatures.
3403	*Léveillé*. Rouen (Seine-Inférieure).	Coton filé. Ⓐ 1839; Ⓞ 1844.
3404	*Delamare*. Darnetal (Seine-Inférieure).	Echarpes et coton filé.
3405	*Lebouher*. Rouen (Seine Inférieure).	Cartons pour presser les draps.
3406	*Langlois*. Rouen (Seine-Inférieure).	Régulateur. M. H. 1844.
3407	*Pimont*. Rouen (Seine-Inférieure).	Appareils pour le service des machines à vapeur. Ⓐ 1834.
3408	*Godin*. Rouen (Seine-Inférieure).	Billard. C. F. 1844.
3409	*Chappey*. Rouen (Seine-Inférieure).	Machine pour imprimer à quatre rouleaux.
3410	*Michel*. Rouen (Seine-Inférieure).	Machine à bouter les rubans de carde et cylindre à glacer pour les cuirs à carde. Ⓑ 1844.
3411	*Carliez*. Rouen (Seine-Inférieure).	Cylindres gravés pour indiennes, et épreuves des gravures.
3412	*Speiser*. Rouen (Seine-Inférieure).	Dessins d'indiennes. C. F. 1844.
3413	*Guérin*. Hâvre (Seine-Inférieure).	Systèmes d'installation de gouvernail et de guindau pour les navires.
3414	*Holingue* fils. Saint-Nicolas d'Eliermont (Seine-Inférieure).	Pièces d'horlogerie, mouvements de pendules et pendules.
3415	*Boromé-Delépine* et Ce. Saint-Nicolas d'Eliermont (Seine-Inférieure).	Pièces d'horlogerie. M. H. 1839; Ⓐ 1844.
3416	*Gannery*. Saint-Nicolas d'Eliermont (Seine-Inférieure).	Chronomètres, montres d'observation et pendules.
3417	*Bienaymé*. Dieppe (Seine-Inférieure).	Montres d'habitacle et régulateur de cheminée. Ⓑ 1844.
3418	*Odérieu*. Rouen (Seine-Inférieure).	Piqués.
3419	*Merlier*. *Lefèvre* et Ce. Ingouville (Seine-Inférieure).	Pièces de haubans, câble de carrière, remorque et machine à câbler.

Nos d'ord.	NOMS ET DEMEURES DES EXPOSANTS.	NATURE DES OBJETS EXPOSÉS.
3420	*Potel* fils. (Seine-Inférieure).	Cotons filés et bobines.
3421	*Vermont*. Rouen (Seine Inférieure).	Tissus de coton et fil. Ⓑ 1844.
3422	*Aubert* fils. Rouen (Seine-Inférieure).	Tissus pour robes.
3423	*Décaen* (Madame). Ciiquetot-Lesneval (Seine-Inférieure).	Lin filé.
3424	*Abraham-Huet* (Madame). Rouen (Seine-Inférieure).	Bretelles.
3425	*Gilles*, Rouen (Seine-Inférieure).	Tissus pour gilets.
3426	*Frérel*. Fécamp (Seine Inférieure),	Machines, l'une pour blanchir et raboter le bois, l'autre pour le rainer et le bouveter.
3427	*Sevaistre* aîné et *Legris*. Elbeuf (Seine-Inférieure).	Draps et nouveautés. Ⓐ 1834; R. Ⓐ 1844.
3428	*Osmont-Berteche*. Elbeuf (Seine-Inférieure).	Draps et nouveautés. Ⓑ 1844.
3429	*Parnuit-Dautrésme* (Madame). Elbeuf (Seine-Inférieure).	Nouveautés.
3430	*Tousé*. Elbeuf (Seine-Inférieure).	Draps. Ⓐ 1844.
3431	*Flamand* et *Gavoisey*. Elbeuf (Seine-Inférieure).	Draps. Ⓐ 1844.
3432	*Dumor* aîné. Elbeuf (Seine Inférieure).	Draps. Ⓐ 1839; Ⓒ 1844.
3433	*Delarue*. Elbeuf (Seine-Inférieure).	Draps et nouveautés. Ⓐ 1839.
3434	*Chauvreulx* et *Chefdrud*. Elbeuf (Seine-Inférieure).	Draps et nouveautés. Ⓑ 1823; Ⓐ 1827; Ⓞ 1834; R. Ⓞ 1844.
3435	*Chencvière*. Elbeuf (Seine-Inférieure).	Draps et nouveautés. Ⓐ 1834; Ⓞ 1839; R. Ⓞ 1844.
3436	*Flavigny*. Elbeuf (Seine-Inférieure).	Draps et nouveautés. Ⓞ 1839; R. Ⓞ 1844.
3437	*Coupri*. Elbeuf (Seine-Inférieure).	Draps fins. Ⓑ 1839; R. Ⓑ 1844.
3438	*Delande* et *Blanquet*. Elbeuf (Seine-Inférieure).	Nouveautés.
3439	*Lemonnier-Chennevière*. Elbeuf (Seine-Inférieure).	Draps et nouveautés.
3440	*Barbier*. Elbeuf (Seine-Inférieure).	Draps, nouveautés et alpagas. Ⓑ 1834; Ⓐ 1839; R. Ⓐ 1844
3441	*Mateau*. Elbeuf (Seine-Inférieure).	Machine rotative pour fouler les draps.
3442	*Gaudry*. Rouen (Seine-Inférieure).	Appareil de blanchiment.
3443	*D'Herlincourt*, Eterpigny (Pas-de-Calais).	Laines, millet et cire.
3444	*Claudin-Coussac*. Limoges (Haute-Vienne).	Fécule.
3445	*Bardonnhaut*. Limoges (Haute-Vienne).	Balance.

N°s d'ord.	NOMS ET DEMEURES DES EXPOSANTS	NATURE DES OBJETS EXPOSÉS.
3446	*Dureix*. Limoges (Haute-Vienne).	Balances romaines. Ⓑ 1844.
3447	*Cataly*. Limoges (Haute-Vienne).	Sabots et socques.
3448	*Doré*. Limoges (Haute-Vienne).	Bascule pour fermeture de croisée.
3449	*Guillat*. Limoges (Haute-Vienne).	Sabots et socques. C. F. 1844.
3450	*Veyriras*. Limoges (Haute-Vienne).	Dessins de sabots.
3451	*Barbary*. Limoges (Haute-Vienne).	Bas et chaussettes.
3452	*Sazerat*. Limoges (Haute-Vienne)	Chapeaux en palmier.
3453	*Petiniaud-Dubos*. Limoges (Haute-Vienne).	Flanelles et droguets.
3454	*Delage* père et fils. Limoges (Haute-Vienne).	Flanelles et droguets.
3455	*Bourabier*. Limoges (Haute-Vienne).	Bas, caleçons et gilets.
3456	*Lagorde-Manœuvrier*, Limoges (Haute-Vienne).	Couteaux, rasoirs et forceps.
3457	*Villemaine* fils. Limoges (Haute-Vienne).	Balcon, balustre et roue en fonte.
3458	*Alluaud* (François), aîné. Limoges (Haute-Vienne).	Porcelaines. Ⓐ 1844.
3459	*Laroudie*. Limoges (Haute-Vienne)	Charrue.
3460	*Poumeau* frères. Limoges (Haute-Vienne).	Flanelles et droguets.
3461	*Boyer* frères. Limoges (Haute-Vienne).	Flanelles et droguets. Ⓑ 1844.
3462	*Boyer* aîné et *Lacour* frères. Limoges (Haute-Vienne).	Flanelles et droguets.
3463	*Tritschler*. Limoges (Haute-Vienne).	Charrue.
3464	*Bouillon* jeune et fils. Limoges (Haute-Vienne).	Bottes de fil de fer.
3465	*Mitraud*. Magnac-Laval (Haute-Vienne).	Soie grège.
3466	*Lafaye*. Limoges (Haute-Vienne).	Tiges de bottes.
3467	*Acklin*. Paris, r. d'Aboukir, 36.	Orgues et métiers à la Jacquart.
3468	*Ador*. Paris, r. du Faubourg-Montmartre, 9.	Appareils d'éclairage.
3469	*Alexandre* père et Cie. Paris, boulevard Bonne-Nouvelle, 10.	Orgues. Ⓑ 1844.
3470	*Alévy*. Paris, r. de la Harpe, 90.	Cadrans perpétuels. C. F. 1844.
3471	*Armitage et Gastellier*. Paris, r. des Fourneaux, 3.	Cornue, four, tuiles et carreaux.
3472	*Andriveau-Goujon*. Paris, r. du Bac, 21.	Cartes géographiques. Ⓐ 1834; R. Ⓐ 1839, 1844.
3473	*Aucher* et fils. Paris, r. de Bondy, 40.	Pianos.
3474	*Balavoine*. Paris, r. de Varenne-Saint-Germain, 18.	Cirages et vernis.
3475	*Bardies*. Paris, boulevard Poissonnière, 12.	Pianos.

N°s d'ord.	NOMS ET DEMEURES DES EXPOSANTS.	NATURE DES OBJETS EXPOSÉS.
3476	*Bautz*. Paris, r. Laffite, 36.	Pianos.
3477	*Bavozet* et fils. Paris, r. Saint-Etienne-Bonne-Nouvelle, 15.	Objets en fonte et en cuivre.
3478	*Berrier et Hecquet* (Mlles). Paris, r. du Mail, 18.	Chapeaux de femme.
3479	*Beunon*. Paris, r. Blanche, 72.	Pianos.
3480	*Bigot-Dumaine*. Paris, r. Boucher, 1.	Pierres fines pour l'horlogerie et la tréfilerie.
3481	*Biondetti*. Paris, r. Vivienne, 48.	Bandages et appareils orthopédiques.
3482	*Bittner*. Paris, r. de la Cerisaie, 13.	Pianos.
3483	*Blondel*. Paris, r. de l'Echiquier, 41.	Pianos.
3484	*Bonnet*. Paris, r. Basse-du-Rempart, 51 *bis*.	Pianos.
3485	*Bord*. Paris, boulevard Bonne-Nouvelle, 35.	Pianos. Ⓑ 1844.
3486	*Borel*. Paris, quai de l'Ecole, 10.	Poêles, calorifères et chaufferettes.
3487	*Bouchon*. Paris, place de la Madeleine, 16.	Moulin à bras et décortiqueur.
3488	*Boutemy*. Paris, Faubourg-Saint-Antoine, 23.	Meubles.
3489	*Bucher*. Paris, r. Richer, 58.	Pianos.
3490	*Cambray*. Paris, r. Saint-Maur-Popincourt, 47.	Tarare, coupe-racine, hache-paille et autres machines pour la préparation des grains et graines. Ⓐ 1834; R. Ⓐ 1839; Ⓐ 1844.
3491	*Candlot*. Paris, r. Saint-Pierre-Popincourt, 6.	Ouates.
3492	*Carle*. Saint-Maur-les-Fossés (Seine).	Bronzes.
3493	*Cart*. Paris, r. de Charenton, 22.	Machine à dresser et à baisser le parquet.
3494	*Carton*. Paris, r. Monsigny, 10.	Couteaux dits *solaires*.
3495	*Cavaillé-Coll* père et fils. Paris, r. Larochefoucauld, 66.	Orgues. Ⓑ 1839 ; Ⓞ 1844.
3496	*Cerbelaud*. Paris, r. de Milan, 18.	Calorifères.
3497	*Charagent*. Paris, r. Saint-Denis, 326.	Parapluies et ombrelles.
3498	*Charmois*. Paris, r. du Faubourg-Saint-Antoine, 23.	Meubles. Ⓐ 1844.
3499	*Chaumé*. Les Ternes, r. Lombard, 36 (Seine).	Appareils pour la fabrication du sucre.
3500	*Chertier*. Paris, r. Mouffetard, 192.	Chandelles.
3501	*Chevalier* et fils. Paris, quai de l'Horloge, 25.	Instruments d'optique et de physique.
3502	*Cliton* et *Coisne*. Paris, r. de la Harpe, 90.	Presse typographique.

N^os d'ord.	NOMS ET DEMEURES DES EXPOSANTS.	NATURE DES OBJETS EXPOSÉS.
3503	*Codhant*. Paris, r. de Bondy, 76.	Orgues.
3504	*Colin*. Paris, r. du Bac, 30.	Pianos.
3505	*Collas*. Paris, r. Notre-Dame-des-Champs, 49.	Machine à graver et specimen de gravure. Ⓐ 1839, 1844.
3506	*Cordier*. Paris, r. de l'Echiquier, 32.	Machine à laver les toisons et toisons lavées au moyen de cette machine.
3507	*Cotigny*. Paris, r. de Bondy, 19.	Appareil pour monter les meubles.
3508	*Dameron*. Paris, r. du Dragon, 25.	Plan de voiture. Ⓑ 1844.
3509	*Danduran*. Paris, r. Olivier, 6.	Foyers et ventilateur.
3510	*De Bémy*. Paris, r. Saint-Honoré, 288	Imitations de broderies sur étoffes.
3511	*Delahaye* (Madame). Belleville, r. de Paris, 140 (Seine).	Fleurs en laine.
3512	*Delaire*. Paris, r. Neuve-Sainte-Geneviève, 29.	Rouleaux pour l'agriculture.
3513	*Delinotte*. Paris, r. Chapon, 13.	Fermetures de persiennes.
3514	*Demy-Doineau* et *Braquenie*. Paris, r. Vivienne, 16.	Tapis, écrans et portières en tapisserie. M. H. 1839; Ⓑ 1844.
3515	*Descroizilles*. Paris, boulevard Poissonnière, 19.	Calorifères et fourneaux. Ⓐ 1844.
3516	*De Saint-Ouen d'Ermemont*. Paris, r. de l'Union-Saint-Honoré, 49.	Pièces tournées.
3517	*Detouche* et *Houdin*. Paris, r. Saint Martin, 160.	Régulateurs, réveils, montres et chronomètres. Ⓐ 1844.
3518	*Devinck*. Paris, r. Saint-Honoré, 285.	Machine à chocolat.
3519	*D'huicques*. Paris, r. des Fossés-Saint-Germain l'Auxerrois, 26.	Fromages. *Voy*. n° 1645.
3520	*Domény*. Paris, r. du Faubourg-Saint-Denis, 101.	Pianos. Ⓐ 1827; R. Ⓐ 1834, 1839; Ⓐ 1844.
3521	*Dominjolle*. Paris, r. Saint-Denis, 349.	Orgues.
3522	*Drocourt*. Paris, r. de Saintonge, 8.	Pendules de voyage.
3523	*Dubus*. Paris, r. Basse-du-Rempart, 34.	Orgues. M. H. 1844.
3524	*Ducroquet* (Pierre-Alexandre). Paris, r. Saint-Maur-Saint-Germain, 17.	Orgue.
3525	*Duquairoux*. Paris, r. Valois-Batave, 10.	Pianos.
3526	*Elcké*. Paris, r. de l'Université, 151.	Pianos.
3527	*Erard*. Paris, r. du Mail, 21.	Pianos et harpes. Ⓞ 1839; R. Ⓞ 1844.
3528	*Eslanger*. Paris, r. Jean-Jacques Rousseau, 19.	Pianos.
3529	*Eulriot*. Paris, r. de Bièvre, 21.	Pianos et orgue.
3530	*Feldtrappe* frères. Paris, r. du Faubourg-Saint-Denis, 144.	Gravures sur cylindres. Ⓐ 1834, 1839, 1844. *Voy*. n° 2251.

Nos d'ord.	NOMS ET DEMEURES DES EXPOSANTS	NATURE DES OBJETS EXPOSÉS
3531	*Flammant.* Paris, r. Neuve Saint-Augustin, 45.	Pianos.
3532	*Fonrouge* et *Douelle.* Paris, r. Louis-le-Grand, 25.	Tuyaux en terre cuite. M. H. 1839.
3533	*Fougère.* Paris, r. Jean-Robert, 24.	Services en plaqué. Ⓐ 1827; R. Ⓐ 1834, 1839, 1844 (Parquin, prédécesseur).
3534	*Georgi.* Paris, r. Saint-Denis, 328.	Lustres, lampes et lanternes. M. H. 1844.
3535	*Geslin.* Paris, impasse Sandrier, 3.	Meubles en fer et cuivre. M. H. 1834; Ⓑ 1844.
3536	*Gibout.* Paris, r. de la Chaussée-d'Antin, 58.	Pianos. M. H. 1839.
3537	*Giroudot* fils. Paris, r. du Val-de-Grâce, 8.	Presse typographique.
3538	*Glaise.* Paris, r. du Foin-Saint-Jacques. 15.	Calorifères et cheminées.
3539	*Godault* fils Paris, r. Ménilmontant, 118.	Orgue.
3540	*Godefroy.* Paris, r. Richer, 46.	Table d'imprimeur sur étoffes. Ⓐ 1839; Ⓞ 1844.
3541	*Gontard* et Cie. Paris, r. Sainte-Hyacinthe-Saint-Honoré, 12.	Montres, pendules et compteurs astronomiques.
3542	*Gossin.* La Villette, r. de Flandre, 41.	Calorifères et fourneaux.
3543	*Goussot.* Paris, r. Saint-Dominique, 132.	Vitrage en plomb.
3544	*Grelley.* Paris, r. Rochechouart, 67.	Blé de Toscane.
3545	*Grosley.* Paris. r. de Sèvres, 167.	Charrue, machine à battre, tarare et ventilateur.
3546	*Grus.* Paris. r. Saint-Louis, 6 (Marais).	Piano. M. H. 1839, 1844.
3547	*Guerber.* Paris, passage des Panoramas, galerie de la Bourse, 10.	Pianos.
3548	*Guérin* (Pierre-Vivien). Paris, r. des Fossés-Montmartre, 5.	Clysoirs.
3549	*Gueyrard.* Paris, quai de Gèvres, 20.	Pompe pneumatique.
3550	*Hanon.* Paris, r. du Faubourg-Saint-Denis, 36.	Meule à moudre le blé.
3551	*Hatzenbuhler.* Paris, r. Laffitte, 29.	Pianos. Ⓑ 1839; Ⓐ 1844.
3552	*Herce* et *Mainé.* Paris, boulevard Bonne-Nouvelle, 18.	Pianos. M. H. 1844.
3553	*Hertenstein.* Paris, r. Saint-Nicolas-Saint-Antoine, 21.	Meubles.
3554	*Hipp.* Paris, r. du Faubourg-Saint-Antoine, 120.	Meubles.
3555	*Hoefer.* Paris, boulevard Beaumarchais, 26.	Meubles. Ⓑ 1839, 1844.

Nos d'ord.	NOMS ET DEMEURES DES EXPOSANTS.	NATURE DES OBJETS EXPOSÉS.
3556	*Jacob*. Paris, r. des Ursulines-Saint-Jacques, 20.	Fourneau.
3557	*Hubel*. Paris, r. du Faubourg-Saint-Antoine, 64.	Meubles. M. H. 1844.
3558	*Hubert*. Paris, r. de la Pépinière, 118.	Machine à vapeur et machine hydraulique. Ⓐ 1844.
3559	*Hadrot*. Paris, r. Saint-Joseph, 17.	Modèle de moulin.
3560	*Hurez*. Paris, r. du Faubourg-Montmartre, 42.	Fourneau, calorifères et cheminées. M. H. 1834, 1839; Ⓑ 1844.
3561	*Jallasson*. Paris, r. du Faubourg-Saint-Antoine, 80.	Machine à régler.
3562	*Jarrin*. Paris, r. Sainte-Foi, 6.	Fourneaux pour les blanchisseuses.
3563	*Jaulin*. Paris, r. du Faubourg-Saint-Martin, 59.	Pianos.
3564	*Journeux*. Paris, r. de la Roquette, 18.	Billard, manomètre, sifflet d'alarme et ventilateur
3565	*Klein*. Paris, r. du Faubourg-Saint-Antoine, 123.	Meubles. Ⓑ 1844.
3566	*Klippel*. Paris, r. de Paradis-Poissonnière, 6.	Pianos.
3567	*Koch*. Paris, r. Saint-Antoine, impasse Guéménée, 8.	Meubles.
3568	*Kriegelstein*. Paris, r. Laffitte, 53.	Pianos. Ⓐ 1834, 1839; Ⓞ 1844.
3569	*Labbé*. Paris, r. du Faubourg-Saint-Denis, 14.	Chenilles.
3570	*Laborde*. Paris, r. du Faubourg-du-Temple, 50.	Piano, balances et outil pour faire les agrafes. Ⓐ 1827.
3571	*Labruguière*. Paris, r. Saint-Martin, 149.	Perruques.
3572	*Lacour*. Paris, r. du Petit-Carreau, 32.	Etal en bois.
3573	*Lagarde*. Paris, r. des Fossés-Saint-Germain-l'Auxerrois, 14.	Table.
3574	*Lagrange*. Paris, r. du Faubourg-du-Temple, 81.	Machine à battre; moulin, moteur hydraulique, et barates.
3575	*Larenaudière*, Paris, r. du Mouton, 5.	Encre.
3576	*Laurent*. Paris, r. de Lancry, 20.	Instruments d'agriculture. Ⓐ 1844.
3577	*Le Bedel*. Paris, r. d'Arcole, 17.	Machine pour faire des perles fausses. Ⓑ 1839.
3578	*Lefebvre-Devaux*. Paris, r. du Faubourg-Saint-Antoine, 111.	Meubles.

Nos d'ord.	NOMS ET DEMEURES DES EXPOSANTS.	NATURE DES OBJETS EXPOSÉS.
3579	*Lelion*. Barr. de l'Etoile, 6.	Edifices en carton.
3580	*Lelogé*. Paris, r. Saint-Etienne-Bonne-Nouvelle, 15.	Modèles de citerne et de fontaines. Ⓑ 1839; R. Ⓑ 1844.
3581	*Le Maux*. Batignolles, r. des Moulins, 4.	Appareil pour maintenir les fractures et réduire les luxations.
3582	*Lepreux*. Paris, r. Saint-Antoine, 139.	Bureau en fer.
3583	*Leroux-Dufié*. La Villette, r. Mogador, 15.	Appareil pour le raffinage du sucre.
3584	*Lévêque*. Paris, r. Rousselet-Saint-Germain, 33.	Mécanique à treillage; berceau et meubles de jardin.
3585	*Martin*. Paris, r. Fontaine-au-Roi, 13.	Orgue. Ⓑ 1844.
3586	*Mercier*. La Chapelle-Saint-Denis, r. des Gardes, 16.	Fruits en carton-pierre.
3587	*Mermet*. Paris, r. Hauteville, 52.	Pianos. Ⓑ 1839 et 1844.
3588	*Meyer*. Paris, r. Croix-des-Petits-Champs, 41.	Dessins lithographiques et papier de sûreté.
3589	*Meynard*. Paris, r. du Faubourg-Saint-Antoine, 52.	Meubles. Ⓐ 1834; R. Ⓐ 1839; Ⓐ 1844.
3590	*Morh*. Paris, r. Saint-Antoine, 69.	Garde-robes.
3591	*Moreau*. Paris, r. du Petit-Lion-Saint-Sauveur, 13.	Sculptures en ivoire. M. H. 1839; Ⓑ 1844.
3592	*Moullé*. Paris, r. de la Ferme-des Mathurins, 49.	Pianos.
3593	*Mudesse*. Paris, r. des Fossés-du-Temple, 6.	Objets en bronze et marbre. Ⓑ. 1844.
3594	*Muller*. Paris, r. de la Ville-l'Evêque, 42.	Orgues.
3595	*Mullier*. Paris, r. de Tracy, 5.	Pianos. Ⓑ 1844.
3596	*Munz*. Paris, r. du Faubourg-Saint-Antoine, 55.	Buffet et étagère.
3597	*Mussard*. Paris, r. Barbette, 12.	Pianos.
3598	*Osmont*. Paris, r. du Faubourg-Saint-Antoine, 24.	Meubles.
3699	*Pasquier*. Paris, r. de Crussol. 2.	Instruments de perspective.
3600	*Pater*. Paris, r. Miroménil, 49.	Machine à scier le bois.
3601	*Pelletier*. Paris, pl. du Vieux-Marché-Saint-Martin, 7.	Timbres. C. F. 1844.
3602	*Pernet*. Paris, r. Richelieu, 14.	Bandages et appareils orthopédiques. M. H. 1844.
3603	*Petit*. Paris, r. du Faubourg-Saint-Martin, 71.	Bouteilles et flacons.
3604	*Philip*. Paris, pass. Choiseul, 16.	Objets de bijouterie.
3605	*Piaget*. Paris, r. du Faubourg Saint-Antoine, 51.	Fauteuils.
3606	*Piat*. Paris, r. Saint-Maur-Popincourt, 38 *ter*.	Appareil de sauvetage.

N° d'ord.	NOMS ET DEMEURES DES EXPOSANTS.	NATURE DES OBJETS EXPOSÉS.
3607	*Picard* fils et Cᵉ. Paris, r. de la Roquette, 92 *bis*.	Combustible artificiel.
3608	*Pieron*. Paris, r. des Enfants-Rouges, 13.	Bronzes pour étalages ; tubes pour le gaz.
3609	*Pérez* et *Mathieu*. Paris, r. Saint-Hyacinthe-Saint-Michel, 8	Meubles en marqueterie.
3610	*Pleyel* et Cᵉ. Paris, r. Rochechouart, 20.	Pianos. (O) 1827, R. (O) 1834, 1839 et 1844.
3611	*Poli* et Cᵉ. Grenelle, q. de la Gare, 13.	Moyeux. (B) 1844.
3612	*Poliot*. Paris, r. Mazarine, 42.	Fourneaux, calorifères et broches à rôtir. M. H. 1844.
3613	*Poncini*. Paris, r. du Faubourg-Saint-Denis, 83.	Calorifères.
3614	*Prax*. Paris, r. d'Angoulême-du-Temple, 32.	Calorifère et fourneau.
3615	*Rabatte*. Paris, r. Folie-Méricourt, 20.	Modèles de wagons.
3616	*Raby*. Paris, boul. des Italiens, 17.	Chronomètres et montres. (A) 1834; (O) 1839; R. (O) 1844 (*Benoist* prédécesseur.)
3617	*Rageot*. Paris, r. Richelieu, 24.	Chaussures.
3618	*Rahon*. Paris, r. du Faubourg-Saint-Antoine, 32.	Meubles.
3619	*Ramondenc*. Paris, r. du Faubourg-Saint-Antoine, 55.	Tables.
3620	*Redier*. Paris, r. Saint-Lazare, 89.	Charrue, herse, semoir.
3621	*Reichet*. Paris, r. Saint-Nicolas-Saint-Antoine, 24.	Table à coulisse.
3622	*Richstaedt*. Paris, b. Beaumarchais, 26.	Meubles.
3623	*Rinaldi*. Paris, boul. Saint-Denis, 13.	Pianos. M. H. 1844.
3624	*Roll*. Paris, r. du Faubourg-Saint-Antoine, 42.	Meubles. M. H. 1844.
3625	*Roller* et *Blanchet* fils. Paris, r. Hauteville, 26.	Pianos. (A) 1823, 1827; (O) 1834; R. (O) 1839 et 1844.
3626	*Rouillet*. Paris, cour du Dragon, 11.	Lisse.
3627	*Rousset*. Paris, r. du Faubourg-Saint-Antoine, 26.	Meubles.
3628	*Rouvier-Paillard* (Madame). Paris, r. du Haut-Moulin, 14.	Sculptures en ivoire.
3629	*Roz*. Paris, r. du Bac, 81.	Piano et orgue.
3630	*Rozé*. Paris, q. des Ormes, 2.	Pendules et instruments d'astronomie. M. H. 1844.
3631	*Ruffier*. Paris, pass. de l'Industrie, 9.	Machine à fabriquer le chocolat, et moulin à pulvériser le sucre.
3632	*Sallandrouze*. Paris, r. Taitbout, 21.	Tapis. (B) 1839; R. (B) 1844.
3633	*Salleron*. Paris, r. Saint-Hippolyte, 10.	Cuirs. (B) 1823; R. (B) 1827.
3634	*Scholtus*. Paris, r. Bleue, 1.	Pianos.

N^os d'ord.	NOMS ET DEMEURES DES EXPOSANTS.	NATURE DES OBJETS EXPOSÉS.
3635	*Soufleto*. Paris, r. Montmartre, 171.	Pianos. Ⓐ 1834, 1839, 1844.
3636	*Stein* et Cᵉ. Paris, r. Cassette, 9.	Orgues.
3637	*Suret*. Paris, r. du Faubourg-Saint-Martin, 119.	Orgues. Ⓑ 1844.
3638	*Sutter*. Paris, r. du Faubourg-Saint-Antoine, 52.	Meubles.
3639	*Systermans*. Paris, boul. Poissonnière, 20.	Pianos.
3640	*Tétard*. Paris, r. du Pas-de-la-Mule, 8.	Meubles.
3641	*Texier*. Montmartre, r. Sainte-Marie.	Sujets en pierre factice. Ⓑ 1844.
3642	*Thibout*. Paris, r. Favart, 19.	Pianos.
6343	*Thibout* et Cᵉ. Paris, r. du Faubourg-Montmartre, 21.	Pianos.
3644	*Thuvien*. Paris, pl. de l'Odéon, 4.	Presses lithographiques. Ⓑ 1844.
3645	*Touaillon*. Paris, r. Coquillière, 12 *bis*.	Machine à rhabiller les meubles. Ⓑ 1844.
3466	*Valeton*. Paris, r. Saint-Antoine, imp. Guéménée.	Meubles.
3647	*Vallée*. Paris, r. du Caire, 7.	Vernis pour cacheter les bouteilles de vin de Champagne.
3648	*Vedder*. Paris, r. du Pas-de-la-Mule, 1.	Meubles. Ⓑ 1844.
3649	*Vernant*. Paris, r. des Filles-du-Calvaire, 9.	Portrait du président en argent repoussé.
3650	*Videbout*. Paris, r. de la Harpe, 19.	Poêle au gaz et fourneaux en fonte.
3651	*Voisin*. Paris, r. Mont-Thabor, 39.	Brûloirs à café et cafetières.
3652	*Wolf* (Madame). Paris, r. de la Roquette, 78.	Meubles en marqueterie.
3653	*Voltz*. Paris, r. du Faubourg-Saint-Antoine, 77.	Meubles.
3654	*Vygen* père. Paris, r. Neuve-Saint-Martin, 19.	Pianos.
3655	*Wagner* neveu. Paris, r. Montmartre, 118.	Horloges et instruments de précision. Ⓐ 1839; Ⓞ 1844.
3656	*Weber*. Paris, r. du Faubourg-Saint-Antoine, 103.	Table à colonne et buffet.
3657	*Wolfel*. Paris, r. des Martyrs, 27.	Pianos. Ⓐ 1839; Ⓞ 1844.
3658	*Schmit*. Paris, r. du Faubourg-Saint-Antoine, 84.	Meubles.
3659	*Wolf*. Paris, r. de la Planche, 17.	Modèle de jalousies.
3660	*Voyer*. Paris, r. Saint-Lazare, 62.	Pianos.
3661	*Ward*. Paris, r. de Chabrol, 50.	Peignes à lin.
3662	*Warée*. Paris, r. des Petites-Ecuries, 15.	Cuirs à rasoirs.
3663	*Watel*. Paris, r. du Sentier, 18.	Dessins de fabrique.

Nos d'ord.	NOMS ET DEMEURES DES EXPOSANTS.	NATURE DES OBJETS EXPOSÉS.
3664	*Weber*. Paris, r. des Noyers, 25.	Buffet et placage.
3665	*Widchick* et *Genevey*. Paris, r. Ménilmontant, 104.	Jardinières.
3666	*Zeigler*. Paris, r. de Sèvres, 2.	Pianos.
3667	*Aimard*. Paris, r. de la Roquette, 41.	Poteries.
3668	*Akselban*. Paris, r. Saint-Denis, 281.	Bas à doigts.
3669	*Albinet* fils. Paris, r. de la Vieille-Estrapade, 19.	Couvertures en laine et en coton.
3670	*Allier*. Paris, r. Saint-André-des-Arts, 35	Montres et pendules.
3671	*Angrand*. Paris, r. Meslay, 59.	Papiers de fantaisie. (B) 1839; R. (B) 1844.
3672	*Archambault*. Paris, r. Saint-Lazare, 124.	Bâtons et baguettes pour décoration d'appartement.
3673	*Aubineau*. Paris, r. de Tracy, 7.	Appareil pour éviter les accidents sur les chemins de fer.
3674	*Audry*. Paris, r. Bellefond, 38.	Stores. C. F. 1844.
3675	*Bacqueville*. Paris, r. des Petits-Champs, 69.	Corsets.
3676	*Banc*. Paris, r. de la Ferme-des-Mathurins, 3.	Meubles et objets garnis de glaces.
3677	*Baptcrosse*. Paris, r. de la Muette, 27.	Boutons en porcelaine.
3678	*Baschet-Baullier*. Paris, r. de Vendôme, 9.	Pendules.
3679	*Basnier* (Madame). Belleville, imp. Saint-Laurent, 4.	Ornements d'église. (B) 1844.
3680	*Bauduin* (Veuve). Paris, r. Neuve-Saint-Marc, 6.	Etagères.
3681	*Beaufay*. Paris, r. Guénégaud, 23.	Creusets et fourneaux de chimie. (B) 1844.
3682	*Belhommet* frères. Landerneau (Finistere).	Acide et bougies stéariques. (B) 1844.
3683	*Benoit-Langlassé*. Paris, r. de Paradis (Marais), 6.	Bronzes. (B) 1844.
3684	*Bernard*. Paris, r. des Marmousets, 30.	Instruments d'optique. M. H. 1844.
3685	*Bertaud*. Paris, r. Meslay, 57.	Meubles. (B) 1844.
3686	*Berthiot*. Paris, r. Saint-Martin, 153.	Verres et lunettes.
3687	*Bezançon* et Ce. Ivry, r. des Deux-Moulins.	Carbonate de plomb et céruse. (B) 1844 (Ameline, prédécesseur).
3688	*Biwer*. Paris, q. de la Grève, 64.	Outils et machines-outils.
3689	*Belmy-Regray* et *Philibert*. Paris, r. d'Enfer, 33.	Nouveau système de reliure.
3690	*Blank*. Paris, r. du Roi-de Sicile, 20.	Echantillons de marqueterie.

Nos d'ord.	NOMS ET DEMEURES DES EXPOSANTS.	NATURE DES OBJETS EXPOSÉS.
3691	*Bonhomme*. Paris, r. Béthisy, 9.	Chevalets et lampes pour les peintres.
3692	*Bordeaux*. Paris, r. Saint-Sauveur, 12.	Ornements en cuivre. Ⓑ 1839; R. Ⓑ 1844.
3693	*Bottier*. Paris, r. Saint-Jean-de-Beauvais, 30.	Or en feuille. Outils à battre l'or. M. H. 1844.
3694	*Bouché*. Paris, r. du Chemin-Vert, 20.	Tôle vernie.
3695	*Bouillard*. Paris, r. Michel-le-Comte, 30.	Boites, écrins, coffres et cartonnages. M. H. 1844.
3696	*Bourdon*. Paris, r. du Parc-Royal, 5.	Bronzes estampés.
3697	*Bourriot*. Paris, r. de Vaugirard, 76.	Fourneaux.
3698	*Boutron-Faguer*. Paris, r. Richelieu, 93.	Objets de parfumerie. C. F. 1839.
3699	*Bovard*. Paris, r. Gervais-Laurent, 9.	Toiles pour la peinture. Ⓑ 1844 (Breton frères, prédécesseurs).
3700	*Breton* frères. Paris, r. Dauphine, 25.	Instruments d'optique et de physique.
3701	*Bruet*. Paris, r. Lepelletier, 7.	Montres.
3702	*Brunner*. Paris, r. des Bernardins, 34.	Instruments d'astronomie et autres. Ⓐ 1839; Ⓞ 1844.
3703	*Bruyère* aîné. Paris, r. du Faubourg-du-Temple, 50.	Fleurs et fruits modelés en cire.
3704	*Burat*. Paris, r. Mandar, 12.	Bandages. M. H. 1839.
3705	*Campan*. Paris, r. des Moulins, 8.	Dessins et gravures. C. F. 1844.
3706	*Caron*. Paris, pas. de l'Opéra 20.	Armes. M. H. 1839 et 1844.
3707	*Carpentier* (Jean-Pierre). Paris, r. de Cléry, 83.	Lettres métalliques.
3708	*Carpentier* (Pierre-François). Paris, r. d'Angoulême-du-Temple, 40.	Objets en fer galvanisé. Ⓒ 1839; R. Ⓞ 1844.
3709	*Chabre*, dit *Leclerc*. Paris, all. des Veuves, imp. Ruffin, 6.	Appareil de sauvetage.
3710	*Chevalier*. Paris, cour des Fontaines, 1 bis.	Instruments d'optique, d'astronomie et de physique. Ⓞ 1834; R. Ⓞ 1839 et 1844.
3711	*Choisie Lecocq*. Gentilly, r. Frileuse, 42.	Procédé pour boucher les bouteilles de liquides gazeux.
3712	*Cognat*. Paris, r. Neuve-Saint-Roch, 8.	Liqueurs et vins fins.
3713	*Collard* et *Belzacq*. Paris, r. des Lavandières-Sainte-Opportune, 22.	Chaussons. Ⓑ 1844.
3714	*Collard* et *Comte*. Paris, r. Neuve-Coquenard, 12.	Rubans.
3715	*Collas* et *Barbedienne*. Paris, boul. Poissonnière, 30.	Bronzes et sculptures en bois et en ivoire.
3716	*Collet*. Paris, r. du Marché-Saint-Honoré, 23.	Montres et mouvements.
3717	*Collet*. Paris, r. Bellefond, 39.	Appareil pour préparer des liquides gazeux.

Nos d'ord.	NOMS ET DEMEURES DES EXPOSANTS.	NATURE DES OBJETS EXPOSÉS.
3718	*Collon, Chauvigné* et Ce. Paris, r. des Filles-Saint-Thomas, 13.	Lettres ornées. Calligraphie.
3719	*Coquebert* (Ve). Paris, r. Jacob, 48.	Volume imprimé.
3720	*Coste*. Paris, r. de Grammont, 1.	Instruments de musique.
3721	*Cunot*. Paris, r. du Faubourg Saint-Denis, 162.	Signaux et lanternes pour les chemins de fer.
3722	*Daubréville*. Paris, r. Vieille-du-Temple, 126.	Instruments de précision.
3723	*Debon*. Paris, r. du Faubourg-Saint-Antoine, 65.	Meubles.
3724	*Delacretaz* et *Fourcade*. Vaugirard (Seine).	Produits chimiques. (B) 1834; (A) 1839 et 1844.
3725	*Delagrange*. Paris, r. Saint-Martin, 210.	Serrures et pièces détachées.
3726	*Delarue*. Paris, r. Notre-Dame-des-Victoires, 16.	Impressions. (B) 1839; R. (B) 1844.
3727	*Deschamps*. Paris, r. de Chabrol, 17.	Objets en carton-pierre.
3728	*Desplais*. Paris, r. du Petit-Carreau, 28.	Chaire à prêcher.
3729	*Devisme*. Paris, boul. des Italiens, 36.	Armes à feu et armes blanches. M. H. 1839 et 1844.
3730	*Devrange*. Paris, r. Saint-Denis, 257.	Papier-dentelle.
3731	*D'homme*. Grenelle, r. de Javelle, 16.	Produits chimiques.
3732	*Didier*. Paris, r. du Faubourg-Saint-Honoré, 4.	Machine pour rogner les chandelles. Veilleuses.
3733	*Dorso*. Paris, r. de Babylone, 47.	Objets de passementerie.
3734	*Duchesne*. Paris, r. du Faubourg-du-Temple, 87.	Bouteilles pour les liquides gazeux.
3735	*Dufour* et *Demalle*. Paris, r. Neuve-Saint-Augustin, 38.	Rouleaux et tuyaux de plomb. (B). 1844.
3736	*Dujarier*. Petit-Montrouge, r. de la Tombe-Issoire, 82.	Instruments de musique en cuivre. C. F. 1844.
3737	*Dumouchel*. Paris, Montgolfier, 4.	Pièces de régulateur.
3738	*Dupas*. Paris, r. de Chabrol, 25.	Tissus gaufrés.
3739	*Dupré* (Ve) et *Aubery*. Paris, boul. Saint-Denis, 22 bis.	Eventails. (B) 1844.
3740	*Duranton*. Paris, r. de la Banque, 18.	Devants de chemises.
3741	*Dussauce*. Paris, r. des Petits-Augustins, 28.	Peintures à la cire. (B) 1844.
3742	*Dussault*. Paris, pas. Choiseul, 15.	Chronomètres, montres et pendules. (B) 1844.
3743	*Fatton*. Paris, r. Dauphine, 42.	Pendule de voyage.
3744	*Fazon*. Paris, r. Saint-Denis, 347.	Métier à broder, pliant et rouet.
3745	*Feil* p.-fils et *Guinand*. Paris, r. Mouffetard, 265.	Verres d'optique. (A) 1839; (B) 1839; R. (O) 1844.
3746	*Feytaud*. Paris, r. du Temple, 36.	Instruments de pesage.
3747	*Figuera* et Ce. Paris, r. d'Enghien, 7.	Produits chimiques.

Nos d'ord.	NOMS ET DEMEURES DES EXPOSANTS.	NATURE DES OBJETS EXPOSÉS.
3748	*Flachat*. Paris, r. de la Ferme-des-Mathurins, 54.	Dessins de machines et de constructions. Ⓐ 1839.
3749	*Frécot*. Paris, r. des Maçons-Sorbonne, 16.	Instruments de physique.
3750	*Fraigneau*. Paris, Palais-National, 114.	Montres et pendules de voyage.
3751	*Fréry*. Paris, r. Saint-Jacques, 128.	Gravures de caractères d'imprimerie.
3752	*Froid*. Paris, r. du Faubourg-Saint-Martin, 50.	Limes. M. H. 1834 et 1839; Ⓑ 1844.
3753	*Fugère*. Paris, r. Amelot, 52.	Décors en cuivre estampé. Ⓐ 1844.
3754	*Garnier*. Paris, r. Quincampoix, 11.	Objets en caoutchouc.
3755	*Gaulier*. Paris, r. Dauphine, 27.	Instrument dit *guetteur*, et bouchons.
3756	*Gautier de la Touche*. Batignolles, r. des Batignolaises, 7.	Ustensiles de ménage.
3757	*Geresme*. Paris, r. Mauconseil, 2.	Corsets.
3758	*Gersin*. Paris, r. de Fourcy-Saint-Antoine, 3.	Porte en bois peint.
3759	*Ginot*. Paris, r. Martel, 10.	Porte-pincettes.
3760	*Godefroy*. Puteaux. q. National, 45.	Châles imprimés.
3761	*Grandsir* et *Engler*. Paris, r. d'Anjou (Marais), 4.	Lampes.
3762	*Gruel* (Ve). Paris, r. de la Concorde, 8.	Reliures.
3763	*Guilbert*. Paris, r. Neuve-Saint-Martin, 28.	Objets en écaille.
3764	*Guillois* et Ce. Paris, r. Montmartre, 76.	Peaux, cuirs et formes en feutre verni. C. F. 1839.
3765	*Hardmuth*. Paris, r. Meslay, 17.	Crayons et ardoises.
3766	*Hardouin*. Paris, r. de Breda, 26.	Sculptures.
3767	*Hardy*. Paris, r. Mondétour, 33.	Portefeuilles, buvards, porte-monnaies, écrans et bénitiers.
3768	*Hartweck*. Paris, r. du Mail, 24.	Dessins de châles et de robes.
3769	*Hayem*. Paris, r. d'Aboukir, 24.	Crayons.
3770	*Hennequin*. Paris, r. Bleue, 2.	Corsets.
3771	*Héry*. Paris, r. des Capucines.	La cathédrale de Tours en marbre.
3772	*Holin*. Paris, r. du Faubourg-Saint-Honoré, 110.	Boîte de peinture.
3773	*Husson* et *Buthold*. Paris, r. Grenetat, 13 et 15.	Instruments de musique. Ⓑ 1839.
3774	*Jeanselme*. Paris, imp. Saint-Claude, 2.	Fauteuils, chaises et canapés.
3775	*Joliot Saint-Hilaire*. Paris, r. Saint-Martin, 141.	Outils pour la bijouterie.
3776	*Jorsin* et *Kopenhague*. Paris, r. Sainte-Avoie, 58.	Réveil-matin.

N°s d'ord.	NOMS ET DEMEURES DES EXPOSANTS.	NATURE DES OBJETS EXPOSÉS.
5777	*Jouvin* et *Doyon*. Paris, boul. Bonne-Nouvelle, 8.	Gants et outils pour en fabriquer. Ⓑ 1839; Ⓐ 1844.
5778	*Junot*. Paris, r. Neuve-Saint-Eustache, 6.	Châles. Ⓑ 1834; R. Ⓑ 1839; Ⓑ 1844.
5779	*Lubbé* et *Larrouy*. Paris, r. Sanson, 5.	Meubles.
5780	*Lacroix - Lassez*. Paris, quai de la Grève, 44.	Toiles imperméables.
5781	*Lamar* et Cie. Paris, r. Saint-Martin, 237.	Parfumerie.
5782	*Lambert*. Paris, r. Transnonain, 18.	Jardinières, vases, corbeilles et paniers.
5783	*Langlois*. Paris, r. de Charenton-Saint-Antoine, 12.	Meubles.
5784	*Lardière*. Paris, r. de la Chaussée-d'Antin, 26.	Reliures.
5785	*Léautaud*. Paris, r. Chapon, 17.	Buscs.
5786	*Lebâtard*. Paris, r. de Ménars, 5.	Navette pour la tapisserie.
5787	*Lebesgue*. Paris, port de Bercy, 20.	Objets de taillanderie.
5788	*Leduc*. Paris, r. Saint-André-des-Arts, 6.	Modèle de locomotive.
5789	*Leféburc*. Paris, r. de Charenton, 100.	Colle-forte. C. F. 1834, 1839.
5790	*Lefèvre*. Paris, r. Saint-André-des-Arts, 68.	Gravures, ornements, lettres pour l'imprimerie et l'impression en or.
5791	*Legrand* (Charles-Alexandre). Paris, r. Montmartre, 142.	Enveloppes de lettres.
5792	*Legrand* (Louis). Chaillot, r. des Jardins, 8.	Chocolat en poudre et essence de café.
5793	*Lelong*. Paris, r. du Temple, 49.	Bijoux.
5794	*Lemire*. Choisy-le-Roi.	Produits chimiques. Ⓐ 1819; R. Ⓐ 1834; Ⓞ 1839; R. Ⓞ 1844.
5795	*Lemolt*. Paris, passage Jouffroy, 42.	Batterie électro-voltaïque.
5796	*Lepage-Moutier*. Paris, r. de Richelieu, 11.	Armes à feu. Ⓐ 1839; R. Ⓐ 1844.
5797	*Lesaulnier*. Paris, r. Hoche, 7.	Presse à timbre sec. C. F. 1844.
5798	*Lesbros* frères. Paris. r. Amelot, 64.	Meubles.
5799	*Lesieur*. Paris, r. d'Aboukir, 23.	Enseignes.
5800	*Levacher - d'Urclé*. Paris, r. Notre-Dame-de-Lorette, 18.	Instrument pour faciliter l'étude du piano.
5801	*Levasseur* (Mlle). Paris. r. Saint-Honoré, 332.	Ouvrages au crochet.
5802	*Levillayer*. Paris, r. des Filles Saint-Thomas, 23.	Chemises et cols.
5803	*Lheureux*. Paris, r. d'Angoulême, 11.	Fleurs en porcelaine.
5804	*Lhominy*. Paris, quai de la Râpée, 23.	Cordages.
5805	*Lhuillier*. Paris, r. Saint-Martin, 86.	Plumeaux.

N°s d'ord.	NOMS ET DEMEURES DES EXPOSANTS.	NATURE DES OBJETS EXPOSÉS.
3806	*Lugol*, Paris, r. Grange-Batelière, 11.	Métier à broder.
3807	*Mailly*. Paris, r. Saint-Martin, 191.	Savons.
3808	*Marlet*. Paris, r. Saint-Benoît, 32.	Corsets.
3809	*Marsaux*. Paris, r. de la Perle, 14.	Objets estampés. Ⓐ 1839; R. Ⓐ 1844.
3810	*Martin* et Cie. Grenelle, r. de Javel, 8.	Pâtes alimentaires, amidon, gluten et farine de pomme de terre. Ⓐ 1844.
3811	*Mathias*. Paris, quai Malaquais, 15.	Volumes imprimés et gravures. Ⓑ 1844.
3812	*May*. Paris, r. Saint-Honoré, 217.	Fusils.
3813	*Mayer*. Paris, r. Saint-Denis, 148.	Chasubles.
3814	*Mayer* aîné. Neuilly, vieille route de Paris.	Huile et graine.
3815	*Millot* fils. Paris, chemin de ronde de la barrière Montmartre.	Châle en *soie marine* et tissu pour ameublement. M. H. 1844.
3816	*Monain*. Paris, place Saint-Germain-l'Auxerrois, 41.	Ouvrages en cheveux.
3817	*Moncourt*. Paris, boulevard Saint-Martin, 3 *ter*.	Corsets.
3818	*Mongin*. Paris, r. des Juifs, 11.	Scies et ressorts. Ⓑ 1823; Ⓐ Ⓐ 1827; Ⓑ 1834, 1839; Ⓐ 1844.
3819	*Monpelas*. Paris, r. Saint-Martin, 129.	Savons. C. F. 1839; Ⓑ 1844.
3820	*Monthiers* et *Alabarbe*. Paris, r. des Lombards, 38.	Dragées.
3821	*Morand*. Paris, r. du Renard-Saint-Sauveur, 6.	Sacs de nuit, malles, cabas, tabourets et chancelières.
3822	*Morel*. Batignolles, boulevard Monceaux, 86.	Appareil dit tournefeuille pour le piano.
3823	*Neumann*. Paris, r. Mazarine, 74.	Instruments pour l'enseignement de l'horlogerie. Ⓑ 1844.
3824	*Noblet*. Belleville, r. de l'Orillon, 34.	Chapeaux à mitre pour cheminées.
3825	*Noël*. Paris, r. de Lancry, 33.	Objets en ivoire. M. H. 1839; Ⓑ 1844.
3826	*Oberhaeuser*. Paris, r. Dauphine, 19.	Boussoles et microscope.
3827	*Paquet*. Paris, r. Caffarelli, 16.	Pendules de voyage.
3828	*Pâris* (Charles). Paris, r. de Bercy, 111.	Objets en fer *émaillé*.
3829	*Pâris* frères. Paris, r. d'Anjou Dauphine, 11.	Tapis. Ⓑ 1824; Ⓐ 1839; R. Ⓐ 1844.
3830	*Peaucellier*. Paris, r. Corbeau, 1.	Freins pour wagons.
3831	*Pellé*. Grenelle, r. du Théâtre, 47.	Tranchets et outils pour la reliure.

Nos d'ord.	NOMS ET DEMEURES DES EXPOSANTS.	NATURE DES OBJETS EXPOSÉS.
5832	*Peltier*. Paris, r. d'Enghien, 28.	Porcelaines.
5833	*Peudenier*. Paris, r. Saint-Honoré, 365.	Fermeture à détente.
5834	*Pinguet*. Paris, r. du Grand-Hurleur, 6.	Objets de passementerie.
5835	*Plantard* et Cie. Paris, r. des Bourdonnais, 21.	Chaussures en tresse et objets de bonneterie.
5836	*Pochet-Deroche*. Paris, r. J.-J. Rousseau, 16.	Verreries. Ⓑ 1839 ; Ⓐ 1844.
5837	*Poitevin*. Paris, r. Saint-Marc, 27.	Mouvements d'horlogerie.
5838	*Poullot*. Paris, r. du Temple, 19.	Lunettes et lorgnons.
5839	*Poupinel* et *Guyon*. Paris, r. Galande, 57.	Couvertures de laine et de coton.
5840	*Presbourg*. Paris, r. Quincampoix, 56.	Brosses et pinceaux. C. F. 1844
5841	*Pupil*. Paris, r. des Bourguignons, 23.	Limes. Ⓑ 1839, 1844.
5842	*Quesnel* fils et Cie. Paris, r. des Amandiers-Popincourt, 22.	Bronzes. Ⓐ 1839, 1844.
5843	*Ragueneau*. Paris, r. Joquelet, 7 *bis*.	Presses autographiques et presse à copier.
5844	*Raoult*. Batignolles, avenue de Clichy, 39.	Coffre-fort et serrures.
5845	*Redelix*. Paris, r. Saint-Denis, 357.	Gauffroirs et emporte-pièces pour les fleuristes.
5846	*Ringaud* aîné. Paris, r. Grange-aux-Belles, 55.	Produits chimiques.
5847	*Ringaud* (Henri). Paris, r. de la Roquette, 73.	Produits chimiques. Ⓑ 1844.
5848	*Rivier*. Paris, r. Neuve-des-Capucines. 18.	Brosse à friction.
5849	*Robert* dit *Warton*. Paris, r. des Vieilles-Etuves-Saint-Honoré, 11.	Objets de parfumerie.
5850	*Robert-Tissot*. Paris, r. de Chabrol, 8.	Lames à tondre.
5851	*Roguier* et *Kastner*. Paris, r. du Nord, 20.	Serrures.
5852	*Rost* et *Normand*. Paris, r. Feydeau, 32.	Châles, écharpes et volants de dentelles.
5853	*Rousseville*. Paris, r. Saint-Martin, 155.	Couverts, théières et cafetières en métal. M. H. 1839 et 1844.
5854	*Sax*. Paris, r. Saint-Georges, 50.	Instruments de musique à vent. Ⓐ 1844.
5855	*Sestier*. Paris, r. Saint-Sauveur, 26.	Epaulettes.
5856	*Soisson*. Paris, r. de Lille, 20.	Serrures. M. H. 1844.
5867	*Tharin*. Paris, r. du Temple, 63.	Pendules et tableaux-horloges.
5858	*Thiébaut* et fils. Paris, r. du Faubourg-Saint-Denis, 144.	Objets en cuivre et en bronze. Ⓞ 1839; R. Ⓞ 1844.
5859	*Thimonier*. Paris, r. Quincampoix, 17.	Mécanique à coudre.

Nos d'ord.	NOMS ET DEMEURES DES EXPOSANTS.	NATURE DES OBJETS EXPOSÉS.
3860	*Tilman* (Madame). Paris, r. Ménars, 2.	Fleurs artificielles.
3861	*Valant*. Paris, r. de Seine, 23.	Objets de papeterie et volume imprimé. C. F. 1844.
3862	*Valérius*. Paris, r. du Coq-Saint-Honoré, 7.	Bandages. Ⓑ 1839; R. Ⓑ 1844.
3863	*Vallette* et Cie. Paris, r. Saint-Denis, 148.	Fils de coton à coudre.
3864	*Vallet*. Paris, r. du Temple, 94.	Montres.
3865	*Vandenbrouck*. Paris, r. du Faubourg-Saint-Denis, 145.	Brûloirs à café.
3866	*Vialon*. Paris, r. de la Bourse, 1.	Gravures sur étain. M. H. 1844.
3867	*Viel*. Paris, r. de Grenelle-Saint-Honoré, 10.	Cannes.
3868	*Vienney*. Paris, r. de la Fidélité, 20.	Modèle d'escalier.
3869	*Vila-Kœnig*. Paris, r. des Gravilliers, 7.	Lorgnettes et jumelles. Ⓑ 1844.
3870	*Villeneuve*. Paris, r. Montpensier, 4.	Congélateurs.
3871	*Sompairac* aîné. Cennes-Monestiés (Aude).	Draps. Ⓑ 1827 et 1834; Ⓐ 1839; R. Ⓐ 1844.
3872	*Lignières*. Carcassonne (Aude).	Draps. Ⓑ 1844.
3873	*Roustic*. Carcassonne (Aude).	Draps. Ⓐ 1834.
3874	*Fournet* et Cie. Brousses (Aude).	Papiers.
3875	*Souchet*. Saint-Calais (Sarthe).	Tissus de chanvre. C. F. 1839.
3876	*Vétillard* père et fils. Pontlieue (Sarthe).	Fils de lin et de chanvre. Ⓐ 1839 et 1844.
3877	*Ferrières* et *Sabin*. Pontlieue (Sarthe).	Appareils pour le nettoyage des grains; pompe et crible sphérique.
3878	*Andelle* et Cie. Epinac (Saône-et-Loire).	Bouteilles.
3879	*Auloy-Millerand*. Marcigny (Saône-et-Loire).	Nappes et serviettes. Ⓑ 1834; Ⓐ 1839.
3880	*Dupont*. Autun (Saône-et-Loire).	Meuble en palissandre renfermant une commode, un bureau et une bibliothèque.
3881	*Grillet* aîné et Cie. Lyon (Rhône).	Châles. Ⓐ 1834; Ⓞ 1839; R. Ⓞ 1844.
3882	*Chipier*. Ecully (Rhône).	Modèles de planchers en cubes de bois assemblés et mastiqués, de voûtes formées par des voussoirs en bois et de pavés en bois.
3883	*Domaine*. Lyon (Rhône).	Chaises en bois, se pliant à volonté.
3884	*Teillard*. Lyon (Rhône).	Soieries. Ⓞ 1844.
3885	*Monfalcon* et *Bozonnet*. Lyon (Rhône).	Châles brochés.
3886	*Chambard*. Lyon (Rhône).	Poudre d'œufs frais desséchés et de gluten granulé.

Nos d'ord.	NOMS ET DEMEURES DES EXPOSANTS.	NATURE DES OBJETS EXPOSÉS.
3887	*Miallet*. Lyon (Rhône).	Articles de coutellerie.
3888	*Vanel*. Lyon (Rhône).	Soieries.
3889	*Payan*. Lyon (Rhône).	Marteau taillant pour piquer les meules.
3890	*Dupré* (Veuve). Lyon (Rhône).	Mantelets et paletots en point d'Espagne.
3891	*Guinon*. La Guillotière (Rhône).	Echantillons de teintures en soie. (A) 1844.
3892	*Bail*. Vaise (Rhône).	Pressoir.
3893	*Aubert*. Lyon (Rhône).	Voilette brodée.
3894	*Labiosse*. Lyon (Rhône).	Etoffes indéplissables pour lingerie.
3895	*Durand* et *Bal*. Lyon (Rhône).	Peignes en acier pour la fabrication des étoffes à tamis.
3896	*Esprit* et *Noyé*. Lyon (Rhône).	Bas et gants.
3897	*Ducrot*. Lyon (Rhône).	Articles de coutellerie.
3898	*Ayné* frères. Lyon (Rhône).	Soies grenadines pour la fabrication des dentelles.
3899	*Idril* et *Marion*. Lyon (Rhône).	Echarpe en tulle-dentelle.
3900	*Dognin* fils. Lyon (Rhône).	Tulles-dentelles. (A) 1844.
3901	*Fion* fils. Tarare (Rhône).	Broderies pour ameublement. M. H. 1839; (A) 1844.
3902	*Girerd* et fils frères. Lyon (Rhône).	Broderies en or et en argent pour ornements d'église.
3903	*Balleydier*. Lyon (Rhône).	Velours façonnés. (A) 1844. (Balleydier, Repiquet et Silvant.)
3904	*Potton*, *Rambaud* et Cie. Lyon (Rhône).	Soieries façonnées. (A) 1834; (O) 1839; R. (O) 1844.
3905	*Meurer* et *Jandin*. Lyon (Rhône).	Foulards imprimés.
3906	*Fritz-Sollier*. Lyon (Rhône).	Bandes de billard en caoutchouc.
3907	*Estragnat* fils aîné. Tarare (Rhône).	Mousselines brodées pour ameublement. (B) 1839; (A) 1844.
3908	*Lemire* père et fils. Lyon (Rhône).	Soieries pour ameublement; drapeau tricolore broché or. (O) 1827; R. (O) 1834, 1839, 1844.
3909	*Farge*. Lyon (Rhône).	Soie teinte.
3910	*Mantelier* et Cie. Lyon (Rhône).	Châles brochés.
3911	*Gantillon*. Lyon (Rhône).	Soieries pour ameublement.
3912	*Boniface* et *Pelletier*. Lyon (Rhône).	Soie avec application d'or.
3913	*Dayan*. Lyon (Rhône).	Couverture en bourre de soie.
3914	*Sandoz* et Cie. Lyon (Rhône).	Châles et écharpes imprimés.
3915	*Revillon*, *Jacob* et *Berger*. Lyon (Rhône).	Chaussures.

Nos d'ord.	NOMS ET DEMEURES DES EXPOSANTS.	NATURE DES OBJETS EXPOSÉS.
3916	*Estragnat* frères et *Roux*. Lyon (Rhône).	Mousselines brodées.
3917	*Zeiger*. Lyon (Rhône).	Instrument pour le doigté du piano.
3918	*Liénard* et *Lantillon*. La Guillotière (Rhône).	Bougies. M. H. 1844.
3919	*Savoye, Ravier* et *Chanu*. Lyon (Rhône).	Soieries. Ⓐ 1839; R. Ⓐ 1844. (Savoie.)
3920	*Chevalier*. La Guillotière (Rhône).	Amidon.
3921	*Martin*. Lyon (Rhône).	Orseille.
3922	*Guimet*. Lyon (Rhône).	Bleu d'outre-mer artificiel. Ⓞ 1834; R. Ⓞ 1839, 1844.
3923	*Peillon* fils et Cie. Lyon (Rhône).	Châles imprimés.
3924	*Trolliet* et *Perret*. Lyon (Rhône).	Cirage, vernis et encre. Ⓑ 1839; R. Ⓑ 1844. (Jacquand père et fils.)
3925	*Neuss* frères et Cie. Vaise (Rhône).	Aiguilles.
3926	*Heckel* aîné. Lyon (Rhône).	Satins unis. Ⓞ 1844.
3927	*Groboz* et Cie. Lyon (Rhône).	Soieries.
3928	*Brun* frères, fils et *Denoyel*. Tarare (Rhône).	Mousselines unies et brodées. M. H. 1844.
3929	*Joly* et *Croizat*. Lyon (Rhône).	Soieries façonnées.
3930	*Rebeyre*. Lyon (Rhône).	Châles brochés.
3931	*Martin*. Lyon (Rhône).	Peluches. Ⓑ 1844.
3932	*Monnoyeur* et *Moras*. Lyon (Rhône).	Etoffes brochées pour ameublement et ornements d'église.
3933	*Ardon* (compagnie des fonderies et forges d'). Rhône.	Limes et aciers.
3934	*Voisin* frères. Lyon (Rhône).	Cartons lustrés.
3935	*Mathian*. Lyon (Rhône).	Thermosiphon pour chauffer les serres.
3936	*Thevenet, Raffin* et *Roux*. Lyon (Rhône).	Châles et soieries.
3937	*Ponson*. Lyon (Rhône).	Soieries.
3938	*Grassot* et *Joannard*. Lyon (Rhône).	Linge de table damassé.
3939	*Giraud-Milloz*. Lyon (Rhône).	Instrument dit marteau-pilon.
3940	*Yéméniz*. Lyon (Rhône).	Soieries pour ameublement. Ⓞ 1819; R. Ⓞ 1827 (Séguin et Yéméniz); Ⓞ 1839, 1844.
3941	*Flashier*. Condrieu (Rhône).	Corde moitié chanvre et moitié fer.
3942	*Faussemagne*. Lyon (Rhône).	Colle de poisson.
3943	*Auquier* et Cie. Lyon (Rhône).	Tissus pour corsets.
3944	*Sallier*. Lyon (Rhône).	Mécaniques, l'une à dévider la soie, et l'autre à faire les cannettes.

N^os d'ord.	NOMS ET DEMEURES DES EXPOSANTS.	NATURE DES OBJETS EXPOSÉS.
5945	*Gobert*. Lyon (Rhône).	Corsets mécaniques. Ⓑ 1844.
5946	*Deffrennes-Duplouy*. Lannoy (Nord)	Courtes-pointes en coton.
5947	*Legavrian* et *Farineaux*. Lille (Nord).	Machine à vapeur et pièce de moulage en fonte.
5948	*Debuchy*. Lille (Nord).	Etoffes pour pantalons et gilets. Ⓑ 1834 ; Ⓞ 1839 ; R. Ⓞ 1844.
5949	*Poelman* frères. Les Moulins. (Nord).	Céruse et carbonate de plomb.
5950	*Goudezeune*. Armentières (Nord).	Elargissoir de toile ; rampe à pincer et à tisser.
5951	*Varlet*. Incby (Nord).	Machine à fabriquer les peignes à tisser.
5952	*Dequoy* et comp^e. Les Moulins (Nord).	Fils de lin et d'étoupes.
5953	*Claro*. Lille (Nord).	Tissus de laine. Ⓐ 1844.
5954	*Providence* (Société des hauts-fourneaux, forges et fonderies de la). Hautmont (Nord).	Tôle et fer en barre.
5955	*Grégoire*. Haubourdin (Nord).	Eau-de-vie.
5956	*Jourdain-Defontaine*. Tourcoing (Nord).	Tissus de fil et de fil et coton. Ⓑ 1844.
5957	*Jourdan* et comp^e. Cambrai (Nord).	Tulles et dentelles.
5958	*Serret*, *Hamoir*, *Duquesne* et comp^e. Valenciennes (Nord).	Betterave en préparation, sucre à différents degrés de fabrication, mélasse, esprit, potasse et soude.
5959	*Dufour*. Lille (Nord).	Brosses.
5960	*Courmont*. Wazemmes (Nord).	Cotons filés. M. H. 1834 ; Ⓑ 1839 ; Ⓐ 1844.
5961	*Dautremer* et comp^e. Lille (Nord).	Fils de lin et d'étoupes.
5962	*Vantroyen* et *Mullet*. Lille (Nord).	Cotons filés. Ⓞ 1834 ; R. Ⓞ 1839, 1844.
5963	*Réquillart*, *Roussel* et *Chocqueel*. Tourcoing (Nord).	Tapis. Ⓐ 1839 ; R. Ⓐ 1844.
5964	*Blondeau-Billet*. Lille (Nord).	Fils de déchets de soie et de laine thibet.
5965	*Maillar* et *Sculfort*. Maubeuge (Nord).	Etaux et clefs.
5966	*Blot*. Douai (Nord).	Cotons filés. Ⓐ 1834.
5967	*Perre* et comp^e. Saint-Olle (Nord).	Etaux, clefs, filières et machine à percer.
5968	*Faure*. Wazemmes (Nord).	Céruse. Ⓑ 1827 ; M. H. 1834, 1839, 1844.
5969	*Watier* et *Crombet*. Moulin-Lille (Nord).	Toile et linge damassé.
5970	*Godard* et *Bontemps* Cambrai (Nord).	Batistes écrues et imprimées. Ⓑ 1839, 1844.
5971	*Leroy-Soyer* (V^e). Masnières (Nord).	Bouteilles.
5972	*Cox* et comp^e. Fives (Nord).	Cotons filés. Ⓞ 1839 ; R. Ⓞ 1844.

Nos d'ord.	NOMS ET DEMEURES DES EXPOSANTS.	NATURE DES OBJETS EXPOSÉS.
3973	*Debuchy* (Ve) Tourcoing (Nord).	Tissus en coton et en fil et coton. Ⓑ 1827; R. Ⓑ 1834, 1839; Ⓐ 1844.
3974	*Houyer* aîné et compe. Marcq-en-Barœul (Nord).	Orge mondé, amidon, farine de blé et semoule.
3975	*Lefebvre* frères. Wasquehal (Nord).	Mélasse distillée.
3976	*Boutry*. Lille (Nord).	Balances.
3977	*Charvet*. Lille (Nord).	Tissus en lin, coton et laine. Ⓐ 1839; R. Ⓐ 1844.
3978	*Lefebvre* et compe. Les Moulins (Nord).	Céruse. Ⓐ 1827, 1834, 1839; Ⓞ 1844.
3979	*Lepan*. Lille (Nord).	Rouleaux et tuyaux de plomb.
3980	*Pruvost*. Wazemmes (Nord).	Semoir.
3981	*Lefebvre-Ducatteau* frères. Roubaix (Nord).	Etoffes pour gilets. Ⓞ 1844.
3982	*Delesalle-Desmedt*. Lille (Nord).	Coton filé mouillé.
3983	*Soyer-Vasseur*. Lille (Nord).	Tissus pour gilets. Ⓞ 1844.
3984	*Butruille*. Douai (Nord).	Toiles et fils de lin.
3985	*Chartier*. Douai (Nord).	Dames-jeannes.
3986	*Goube-Picrache*. Douai (Nord).	Cuirs pour cardes et pour l'équipement militaire.
3987	*Serbat*. Saint-Saulve (Nord).	Produits chimiques.
3988	*Evrard*. Douai (Nord).	Suifs et corps gras.
3989	*Serret-Lelièvre* et compe. Denain (Nord).	Fers et tôles; chevilles, boulons et rivets. Ⓞ 1844.
3990	*Sirot* père. Trith-Saint-Léger (Nord).	Chevilles en acier, cuivre et fer. Ⓑ 1827, 1844.
3991	*Schmitt*. Valenciennes (Nord).	Moulin à concasser des os, des bois de teinture, etc.
3992	*Weil-Levecq*. Marly (Nord).	Mouchoirs et cravates imprimés; cylindres gravés pour impression au rouleau.
3993	*Vankalck* et compe. Marly (Nord).	Chevilles, boulons et rivets.
3994	*Cacheux*. Valenciennes (Nord).	Marteau à rhabiller les meules.
3995	*Méhu*. Anzin (Nord).	Appareil et chariots de mine.
3996	*Lemaître-Demeestère*. Halluin (Nord).	Toiles. Ⓐ 1844.
3997	*Demeestère-Delannoy*. Halluin (Nord).	Toiles de lin. M. H. 1844.
3998	*Baudon*. Lille (Nord).	Objets en fonte.
3999	*Casse*. Lille (Nord).	Linge de table.
4000	*Scrive* frères. Lille (Nord).	Cardes. Ⓑ 1806; Ⓐ 1827; Ⓞ 1834; R. Ⓞ 1844.
4001	*Scrive* frères et *Danset*. Marquette-lez-Lille (Nord).	Toile de lin; linge de table. M. H. 1844.
4002	*Scrive* frères. Lille (Nord).	Fils de lin et d'étoupes.
4003	*Despret*. Anor (Nord).	Acier et limes. M. H. 1844.
4004	*Hamoir, Serret* et compe. Valenciennes (Nord).	Objets en fonte. *Voy.* n° 3958.

N^os d'ord.	NOMS ET DEMEURES DES EXPOSANTS.	NATURE DES OBJETS EXPOSÉS.
4005	*Vansteenkiste*, dit *Dorus*. Valenciennes (Nord).	Amidon.
4006	*Thiriez* et comp^e. Esquermes (Nord).	Cotons filés.
4007	*Descat-Crouzet*. Roubaix (Nord.)	Tissus teints et apprêtés. Ⓐ 1844.
4008	*Pateux*. Aniche (Nord).	Verres à vitre et glaces soufflées.
4009	*Dumont-Desmoutiers*. Douai (Nord).	Cuir fort.
4010	*Pilat* et *Evrard*. Valenciennes (Nord).	Vernis. M. H. 1839, 1844.
4011	*Du Breuille, Dervaux, Lefebure* et *De Fitte*. Wargnies-le-Grand (Nord).	Sucre indigène.
4012	*Durel* et Ce. Valenciennes (Nord).	Potasse.
4013	*Grar* et Ce. Valenciennes (Nord).	Sucre raffiné. Ⓞ 1839 et 1844.
4014	*Favier*. Dunkerque (Nord).	Garde-robe.
4015	*Defontaine* et Ce. Marquette (Nord).	Fécule et glucose. Ⓑ 1844.
4016	*Dehamel* frères. Merville (Nord).	Linge de table ; toiles ouvrées et unies. Ⓑ 1844.
4017	*Florin*. Roubaix (Nord).	Tissus en coton, laine et lin, M. H. 1844.
4018	*Mazure - Mazure* (Veuve). Roubaix (Nord).	Tissus pour tentures.
4019	*Montagne*. Roubaix (Nord).	Tissus en laine, coton, soie et fil.
4020	*Ternynck* frères. Roubaix (Nord).	Tissus en laine, lin et coton. Ⓐ 1839 ; Ⓞ 1844.
4021	*Delemasure-Delton*. Roubaix (Nord).	Tissus en coton et laine.
4022	*Roussel-Becquart*. Roubaix (Nord).	Tissus en coton et laine.
4023	*Roussel-Dazin*. Roubaix (Nord).	Tissus en laine, soie et coton. Ⓐ 1844.
4024	*Pollet*. Roubaix (Nord).	Tissus de laine. Ⓞ 1844.
4025	*Delespaul* et Ce. Roubaix (Nord).	Tissus en coton, laine et lin.
4026	*Pin-Buyart* et Ce. Roubaix (Nord).	Tissus en coton, laine et soie. M. H. 1844.
4027	*Lagache*. Roubaix (Nord).	Tissus en coton, laine, soie et lin. Ⓐ 1844.
4028	*Delfosse* frères. Roubaix (Nord).	Tissus en laine, soie et lin. Ⓐ 1844.
4029	*Lejeune-Mathon*. Roubaix (Nord).	Laines peignées et filées. Ⓑ 1839 ; R. Ⓑ 1844.
4030	*Tettelin-Montagne*. Roubaix (Nord).	Tissus en laine et en coton. Ⓑ 1844.
4031	*Dutilleul-Lorthiois*. Roubaix (Nord).	Tissus de laine. C. F. 1844.
4032	*Wibaux-Florin*. Roubaix (Nord).	Tissus en coton, lin et laine. Ⓐ 1844.
4033	*Defrenne*. Roubaix (Nord).	Tissus de laine. Ⓐ 1844.
4034	*Screpel* (César). Roubaix (Nord).	Tissus de laine. M. H. 1844.
4035	*Screpel-Roussel*. Roubaix (Nord).	Tissus de laine. Ⓐ 1844.
4036	*Delattre* et fils. Roubaix (Nord).	Tissus de laine. Ⓞ 1839 ; R. Ⓞ 1844.

N^{os} d'ord.	NOMS ET DEMEURES DES EXPOSANTS.	NATURE DES OBJETS EXPOSÉS.
4037	*Dandoy-Moilliard, Lucq* et Ce. Maubeuge (Nord).	Objets de quincaillerie et fusil à percussion.
4038	*Motte-Bossut* et Ce. Roubaix (Nord).	Cotons filés.
4039	*Lewille* et Ce. Valenciennes (Nord).	Clous, semences, bossettes et chevilles.
4040	*Dubrulle*. Lille (Nord).	Lampes ; lampes de sûreté ; pompe et fléaux. (B) 1844.
4041	*Harding-Cocker*. Lille (Nord).	Peignes pour le lin et la laine. M. H. 1839 ; (B) 1844.
4042	*Mullier-Laurent*. Esquermes (Nord).	Colle-forte.
4043	*Kulhmann* frères. Lille (Nord).	Produits chimiques. (A) 1839 ; (O) 1844.
4044	*Tesse-Petit*. Lille (Nord).	Cotons filés. (A) 1834 ; R. (A) 1839 et 1844.
4045	*Dervaux*. Roubaix (Nord).	Tissus en laine, coton, lin et soie. (A) 1839 et 1844.
4046	*Manche*. Roubaix (Nord).	Laines filées.
4047	*Carlos-Florin*. Roubaix (Nord).	Laines filées. (A) 1839 et 1844.
4048	*Cordonnier* (Veuve). Roubaix (Nord).	Tissus de laine. M. H. 1839 ; (B) 1844.
4049	*Lecour, Billaux* et Ce. Lille (Nord).	Lisses métalliques.
4050	*Mayeu-Delange*. Armentières (Nord).	Fils et tissus de lin et d'étoupes. (A) 1844.
4051	*Parent* frères. Armentières (Nord).	Linge de table et nappe d'autel.
4052	*Baulerel*. Cambrai (Nord).	Amidon et vermicelle.
4053	*Bricourt* et *Delaunay*. Le Cateau (Nord).	Fils et tissus de laine.
4054	*Chappuy*. Douai (Nord).	Dames-jeannes clissées en osier.
4055	*Roussel de Livry* fils. Tourcoing.	Savons.
4056	*Bernard* frères. Lille (Nord).	Sucre blanc et sucre candi.
4057	*Danel*. Lille (Nord).	Impressions diverses.
4058	*Duvillier-Delattre*. Tourcoing (Nord).	Molletons en laine, coton et fil. M. H. 1844.
4059	*Laurent* frères et sœurs. Tourcoing (Nord).	Tissus de coton, lin et laine.
4060	*Vandemerghel*. Lille (Nord).	Peignes à tisser.
4061	*Duforest-Watrelot*. Roubaix (Nord).	Tissus de lin.
4062	*Dathis*. Roubaix (Nord).	Tissus en laine, lin et coton. M. H. 1839.
4063	*Grenier*. Armentières (Nord).	Toiles diverses.
4064	*Baleich*. Lille (Nord).	Billard et porte-queues.
4065	*Amouroux*. Paris, r. Charlot, 47.	Dessins de machines.
4066	*Arband*. Paris, r. Neuve-Coquenard, 41.	Enseignes métalliques à trois faces.

N°. d'ord.	NOMS ET DEMEURES DES EXPOSANTS.	NATURE DES OBJETS EXPOSÉS.
4067	*Arrault*. Paris, r. des Petites-Ecuries, 26.	Sacs d'ambulance, boîtes de secours et pharmacies portatives.
4068	*Association d'ouvriers charpentiers*. La Villette, r. d'Allemagne, 51.	Modèles de charpente.
4069	*Banc*. Paris, r. de La Ferme-des-Mathurins, 3.	Calorifères.
4070	*Barrère*. Paris, r. Mazarine, 64.	Machines à graver.
4071	*Benoit*. Paris, r. de Grenelle Saint-Germain, 34.	Machines à fouler les draps et à élever l'eau. Ⓐ 1844.
4072	*Bertaux*. Paris, r. des Martyrs, 1.	Vernis.
4073	*Bienvenu*. Paris, r. de Provence, 61.	Bustes pour essayer les robes.
4074	*Brocard*. Paris, r. de Chaillot, 97.	Savons.
4075	*Brou*. Paris, r. Saint-Honoré, 375.	Plancher en fer et travail de sonnettes.
4076	*Caron*. Paris, r. du Faubourg-Saint-Martin, 168.	Machines à extraire l'eau des étoffes ; métier à faire le cordonnet.
4077	*Chalumeau*. Paris, r. du Petit-Repo soir, 6.	Appareil dit traceur universel.
4078	*Chameroy*. Paris, r. du Faubourg-Saint-Martin, 164.	Tuyaux en tôle et bitume. M. H. 1839 ; Ⓐ 1844.
4079	*Charpy*. Paris, r. du Faubourg-Saint-Martin, 59.	Essieux et fusées mobiles.
4080	*Chéradame* (Mlle). Paris, r. Rochechouart, 12.	Bouquets-éventails.
4081	*Crémer*. Paris, r. de l'Entrepôt, 27.	Meubles, marqueteries et mosaïques. Ⓑ 1844.
4082	*Croisat*. Paris, r. Richelieu, 74.	Mécaniques pour les tissus en cheveux. C. F. 1834; M. H. 1844.
4083	*Damey*. Paris, r. Fontaine-au-Roi, 4 *bis*.	Machine pour nettoyer les grains.
4084	*Daux* (Mme). Paris, r. Barbette, 9 (Marais).	Meuble dit *supplément de lit*.
4085	*Davenne*. Paris, r. de la Sourdière, 31.	Instrument dit *Semoir-rayonneur*. M. H. 1839 et 1844.
4086	*Daviron*. Paris, r. du Faubourg-Saint-Martin, 98.	Presse hydraulique ; machine pour polir et rogner la bougie. Ⓑ 1844.
4087	*Delaroche* aîné. Paris, r. du Bac, 107.	Calorifères et fourneaux. Ⓑ 1844.
4088	*Dexheimer*. Paris, r. Saint-Sébastien, 3 *ter*.	Meubles.
4089	*Durand* fils. Paris, r. de Paradis Poissonnière, 29.	Instruments d'agriculture.
4090	*Franchot*. Paris, r. du Banquet, 30.	Appareils mécaniques.

Nos d'ord.	NOMS ET DEMEURES DES EXPOSANTS.	NATURE DES OBJETS EXPOSÉS.
4091	*Gagnery*. Paris, quai Saint-Michel, 7.	Figures mécaniques pour les peintres.
4092	*Gaidon* jeune. Paris, r. du Faubourg-Saint-Denis, 89.	Pianos. Ⓑ 1839 ; Ⓐ 1844.
4093	*Gaudin*. Montmartre, r. Léonie, 6.	Statuettes recouvertes de métal.
4094	*Astorquiza*. Paris, r. Saint-Pierre-Amelot, 14.	Billard.
4095	*Arnould*. Paris, r. Saint-Benoît-Saint-Germain, 22.	Pianos.
4096	*Gautier* (veuve). Paris, pl. des Vosges, 19.	Ouvrages au crochet.
4097	*Geneste*. Paris, r. Neuve-Ménilmontant, 5 *bis*.	Calorifères. M. H. 1844.
4098	*Geoffroy*. Paris, r. Saint-André-des-Arts, 31.	Table à bougie à combinaison.
4099	*Giroux*. Paris, r. des Cinq-Diamants, 23.	Alambic, bassine et poêlon.
4100	*Huck*. Paris, r. Corbeau, 31.	Machine à extraire la fécule; pompe rotative et machine à vapeur. Ⓑ 1839; Ⓐ 1844.
4101	*Hureaux*. Paris, r. du Faubourg-Saint-Honoré, 157.	Chocolat.
4102	*Janin*. Paris, r. de Bourgogne, 29.	Modèles de constructions.
4103	*Janus*. Paris, r. du Grand-Prieuré, 10.	Pianos.
4104	*Jaris*. Paris, r. Guénégaud, 23.	Meubles en marqueterie.
4105	*Lanéry*. Paris, r. Ménilmontant, 61.	Métier à la Jacquart.
4106	*Laperche*. Paris, r. Grange-Batelière, 18.	Fourneaux, calorifère et chauffe-assiettes.
4107	*Laruelle*. Paris, r. Ménilmontant, 38.	Tours.
4108	*Lefèvre*. Paris, r. Beaubourg, 21.	Papiers de fantaisie. C.F. 1844.
4109	*Lemolt*. Paris, pass. Jouffroy, 42.	Cho'ca.
4110	*Leprince*. Paris, r. de Louvois, 12.	Pompes et garde-robes. Ⓑ 1844.
4111	*Lesage*. Belleville, r. Lauzin, 16 *bis*, barrière de la Chopinette,	Cisaille.
4112	*Loubon*. Paris, r. du Caire, 24.	Fleurs artificielles.
4113	*Maboux de la Frasse*. Paris, r. Fontaine-Molière, 18.	Bandages.
4114	*Magnié*. Paris, r. du Faubourg-Poissonnière, 97.	Pianos. M. H. 1844.
4115	*Maillier*. Paris, r. de Richelieu, 28 *bis*.	Instrument dit corporimètre.
4116	*Massiquot* fils et *Thirault*. Paris, r. Neuve-Ménilmontant, 6.	Presses mécaniques à rogner.
4117	*Mignard-Billinge*. Belleville.	Ressorts, tubes, rouleaux et outils. Ⓐ 1827; R. Ⓐ 1834, 1839 et 1844.
4118	*Morel*. Paris, r. Saint-Quentin, 4 *bis*.	Machine à battre le blé et pétrin mécanique. Ⓐ 1844.

Nos d'ord.	NOMS ET DEMEURES DES EXPOSANTS.	NATURE DES OBJETS EXPOSÉS.
4119	*Moritz*. Paris, r. de la Monnaie, 19.	Oiseaux empaillés.
4120	*Morize*. Paris, r. Saint-Antoine, 13.	Objets de coutellerie.
4121	*Mortier* et *Courtois*. Issy, avenue d'Issy, 17.	Chaux et modèles de four.
4122	*Moser*. Paris, boul. du Temple, 24.	Pendules.
4123	*Mousset*. Paris, r. du Faubourg-Saint-Denis, 126.	Lits et berceaux en fer.
4124	*Moussier*. Paris, pass. Jouffroy, 31.	Objets en métal dit *anglais*. C. F. 1844.
4125	*Muzège*. Paris, r. Chapon, 14.	Objets d'horlogerie.
4126	*Pasquier* (Madame). Paris, r. de Crussol, 2.	Porte-montres, bobèches et dessous de lampes.
4127	*Pelletier* et Cie. Paris, r. de Chabrol, 28.	Pianos.
4128	*Périchon*. Paris, r. Saint-Antoine, 64.	Pianos.
4129	*Perrot*. Vaugirard.	Arme à air comprimé.
4130	*Petit*. Paris, r. du Cherche-Midi, 4.	Régulateur.
4131	*Peynot*. Paris, r. Fontaine-Saint Georges, 26.	Cheminée et socle en marbre.
4132	*Pichard*. Paris, r. des Blancs-Manteaux, 30.	Bijoux dorés.
4133	*Pihet*. Paris, r. des Amandiers-Popincourt, 34.	Banc à broche, bobinoir et machine à tailler les roues. Ⓞ 1834; R. Ⓞ 1839; Ⓞ 1844.
4134	*Schuster*. Paris, r. du Chantre, 26.	Rouleaux imperméables.
4135	*Rabiot*. Paris, r. Saint-André-des-Arts, 60.	Lits pour des malades.
4136	*Rauch*. Paris, r. Caumartin, 1.	Ouvrages au crochet et à l'aiguille.
4137	*Renauld*. Paris, r. Vieille-du-Temple, 88.	Bronzes.
4138	*Ribaillier*. Paris, boul. Beaumarchais, 71.	Meubles.
4139	*Rogez*. Paris, r. Jacob, 31.	Pianos. M. H. 1839.
4140	*Rohlfs*. Paris, cour Batave, 12.	Machine à sécher.
4141	*Rouchon*. Paris, r. du Faubourg-Saint-Denis, 124.	Images pour enseignes.
4142	*Rousseau* frères. Paris, r. de l'Ecole-de-Médecine, 9.	Produits chimiques.
4143	*Schultz*. Paris, r. des Gravilliers, 23.	Encre.
4144	*Sergent*. Paris, r. du Faubourg-Saint-Antoine, 194.	Orgue.
4145	*Serpinet*. Paris, r. Plumet, 4.	Carmin.
4146	*Simon* jeune. Paris, r. du Cadran, 16.	Objets en marbre.
4147	*Vieille Montagne* (Société anonyme des mines et fonderies de zinc de la). Paris, r. Richer, 22.	Objets en zinc.

Nos d'ord.	NOMS ET DEMEURES DES EXPOSANTS.	NATURE DES OBJETS EXPOSÉS.
4148	*Taillefer*. Paris, boul. Beaumarchais, 109.	Tours à guillocher et à tourner les cônes.
4149	*Trioullier*. Paris, r. du Vieux-Colombier, 32.	Pièces d'orfévrerie.
4150	*Varin*. Paris, r. Censier, 49.	Cuirs tannés au jus.
4151	*Vinet*, *Odelin* et Cie. Paris, q. de la Mégisserie, 12.	Poêles, calorifères, cheminées et objets de taillanderie.
4152	*Werdet* père. Paris, r. de la Chaise, 28.	Encre et papier de sûreté.
4153	*Weyts*. Paris, r. Bleue, 34.	Fourneaux, calorifères et cheminées.
4154	*Zambaux*. Paris, r. Transnonain, 20.	Machine à fendre le bois et appareil distillatoire et culinaire pour la marine.
4155	*Pélissier*. Drariah (Algérie).	Maïs.
4156	*Jalabert*. Alger.	Sculpture en cœur de jujubier.
4157	*Curtet*. Alger.	Huile d'olive, de lin, de colza, de sésame, de pavot, d'arachide et de madhia sativa.
4158	*Bénier*. Alger.	Crin de feuille de palmier nain.
4159	*Marché*. Douéra (Algérie).	Roues de brouette.
4160	*Mazères*. Dély-Ibrahim (Algérie).	Soies grèges et vins rouges.
4161	*Mareschal* (Veuve). Mustapha-Supérieur (Algérie).	Soies grèges.
4162	*Gilles*. Birmandreïs (Algérie).	Soies grèges et blé tendre.
4163	*Portanier*. Chéragas (Algérie).	Blé tendre blanc.
4164	*Rozeron*. Trescia (Algérie).	Racines de rhubarbe.
4165	*Boulanger*. Alger.	Selles.
4166	*Chuffart*. Birmandreïs (Algérie).	Blé tendre et blé dur.
4167	*Simounet*. Alger.	Tabac, cochenille, opium, essences, citrate de chaux et acide citrique.
4168	*Morin*. El Biar (Algérie).	Soies grèges.
4169	*Lefebure* et Cie. (Alger).	Plomb de chasse.
4170	*Fruitié*. Cheragas (Algérie).	Tabac dit philippin, sainfoin, luzerne et blé.
4171	*Bazire*. (Alger).	Huile de ricin.
4172	*Mercurin*. Cheragas (Algérie).	Huile d'olive; tan fait avec l'écorce de la racine d'un chêne vert.
4173	*Maffre*. Bougie (Algérie).	Huile d'olive.
4174	*Reverchon*. Birkadem (Algérie).	Citrons du Sahel.
4175	*Fléchey*. Saint-Eugène (Algérie).	Papier de palmier nain.
4176	*Laugier*. Alger.	Tabac, blé tendre et légumes secs.
4177	*Boensch*. Kouba (Algérie).	Eau-de-vie faite avec des jujubes et des figues de Barbarie.

N^os d'ord.	NOMS ET DEMEURES DES EXPOSANTS.	NATURE DES OBJETS EXPOSÉS.
4178	*Bedel.* Alger.	Sel marin d'Arzew.
4179	*Laya* et Ce. Alger.	Farine dite *tuzelle d'Alger.*
4180	*Cabanillas* (veuve) et Ce. Alger.	Placages en divers bois.
4181	*Mouren* et Ce. Alger.	Farine, semoule et orge perlé.
4182	*Tallichet.* Boudjaréah (Algérie).	Huiles d'olives.
4183	*Pépinière centrale du gouvernement.* Le Hamma (Algérie).	Coton, cannes à sucre, tubercules, bananes, graines oléagineuses, opium, riz, cochenille, soie. Herbiers.
4184	*Rudovel.* Saoula (Algérie).	Touffes de blé.
4185	*Rozey* et *Coppin.* Ouled-Fayet (Algérie).	Coton.
4186	*Couppel de Lude.* El-Biar (Algérie).	Tabac.
4187	*Mouzaïa* (Société des mines de).	Cuivre.
4188	*Vallier.* Dely-Ibrahim (Algérie).	Miel, cire et citrons.
4189	*Bréauté.* Médéah (Algérie).	Vin blanc de Tittery.
4190	*Lalanne.* Blidah (Algérie).	Cocons de 1849.
4191	*Chôpin.* Blidah (Algérie).	Oranges, cédrats et citrons.
4192	*Bône* (commune de).	Bois, granits, marbres, minerais et liéges.
4193	*Camelin.* Bône (Algérie).	Avoine et seigle.
4194	*Jeantel.* Bône (Algérie).	Orge et blé.
4195	*Labaille.* Bône (Algérie).	Blé et semoule.
4196	*Arnaud.* Bône (Algérie).	Savon blanc.
4197	*Charmarty.* Bône (Algérie).	Cigares.
4198	*Moreau.* Bône (Algérie).	Huile d'olive, cocons et soie grège.
4199	*Raimbert.* Bône (Algérie).	Chanvre.
4200	*Soual.* Bône (Algérie).	Hache.
4201	*Drides* (Tribu des)).	Bournous et gandoura.
4202	*Lützow.* Bône (Algérie).	Safran.
4203	*Lofredo.* Bône (Algérie).	Branche de corail.
4204	*Fabre.* Bône (Algérie).	Tuiles et briques.
4205	*Lacombe.* Bône (Algérie).	Tabac en feuille.
4205	*Saad-Ben-Abdallah* Bône (Algérie.)	Panier à l'usage des nègres.
4207	*Mohamed Guech.* Bône (Algérie).	Poteries arabes.
4208	*Converso.* Bône (Algérie).	Marqueterie.
4209	*Pépinière du Gouvernement.* Bône (Algérie.	Coton jumelle d'Egypte, et coton New-York. Cochenille sèche.
4210	*Savona.* Bône (Algérie).	Coton Castellamare.
4211	*Mohamed-Ben-Aïcha.* Bône (Algérie).	Tabac en feuille.
4212	*Harectas* (Tribu des).	Toison.
4213	*Hadj Chalabi.* Bône (Algérie).	Faucille arabe.
4214	*Mustapha-Ben-Kerim.* Bône (Algérie).	Tabac à priser, couscous.
4215	*Bône* (usine de). (Algérie).	Fer en gueuse.

Nos d'ord.	NOMS ET DEMEURES DES EXPOSANTS.	NATURE DES OBJETS EXPOSÉS.
4216	*Administration des forêts en Algérie.*	Echantillons de bois du pays.
4217	*Ferrand-Lamotte.* Troyes (Aube).	Machine à presser la pâte de papier.
4218	*Chapplain.* Vandeuvre (Aube).	Machine à tirer le trait de laine peignée.
4219	*Berthelot.* Troyes (Aube).	Métiers circulaires distributeurs-formeurs pour la bonneterie.
4220	*Ladrey.* Saint-Eloi (Nièvre).	Laines.
4221	*Despeuilles.* Saint-Honoré (Nièvre).	Vases de cuisine en grès réfractaire.
4222	*Abel.* Paris, r. du Faubourg-Saint-Honoré, 109 bis.	Chambranle de cheminée en bois avec ornements en fonte.
4223	*Allier.* Paris, r. Saint-André des-Arcs, 35.	Mors de bride.
4224	*Aubert.* Paris, r. des Marais, 13.	Cheminée et calorifères.
4225	*Aubert-Schwickardt.* Paris, r. de Cléry, 69.	Solives en tôle, mécanique-moteur, étuis de mathématiques et nécessaires à lumière. M. H. 1839.
4226	*Avisseau* aîné. Paris, r. Saint-Denis, 101.	Pianos.
4227	*Balny.* Paris, r. du Faubourg-Saint-Antoine, 40.	Meubles. (B) 1844.
4228	*Barrelle-Martigny.* Paris, r. Saint-Honoré, 353.	Chaise à études.
4229	*Batailler.* Neuilly (Seine).	Système d'irrigations.
4230	*Bied.* Paris, r. du Faubourg-du-Temple, 1.	Lustres et objets éclairés intérieurement.
4231	*Birckel.* Paris, r. Fontaine-au-Roi, 58.	Calorifères et cheminées. M. H. 1844.
4232	*Blerzy.* Paris, r. de Courcelles, 23-27.	Appareils de chauffage et de dessication.
4233	*Bontems.* Paris, r. de Cléry, 80.	Instrument pour la réduction des statues et dessins.
4234	*Boucher.* Paris, r. Beaurepaire, 24.	Objets en rocaille.
4235	*Bouhey.* Paris, r. Beaubourg, 59.	Machine à couper les peaux de lapin.
4236	*Bourdet* (madame). Paris, r. des Billettes, 7.	Fleurs artificielles.
4237	*Boy* et *Dumontois.* Paris, r. Saint-Denis, 242.	Bretelles et jarretières.
4238	*Brunier, Lenormand* et Ce. Paris, r. Vivienne, 55.	Vinaigre de toilette.
4239	*Burckardt.* Paris, r. Mercier, 7.	Piano.
4240	*Canard.* Paris, r. de la Parcheminerie, 27.	Appareils de sauvetage et de natation.

Nos d'ord.	NOMS ET DEMEURES DES EXPOSANTS.	NATURE DES OBJETS EXPOSÉS.
4241	*Canisse*. Paris, r. Neuve-de-la-Fidélité, 21.	Modèles d'édifices en bois.
4242	*Chalier-Tartas*. Paris, q. Conti, 7.	Lampes.
4243	*Charbonnier*. Paris, r. Saint-Honoré, 347.	Clyso-pompes et bandages.
4244	*Chenot*. Clichy, r. du Landy, 66.	Eponges métalliques.
4245	*Choulette*. Paris, r. de Lévis, 19.	Pendule en fer.
4246	*Clémançon* fils. Paris, r. de Vendôme, 25.	Lustres.
4247	*Coly*. Paris, r. de la Sourdière, 4.	Souliers sans couture.
4248	*Constant*. Paris, r. de la République, 33.	Objets en cheveux.
4249	*Coqueriaux*. Paris, r. Saint-Germain-l'Auxerrois, 27.	Fourneaux et calorifères.
4250	*Couronne*. Paris, r. des Trois-Couronnes, 13.	Meubles en mosaïque de bois.
4251	*Dangu*. Paris, quai d'Orsay, 3.	Charrues et extirpateurs.
4252	*Dantin*. Paris, r. du Petit-Pont, 25.	Ourdissoir pour les châles.
4253	*Darbo*. Paris, passage Choiseul, 26.	Biberons.
4254	*Darche* (Veuve). Paris, r. Ménilmontant, 11 *bis*.	Moufle et appareil pour chauffer les fers à repasser. C. F. 1839; M. H. 1844.
4255	*Debain*. Paris, r. Vivienne, 53.	Pianos et autres instruments.
4256	*Decoudun* (Veuve). Paris, r. Pierre-Levée, 8.	Chaudière à vapeur, appareil à lessive et tubes étirés à la filière.
4257	*Deguzon*. Paris, r. Pascal, 13.	Machine à tisser les chaussons de tresse.
4258	*Delacroix*. Paris, passage Choiseul, 35.	Objets de coutellerie. M. H. 1839, 1844.
4259	*Delahaye*. Paris, r. des Vieux-Augustins, 40.	Garnitures de comptoirs en doublé d'argent.
4260	*De Saint-Martin*. Paris, r. de Seine, 4.	Couleurs et crayons.
4261	*Desloriers*. Paris, r. Aumaire, 43.	Objets de tableterie.
4262	*Devantes*. Paris, r. du Petit-Carreau, 14.	Dents postiches.
4263	*Devaux*. Paris, passage des Panoramas.	Socques. M. H. 1834, 1839.
4264	*Devignes*. Paris, cité Popincourt, 20.	Machine à presser les tuiles et carreaux.
4265	*Dormoy*. Batignolles, r. Saint-Etienne, 23.	Mécanisme pour distribuer la vapeur dans les machines.
4266	*Dumaige*. Paris, r. du Fouarre, 5.	Machine pour triturer les médicaments et broyer les métaux.
4267	*Duport*. Paris, r. des Francs-Bourgeois-Saint-Marcel, 16.	Peaux et feutre refendus. Peaux vernies. Ⓐ 1844.

N^os d'ord.	NOMS ET DEMEURES DES EXPOSANTS.	NATURE DES OBJETS EXPOSÉS.
4268	*Ege*. Paris, r. Neuve-des-Mathurins, 91.	Pianos.
4269	*Florange* jeune. Paris, r. du Faubourg-Saint-Antoine, 20.	Meubles. C. F. 1839.
4270	*Franche*. Paris, r. du Bac, 16.	Pianos.
4271	*Frappier*. Paris, r. Sainte-Croix-de-la-Bretonnerie, 25.	Objets d'horlogerie.
4272	*Fugère*. Paris, r. de Poitou, 8.	Enduit contre l'humidité.
4273	*Gaud-Bovy* et Cie. Paris, r. Fontaine-Saint-Georges, 38.	Presse à copier, presse lithographique, et machine à raboter et mortaiser le bois. M. H. 1834.
4274	*Gaud*. Paris, r. Notre-Dame-de-Recouvrance, 19.	Instrument dit *éphodéiamètre*, pour contrôler les rondes.
4275	*Gault*. Paris, r. du Faubourg-Saint-Martin, 124.	Mosaïques.
4276	*Gélin*. Paris, r. du Faubourg-du-Temple, 18.	Brûloir à café et calorifère.
4277	*Gibus*. Paris, r. Beaubourg, 50.	Chapeaux mécaniques.
4278	*Gillont*. Paris, avenue Trudaine, 20.	Pianos.
4279	*Gorju* Paris, r. Saint-Maur-Popincourt, 16.	Chambranle et autres objets en fonte.
4280	*Graff*. Paris, r. du Faubourg-Saint-Antoine, 259.	Varlopes et rabots.
4281	*Grandjean*, Paris, r. des Jeûneurs, 11.	Etuis et fûts de caisse.
4282	*Grémilly* et Cie. Paris, r. du Faubourg-Saint-Denis, 93.	Bitume épuré.
4283	*Grison*. Paris, r. Salle-au-Comte, 8.	Veilleuses et mèches. C. F. 1844.
4284	*Guérin* (Jules). Charonne (Seine).	Crémones et serrures.
4285	*Guérin* aîné et Cie. Paris, r. du Faubourg-Saint-Antoine, 45.	Bronzes, feux et galeries de cheminées.
4286	*Guillot-Saguez*. Paris, r. Vivienne, 36.	Dessins photographiques sur papier.
4287	*Harand*. Paris, r. de Choiseul, 15.	Fleurs artificielles.
4288	*Harmois* frères. Paris, r. Marivaux-des-Lombards, 14.	Boyaux en cuir et en toile. Seaux à incendie. Ⓑ 1844.
4289	*Henriot*. Saint-Denis (Seine).	Pièces d'horlogerie.
4290	*Herbin*. Paris, r. Michel-le-Comte, 21.	Cire et pains à cacheter. Ⓑ 1823; R. Ⓑ 1844.
4291	*Ramirez*. Paris, r. du Faubourg-Saint-Honoré.	Conserves alimentaires.
4292	*Herz*. Paris, r. de la Victoire, 48.	Pianos. M. H. 1839; Ⓞ 1844.
4293	*Huet* et *Geyler*. Paris, r. Notre-Dame-de-Lorette, 51.	Machine à épingles dite *bouteuse*.
4294	*Jannin*. Paris, r. de Ponthieu, 47.	Sculpture en bois.

Nos d'ord.	NOMS ET DEMEURES DES EXPOSANTS.	NATURE DES OBJETS EXPOSÉS.
4295	*Jeanti, Prévost, Perraud* et Ce. La Villette (Seine).	Sucre moulé, épuré et cristallisé.
4296	*Joanne*. Paris, r. Sainte-Avoye, 63.	Lampes.
4297	*Jouffroy*. Paris, r. Pavée, 24.	Pendules.
4298	*Kleinjasper*. Paris, r. des Frondeurs, 1.	Pianos.
4299	*Koska*. Paris, r. du Faubourg-Poissonnière, 92.	Piano. (B) 1839; R. (B) 1844.
4300	*Lainé*. Paris, r. du Faubourg-Saint-Antoine, 123.	Toilette.
4301	*Lamotte*. Paris, r. du Faubourg Montmartre, 4.	Robinets, garde-robe, borne-fontaine. M. H. 1844.
4302	*Lamy*. Paris, boul. Beaumarchais, 89.	Baignoires. M. H. 1834, 1844.
4303	*Lanne*. Paris, r. du Temple, 42.	Objets de coutellerie. C. F. 1834; M. H. 1839, 1844.
4304	*Lannes de Montebello*. Paris, r. Laffitte, 23.	Machine à boucher les bouteilles de vin de Champagne. (B) 1844.
4305	*Lebeuf*. Paris, r. des Enfants-Rouges, 11.	Calorifères, cheminées et fourneaux.
4306	*Lecerf*. Paris, r. Montholon, 15.	Fourneaux, cheminées et calorifères.
4307	*Lefebvre*. Paris, r. Saint-Hyacinthe-Saint-Honoré, 4.	Pianos.
4308	*Leprince de Beaufort* (veuve). Paris, r. d'Assas, 5.	Papier dit *Gipsy*.
4309	*Lignel* et *Roux*. Paris, r. Saint Maur-Popincourt, 21.	Machine à briques.
4310	*Limonaire*. Paris, r. Montorgueil, 27 et 29.	Pianos.
4311	*Malsang*. Paris, r. Mâcon, 12.	Encre d'imprimerie.
4312	*Manchion*. Batignolles (Seine).	Produits alimentaires.
4313	*De Mannoury d'Eclot*. Paris, r. du Faubourg Saint-Martin, 41.	Machine propre à donner la voie aux scies.
4314	*Marchal* et Ce. Paris, r. de Charonne, 38.	Echantillons de placage.
4315	*Marchive et Picard*. Paris, r. Saint-Avoye, 54.	Encriers et tire-bouchons.
4316	*Martenot*. Paris, r. d'Antin, 8.	Lithographies. M. H. 1834; (B) 1839; R. (B) 1844.
4317	*Martin de Corteuil*. Paris, r. Bellefond, 39.	Clavier postiche transposant.
4318	*Masse*. Paris, r. du Petit-Bourbon-Saint-Sulpice, 7.	Plan en relief de la colonie pénitentiaire de Mettray.
4319	*Maurin*. Paris, r. Montmorency, 6.	Souricière.
4320	*Mayer*. Paris, r. Vivienne, 20.	Pièces d'orfévrerie et de joaillerie. (A) 1844.

N°s d'ord.	NOMS ET DEMEURES DES EXPOSANTS.	NATURE DES OBJETS EXPOSÉS.
4321	*Michaut*. Paris, r. du Faubourg-Saint-Martin, 193.	Berceau et jardinière.
4322	*Monniot*. Paris, r. Neuve-Saint-Roch, 34.	Pianos. M. H. 1844.
4323	*Montal*. Paris. passage Dauphine, 36.	Pianos. Ⓑ 1844.
4324	*Morisot*. Paris, boulevard Beaumarchais, 2.	Moulures vernies pour appartements. M. H. 1839; Ⓑ 1844.
4325	*De Montlaur* (Veuve). Paris, r. Monsigny, 3.	Châles et tricots.
4326	*Muller*. Paris. r. Chabrol, 37.	Forge portative de doreur.
4327	*Nègre*. Paris, r. d'Argenteuil, 12.	Garniture de meubles imitant le duvet.
4328	*Niderreither*. Paris, r. du Faubourg-Poissonnière, 183.	Pianos. Ⓑ 1844.
4329	*Normand* et *Laurence*. Paris, r. Montmartre, 112.	Montres.
4330	*Ogerau*. Paris, r. Buffon, 15.	Peaux. Ⓒ 1839.
4331	*Palluy*. Paris, r. Grenetat, passage de la Trinité, 65.	Appareil pour réchauffer les cholériques. C. F. 1834.
4332	*Pape*. Paris, r. des Bons-Enfants, 19.	Pianos. Ⓞ 1839; R. Ⓞ 1844.
4333	*Papeil*. Passy (Seine).	Tour.
4334	*Papelard*. Montmartre (Seine).	Pianos sans cordes.
4335	*Paquet*. Paris, r. Rousselet-Saint-Germain, 11.	Céréales.
4336	*Pâris*. Paris, passage Choiseul, 25.	Perruques. C. F. 1844.
4337	*Panselle* aîné. Paris, r. de la Verrerie, 32.	Pianos.
4338	*Peillod*. Paris, r. Saint-Sabin, 14.	Scie circulaire.
4339	*Pérardel*. Paris, r. Ménilmontant, 46.	Métaux colorés.
4340	*Pfeffel*. Paris, r. Albouy, 8.	Pianos.
4341	*Pesnel*. Paris, r. Pigale, 32.	Modèle de pont en fer.
4342	*Philippe*. Paris, r. d'Aligre, 10.	Modèles de canon et de barque portative.
4343	*Piquet*. Paris, Place de l'Oratoire, 6.	Montre astronomique.
4344	*Poinsard*. Paris, r. Amelot, 26.	Chaises.
4345	*Pouillier*. Paris, r. Sainte-Avoye, 32.	Ceintures et bas pour la chirurgie.
4346	*Pouillet*. Paris, r. Saint-Dominique, 211.	Portées de voies de fer.
4347	*Poulain*. Paris, r. Pastourelle, 5.	Appareils d'éclairage en zinc et en cuivre.
4348	*Pourrageaud*. Paris, r. des Vieux-Augustins, 38.	Machine à terrassements.
4349	*Quétigny*. Epinay (Seine).	Essieux, boîtes de roues et vis de presse.
4350	*Quinet*. Paris, place de la Bourse, 8.	Machines à imprimer; impressions et dessins microscopiques.

N^os d'ord.	NOMS ET DEMEURES DES EXPOSANTS.	NATURE DES OBJETS EXPOSÉS.
4351	*Ramus*. Paris, r. de l'Arbre-Sec, 52.	Pianos.
4352	*Rainé*. Paris, r. du Faubourg-Saint-Martin, 114.	Serrures à combinaison et fermoir de portefeuille.
4353	*Ravetier*. Paris, r. Folie-Méricourt, 6.	Vis et écroux.
4354	*Recourt*. Paris, Petite-rue-Verte, 9.	Pendule en bronze.
4355	*Renaudin*. Paris, r. d'Ormesson, 17.	Mannequins en osier.
4356	*Ruhmkorff*. Paris, r. des Orfèvres, 6.	Instruments de physique. Ⓐ 1844.
4357	*Richer*. Paris, r. de Vendôme, 6.	Pianos.
4358	*Ringuet-Leprince*. Paris, r. Caumartin, 9.	Meubles et bronzes d'ameublement. Ⓑ 1839, 1844.
4359	*Rojon*. Paris, quai Valmy, 23.	Couleurs broyées.
4360	*Romagnesi*. Paris, r. Lafayette, 35.	Sculptures en carton-pierre. Ⓑ 1823; Ⓐ 1827; R. Ⓐ 1834, 1839 et 1844.
4361	*Rosset*. Paris, r. Vivienne, 42.	Machine à faucher.
4362	*Rouillard*. Belleville (Seine).	Broc et bouteilles en bois recouvert d'étain.
4363	*Ruelle*. Paris, r. Saint-Louis, 104.	Calorifère pour la teinture.
4364	*Sarazin*. Paris, r. Saint-Honoré, 317.	Farines alimentaires.
4365	*Scellier* (madame). Paris, r. Neuve-Vivienne, 53.	Objets brodés.
4366	*Schenck*. La Chapelle-Saint-Denis (Seine).	Machine dite *polissoire-affileur*.
4367	*Schindler*. Paris, r. Mazarine, 26.	Châles et tissus teints ou avivés. C. F. 1834.
4368	*Schmidt*. Paris, r. d'Aboukir, 20.	Pianos.
4369	*Schulhof*. Paris, r. des Vieilles-Etuves-Saint-Martin, 15.	Procédé pour apprêter les cuirs et tissus.
4370	*Simon*. Paris, r. du Petit-Carreau, 40.	Orgue portatif.
4371	*Simonet*. Paris, r. Montorgueil, 98.	Lettres en relief en zinc.
4372	*Sterlingue*. Aubervilliers-les-Vertus.	Cuir fort pour semelles. Ⓞ 1839.
4373	*Testard* (mademoiselle). Paris, r. Saint-Denis, 278.	Poupées et chapeaux de femme.
4374	*Thierry*. Paris, r. Montmartre, 133.	Sommiers élastiques. C. F. 1827.
4375	*Thomire* et Ce. Paris, r. de la Chaussée-d'Antin, 51.	Lustres et objets en bronze doré. Ⓞ 1806 et 1819; R. Ⓞ 1823, 1827, 1834, 1839 et 1844.
4376	*Tranchant*. Paris, r. Cadet, 23.	Piano.
4377	*Triças*. Paris, r. Saint-Denis, 371.	Fleurs artificielles.
4378	*Turpin*. Paris, r. Aubry-le-Boucher, 49.	Chaussures remplaçant les guêtres militaires.
4379	*Van-Gils*. Paris, r. du Bac, 64 et 68.	Orgues expressifs et pianos.
4380	*Van-Overbergh*. Batignolles (Seine).	Pianos à double timbre d'harmonie.

Nos d'ord.	NOMS ET DEMEURES DES EXPOSANTS.	NATURE DES OBJETS EXPOSÉS.
4381	*Vasserot*. Paris, r. Saint-Antoine, 62.	Plan du cadastre de Paris.
4382	*Vaté* et *Massenot*. Paris, r. des Trois-Bornes, 31.	Presse à lithographier.
4383	*Vergès*. Paris, boul. de la Madeleine, 3.	Lit-canapé.
4384	*Vernet*. Boulogne (Seine).	Vernis pour harnais, et siccatif pour la mise en couleur.
4385	*Marius-Vidal*. Paris, r. de la Paix, 24	Broderies.
4386	*Aucoc*. Paris, r. de la Paix, 6.	Toilette à glace, pièces d'orfévrerie. Ⓐ 1806, 1819 (Lemaire, prédécesseur); R. Ⓐ 1823, 1827, 1839 18.
4387	*Béguin*. Paris, r. du Marché-Saint-Honoré, 6.	Cartons de bureau.
4388	*De Bassano*. Paris, r. Mont-Thabor, 3.	Acier fabriqué avec la fonte d'Algérie.
4389	*Binder* frères. Paris, r. d'Anjou-Saint-Honoré, 72.	Coupé bas. M. H. 1844.
4390	*Binet*. Paris, r. Rochechouart, 52.	Bougies et savons. Ⓑ 1839.
4391	*Bonne* et *Decroix*. Paris, r. Oblin, 1.	Télégraphe électrique.
4392	*Bonnet*. Paris, quai Napoléon, 21.	Instruments de cubage. M. H. 1844.
4393	*Boquillon*. Paris, r. Saint-Martin, 208.	Produits électro-typiques en métaux divers. Ⓐ 1844.
4394	*Bouras*. Paris, r. Saint-Hyacinthe-Saint-Honoré, 7.	Modèle de moulin à vent.
4395	*Chevalier* (Louis-Victor). Paris, r. Montmartre, 176.	Instruments pour les sciences. M. H. 1844.
4396	*Cœurveillé*. Paris, r. d'Alger, 11.	Chronomètre judiciaire.
4397	*Contzen*. Paris, r. des Trois-Bornes, 11.	Objets sculptés à la mécanique.
4398	*Coulon*. Paris, boul. Négrier, 15.	Meubles sculptés. M. H. 1834.
4399	*Courtois*. Issy, avenue d'Issy, 17.	Produits en terre cuite. M. H. 1844.
4400	*Coutant*. Gare d'Ivry, 42.	Echantillons de fer.
4401	*Curmer*. Paris, r. Richelieu, 49.	Reliures. Ⓐ 1839; R. Ⓐ 1844.
4402	*Decoster*. Paris, cité Bergère, 12.	Fils de lin et de chanvre.
4403	*Delaroche*. Paris, r. de Grenelle-Saint-Germain, 47.	Calorifères et cheminées.
4404	*De Milly*. Paris, r. Rochechouart, 53.	Echantillons de bougies. Ⓞ 1839; R. Ⓞ 1844.
4405	*Dier*. Batignolles, avenue de Clichy, 74.	Habit remis à neuf. Ⓑ 1839; R Ⓑ 1844.
4406	*Duvoir* et Cie. Paris, r. Coquenard, 11.	Appareil de chauffage. Ⓐ 1839 et 1844.
4407	*Fleuret*. Paris, pass. Saulnier, 4.	Objets de serrurerie. M. H. 1839; Ⓑ 1844.
4408	*Fourcel*. Paris, rue Neuve-Coquenard, 23.	Machine à faire du papier de sûreté.

Nos d'ord.	NOMS ET DEMEURES DES EXPOSANTS.	NATURE DES OBJETS EXPOSÉS.
4409	*Fusz* Paris, r. des Deux-Portes-Saint-André-des-Arcs, 4.	Voiture de charge.
4410	*Gellée*. Paris, rue de la République, 12.	Roue hydraulique centrifuge pour épuisement.
4411	*Gingreau* dit *Bernard*. Paris, rue Saint-Jacques, 218.	Instruments d'horticulture.
4412	*Groh-Schmidt*. Belleville, chauss. Ménilmontant, 28.	Limes. Ⓑ 1825.
4413	*Halot*. Gare d'Ivry, 42, et Paris, r. du Faubourg-Poissonnière, 8.	Porcelaines. Ⓑ 1839; R. Ⓑ 1844.
4414	*Hallot* aîné Paris, rue du Grand-Chantier, 16.	Service en plaqué. M. H. 1839.
4415	*Ibry*. Grenelle (Seine).	Double appareil distillatoire.
4416	*Kientzy*. Paris, r. Lafayette, 55.	Machine à vapeur pour défrichements. Ⓑ 1844.
4417	*Lemoître*. Paris, r. Saint-Antoine, 64.	Pièces d'horlogerie.
4418	*Lenain*. Paris, pass. de l'Industrie, 4.	Peignes et lisses en soie, coton et fils métalliques. C.F. 1827.
4419	*Leroy*. Paris, r. du Banquier-Saint-Marcel, 10.	Suif et chandelles. M. H. 1844.
4420	*Levasseur* aîné. Paris, r. Saint-Victor, 116.	Couvertures en laine et en coton. Ⓑ 1844.
4421	*Maillard*. Paris, rue Mazagran, 10.	Pétrin mécanique.
4422	*Malherbe*. Saint-Denis (Seine).	Modèle de manufacture de plomb laminé et tuyaux étirés.
4423	*Marcschal*. Paris, r. du Faubourg-Saint-Martin, 88.	Hachoirs mécaniques.
4424	*Mugnier*. Paris, r. de l'Arcade, 51.	Ecrous, rondelles et boulons au découpoir. Ⓑ 1834; R. Ⓑ 1839.
4425	*Pittet*. Paris, pl. du Panthéon, 8.	Pompe.
4426	*Poupillier* et Cie. Paris, r. des Vinaigriers, 29.	Machine à peigner.
4427	*Renard*. Vaugirard, Grande-Rue, 131.	Voiture munie d'un appareil pour garantir le limonier.
4428	*Sebire*. Paris, r. Charonne, 7.	Instruments d'agriculture.
4429	*Siry, Lizars* et Cie. Paris, r. Lafayette, 7.	Compteur, gazomètre, indicateur de pression, manomètre, mouvement de compteur d'usines et régulateur de pression. Ⓑ 1844.
4430	*Wiering*. Paris, r. Boucherat, 23.	Pianos.
4431	*Zéréga*. Paris, r. de Grenelle-Saint-Germain, 96.	Coupé à caisse sur deux roues.
4432	*Bonnet*. Lyon (Rhône).	Fils et tissus de soie. Ⓑ 1844.

Nos d'ord.	NOMS ET DEMEURES DES EXPOSANTS.	NATURE DES OBJETS EXPOSÉS.
4433	*Thierry*. Lyon (Rhône).	Epreuves photographiques et liquides photogéniques.
4434	*Villard* et *Couturier* fils. La Croix-Rousse (Rhône).	Métier pour le tissage des étoffes façonnées.
4435	*Giroud-Argoud*. Lyon (Rhône).	Machine pour l'apprêt des tissus.
3436	*Huttin*. La Guillotière (Rhône).	Cuirs vernis. Ⓑ 1834 et 1839; Ⓐ 1844.
4437	*Mangeaut*. Lyon (Rhône).	Instruments de musique à vent.
4438	*Chapuis*. Lyon (Rhône).	Machine à levier et contre-levier.
4439	*Joannon* aîné et *Guillet*. Fontaine-sur-Saône (Rhône).	Système de freins pour les chemins de fer.
4440	*Damour*. Lyon (Rhône).	Métier pour tisser les étoffes façonnées.
4441	*Marnas*. La Guillotière (Rhône).	Soies teintes et produits chimiques.
4442	*Accary*. Montluel (Ain).	Couvertures. Ⓑ 1844.
4443	*Dubout*. Divonne (Ain).	Placage scié.
4444	*Richer-Lévêque*. Alençon (Orne).	Fils et tissus de lin et de chanvre.
4445	*Klaiber*. Alençon (Orne).	Manchettes et mouchoir en batiste brodée; cols en point d'Alençon.
4446	*Roger* fils. La Ferté-sous-Jouarre (Seine-et-Marne).	Meules. Ⓑ 1844.
4447	*Gaillard* fils aîné. La Ferté-sous-Jouarre (Seine-et-Marne).	Meules.
4448	*Gueuvin*, *Bouchon* et Ce. La Ferté-sous-Jouarre (Seine-et-Marne).	Meules. M. H. 1834; Ⓑ 1839; Ⓐ 1844.
4449	*Notaux*. Seine-et-Marne).	Réveil-matin.
4450	*Taillandier* aîné. Evreux (Eure).	Coutils. Ⓐ 1844.
4451	*Dubus* (Théophile). Louviers (Eure).	Rouleaux-émeri.
4452	*Lemercier*. Louviers (Eure).	Métier à filer. Ⓐ 1844.
4453	*Blary*. Louviers (Eure).	Emeri. Ⓑ 1844.
4454	*Lelegard*. Louviers (Eure).	Navette en acier et lames de peignes pour cardes.
4455	*Hache-Bourgois*. Louviers (Eure).	Cardes. Ⓑ 1806; Ⓞ 1823; R. Ⓞ 1834 et 1839.
4456	*Poitevin* et *fils*. Louviers (Eure).	Draps.
4457	*Dannet* frères et Ce. Louviers (Eure).	Draps.
4458	*Chennevière-Delphis*. Louviers (Eure).	Draps.
4459	*Jourdain* et *fils*. Louviers (Eure).	Draps. Ⓞ 1819, R. Ⓞ 1823, 1827, 1834, 1839 et 1844.
4460	*Marcel* (Louis). Louviers (Eure).	Draps. Ⓐ 1839; R. Ⓐ 1844.
4461	*Renault*. Louviers (Eure).	Draps.

N°s d'ord.	NOMS ET DEMEURES DES EXPOSANTS.	NATURE DES OBJETS EXPOSÉS.
4462	*Houel*. Louviers (Eure).	Draps.
4463	*Harel*. Pont-Audemer (Eure).	Colle-forte.
4464	*Fauquet - Lemaître*. Pont - Audemer (Eure).	Fils de lin et d'étoupe.
4465	*Jacob*. Saint - Nicolas - d'Aliermont (Seine-Inférieure).	Pendules astronomiques, chronomètres et compteurs.
4466	*Ouarnier*. Compiègne (Oise).	Cordes.
4467	*Debary - Mérian*. Guebwiller (Haut-Rhin).	Rubans de soie.
4468 à 4474	*Administration de la guerre*. Algérie.	Tissus de coton, de laine et de soie; écheveaux de soie; opium et cochenille.
4475	*Mathon*. Le Mans (Sarthe).	Machine à vapeur.
4476	*Bollée*. Le Mans (Sarthe).	Cloche-bourdon de cathédrale.
4477	*Leblanc*. La Flèche (Sarthe).	Modèle de bélier d'épuisement.
4478	*Fouqueret*. Le Mans (Sarthe).	Bougies.
4479	*Pochet-Deroche*. Le Mans (Sarthe).	Verreries.
4480	*Badaroux*. Paris, r. Castiglione, 10.	Petit appareil.
4481	*Bourbon-Leblanc*. Paris, boul. Poissonnière, 24.	Statuettes, médaillons et cages de pendules en fonte et en cuivre.
4482	*Bouzon*. La Villette, r. de Nantes.	Cristaux.
4483	*Brunette*. Paris, r. du Cherche - Midi, 26.	Machine hydraulique.
4484	*Chantrai-Remy*. La Chapelle, Grande-rue, 181.	Echelle de corde.
4485	*Cuillier*. Paris, boul. Montmartre, 5.	Mécanique pour les chemins de fer.
4486	*Gago*. Paris, r. de la Paix, 1.	Papiers peints.
4487	*Gilbert* (Madame). Paris, r. des Saints-Pères, 12.	Corsets.
4488	*Hulbert*. Paris, r. Poissonnière, 26.	Orgue.
4489	*Laisné*. Paris, r. Madame, 28.	Instruments de gymnastique.
4490	*Moussard*. Paris, Allée des Veuves, 36.	Calèche.
4491	*Pernot*. Paris, r. Fontaine-Molière, 32.	Bas lacés.
4492	*Schumacher*. Paris, r. Montmorency, 1.	Têtes de poupées.
4493	*Wattène et Hitchins*. Paris, r. des Moulins, 28.	Traverses pour chemins de fer.
4494	*Lannion (Atelier de charité de)*.	Dentelles de fil de lin et de soie.

Paris, Paul Dupont.

LISTE DES EXPOSANTS

PAR ORDRE ALPHABÉTIQUE.

A.

MM. — Numéros.

Abel. — Chambranle. 4222
Abraham fils. — Gants. 3112
Abraham-Huet (Madame). Bretelles. 3424
Abry et Vigna. — Livres nettoyés. 1370
Abt. — Chapeaux. 566
Accary. — Couvertures. 4442
Ackermann et Marx. — Tabatières en carton vernissé. 1984
Acklin. — Orgues et métiers à la Jacquart. 3467
Adam. — Soies grèges et cocons. 1990
Adam. — Fontaines. 1371
Adam. — Panais. 1372
Adler. — Instruments de musique. 258
Adlin. — Machine pour le repassage. 259
Administration de la guerre — Tissus de coton, de laine et de soie; écheveaux de soie; opium et cochenille. 4468 à 4474
Adnot-Millée. — Pompe à double effet. 1035
Ador. — Appareils d'éclairage. 3468
Agard. — Jardinières, arrosoir et boîte pour les élections. 1372
Agard et Ce. — Sel et chlorure de potassium. 1398
Agombard. — *Voy.* Mathieu et Agombard.
Aguirre.—*Voy.* Fort et Aguirre.

MM. — Numéros.

Aimard. — Poteries. 3667
Aindas. — Menuiserie. 2086
Akselban. — Bas à doigts. 3668
Alabarbe. — *Voy.* Monthiers et Alabarbe.
Alauzet. — *Voy.* Gilliman et Alauzet.
Albin et Ce. — Toiles métalliques, rouleau-égoutteur, et courroie sans fin. 3214
Albinet fils. — Couvertures en laine et en coton. 3669
Albrecht. — Orge. 3239
Alessandri.—Ouvrages d'ivoire. 1044
Alexandre. — Sangsues mécaniques. 1373
Alexandre. — Modèles de cristallographie et de mécanique. 260
Alexandre. — Objets de papeterie. 2836
Alexandre. — Dessins sur canevas. 567
Alexandre père et Ce. — Orgues. 3469
Algérie (Administration des forêts d'). — Echantillons de bois du pays. 4216
Alibert. — Porte en chêne. 2046
Alix. — Objets sculptés. 1272
Alkan aîné. — Passe-ports et effets de commerce imprimés en encre indélébile. — Rouleaux pour l'impression. 1045, 261

B.

MM. Numéros.

Bertrand-Provancher. — Lithographies. 2185
Bès.—Armes blanches. 11
Besançon et comp.—Carbonate de plomb et céruse. 3687
Beslay.—Chaussons de tresse. 2423
Besquent.—Objets en fonte. 2847
Bessas-Lamégie. *Voy.* Henry.
Bessaignet.—Cachets emporte-pièce. 1059
Besset.—Lettres en relief. 2186
Besson.—Instruments de musique en cuivre. 273
Besson frères.—Chapeaux. 2090
Bettinger.—Meubles. 2609
Beudon.—Couvertures. 581
Beunon.—Pianos. 3479
Beyerlé.—Horlogerie. 168
Bezançon aîné.—Liquide siccatif 420
Bezault —Manomètres et sifflets d'alarme. 169
Biais.—Ornements d'église. 582
Bian. — Cretonnes de coton écru. 985
Bianchi.—Instruments de physique et de mathématiques. 274
Bibas. — Mousselines et tulles brodés. 583
Biber. — Pompe-seringue. 1386
Bicard. *Voy* Ruef et Bicard.
Bicheron.—Baleines. 1387
Bichet.—Charrue. 1707
Bidou fils. *Voy.* Estivant et Bidou fils.
Bied. — Lustres et objets éclairés intérieurement. 4230
Bied et Cie.—Feuilles et lingots de zinc et de plomb. 3127
Bienaymé.—Montre d'habitacle et régulateur de cheminée. 3417
Bienvenu. — Bustes pour essayer les robes. 4073
Biesta, Laboulaye et comp.—Caractères d'imprimerie. 1060
Biétry et fils.—Cachemires français. Fils de laine et de cachemire. 3289
Bigot-Dumaine. — Pierres fines pour l'horlogerie et la tréfilerie. 3480

MM. Numéros.

Billard.—Dents minérales. 1388
Billaux. *Voy.* Lecour, Billaux et comp.
Billebault. *Voy.* Siredey et Billebault.
Billecoq. — Crêpes de Chine et cachemires. 584
Billiet, Carabin et Huot.— Fils et tissus. 585
Billion.—Feutre. 586
Binder frères. — Coupé bas. 1389
Binet.—Bougies et savon. 1390
Bineteau.—Lithographies. 1061
Binger. — Instruments de pesage. 275
Biondetti. —Bandages et appareils orthopédiques. 3481
Bir. — Couveuses artificielles et ruches. 2873
Birckel (F.). — Calorifères et cheminées. 4231
Biron-Devèze. — Mannite cristallisé. 421
Bisson. — Fils de lin teints et blanchis. 3254
Bisson. —Châssis en fer. 1279
Bisson et Gaugain.—Objets galvanisés. 2188
Bisson frères.—Daguerréotypie. 170
Bittner.—Pianos. 3482
Bizet. — Modèles de wagon et suif préparé. 276
Bizot. — Moulin à farine. 1778
Blanc.—Compas. 171
Blanc. — Trieuse pour les laines. 1741
Blanchard.—Ustensiles de pêche. 1389
Blanchard. — Tissus. 587
Blanchet. — Bonneterie. 588
Blanchet. *Voy.* Roller et Blanchet.
Blanchet et Kléber.—Papiers. 3125
Blanchin.—Mécanique à lacets 2424
Blanck. — Marqueterie. 3690
Blanck frères.—Coupé. 2425
Blanpain frères. — Draps, casimirs et satins. 2002
Blanquet. *Voy.* Delalande et Blanquet.

MM. Numéros.

Blanzy-Poure et comp. — Plumes métalliques. 2162

Blary. — mé ri 4453

Blatin. — Appareil pour faciliter le roulage. 277

Blech frères — Tissus. 992

Blech, Steinbach et Mantz. — Tissus de coton imprimés. 2852

Blerzy. — Appareils de chauffage et de dessication. 4252

Blesson. — Lettres en porcelaine 2189

Bleton. — Pommes de cannes, poignées de parapluies. 1062

Bleuze. — Savons, amidon et huiles odoriférantes. 422

Blève. — Estampage. 12

Blin. — Horloge publique et tourne-broche. 809

Blin père et fils et Bloc-Javal. — Draps, satins et cuir-laine 3253

Bloch (Némis). — Réservoir et siphon à écoulement intermittent. 3215

Bloch (Nephtali Cerf). — Fécule, sagou, glucose et dextrine. 3212

Bloc-Javal. *Voy.* Blin père et fils et Bloc-Javal.

Blondeau-Billet. — Fils de déchets de soie et de laine Thibet. 3964

Blondel. — Pianos. 3485

Blondin. — Lits et fauteuils élastiques. 1280

Blot. — Cotons filés. 3966

Blot. — Cuirs vernis. 2877

Blouet. — Boissellerie. 2426

Bluet. — Nouveautés pour robes 3354

Blumer. — Parquets. 3208

Boas. — Châles. 589

Boche. — Articles de chasse. 2190

Bocquet — Horlogerie 2427

Bocquet et comp. — Fils de lin et d'étoupes. 3307

Bodeur. — Instruments de physique. 172

Bodin. — Instruments aratoires. 1006

Boensch. — Eau-de-vie de jujubes et de figues de Barbarie. 1177

MM. Numéros.

Bohin. — Boîtes, étuis et tabatières. 1885

Bohmé et Lebrun. — Pompes. 2054

Bohorel. — Extirpateur. 1625

Boilleau. — Alcoves mobiles. 810

Boinot. — Laines peignées et tortillonnées. 2097

Bois et Chassagne. — Bronzes. 2191

Bois et Ce. — Fonte malléable. 13

Boisard. — Guipures et soies. 590

Boisglavy. — *Voy.* Deneirouze, Boisglavy et comp.

Boisselot et fils. — Pianos. 1606

Boisson. — Encadrements. 1063

Boiste. — Lettres mécaniques. 2192

Boizard. — Romaine à balancier. 2778

Boizet. — Semoir à tamis. 2053

Boland. — Pétrin mécanique. 2878

Bollée. — Cloche bourdon. 4476

Bollotte. — Bronzes. 2428

Bolviller et Gontard. — Horlogerie. 173

Bompart. — *Voy.* Henry fils et Bompart.

Bona (Madame). — Broderies. 5915

Bondon. — Papier-porcelaine. 2193

Bonfils, Michel, Souvraj et Ce. — Châles. 592

Bongrand. — *Voy.* Baudot et Bongrand.

Bonhomme. — Chevalets et lampes pour les peintres. 3691

Boniface et Pelletier. — Soie avec application d'or. 5912

Bonifas. — Pianos. 1612

Bonjean — Appareil destiné à remplacer les bagues dans la filature. 2147

Bonnal et Ce. — Soie grège ; gaze pour le blutage. 1787

Bonnard. — Tables diverses. 1065

Bône (Commune de). — Bois, granits, marbres, minerais et liéges. 4192

Bône (Usine de). — Fer en gueuse. 4215

Bonne et Decroix. — Télégraphe électrique. 4591

MM. — Numéros.

Bonneseur. — Chandelles et bougies. 425
Bonnet. — Instruments de cubage. 4392
Bonnet. — Fils et tissus de soie. 4432
Bonnet. — Pianos. 3484
Bonnet. — Charrue. 1600
Bonnet. — Sang destiné aux engrais. 424
Bonnet. — Minium d'orange. 2662
Bonnière. — Confitures et conserves. 1673
Bons frères. — Rôts pour le tissage. 3349
Bontemps. — *Voy.* Godard et Bontemps.
Bontems. — Instrument pour la réduction des statues et dessins. 4233
Boquet — Objets de papeterie et bronzes. 2194
Boquillon. — Produits électrotypiques en métaux divers 4393
Bor. — Biberons et bouts de sein, chaux et hydrosulfite de soude ; déchets de fil de lin et charpie vierge. 3322
Bord. — Pianos. 3485
Bordeaux. — Ornements en cuivre. 3692
Bordeaux fils. — Filière. 1893
Bordes. — Rouleau gravé à la molette roulante. 3382
Borel. — Poêles, calorifère et chaufferettes. 3486
Borie frères et Patinot. — Pans de mur en briques dites tubulaires. 2879
Boronné-Délépine et Cᵉ. — Pièces d'horlogerie. 3415
Borsary - Girard. — Bandage herniaire. 1730
Bory. — Couteaux. 3148
Bosquillon. — Mécanique Jacquart. 811
Bossi. — Table en marbre mosaïque. 2429
Bottier. — Or en feuille; outil à battre l'or. 3693
Bottier. — Coupe-papier. 1282
Bouasse-Lebel (Veuve) et Cᵉ. — Lithographies et gravures. 1066
Bouchard. — Cordes et billons pour la marine. 2151
Bouchard-Huzard (Veuve). — Ouvrages d'imprimerie. 1067
Bouché. — Toile vernie. 3694
Bouché. — Registres. 2887
Bouché de Cluny. — Modèle de chemin de fer. 813
Boucher. — Objets en rocaille. 4234
Boucher et Cᵉ. — Tréfilerie. 14
Boucherie — Conservation des bois. 423
Boucherot. — *Voy.* Oudard et Boucherot.
Bouchon. — Moulin à bras et décortiqueur. 3487
Bouchon. — *Voy.* Gueuvin, Bouchon et Cᵉ.
Boudier et Cᵉ. — Vernis et cirage. 2880
Bouët et Cᵉ. — Châles brochés. 2799
Bougnol et Giran. — Rubans. 2804
Bouguerel, Martenot et Cⁱᵉ. — Rails et fers marchands. 1935
Bouhardet. — Billards. 812
Bouhey. — Machine à couper les peaux de lapin. 4225
Bouhon. — Lampes et burettes. 278
Bouhouré, Juigné et Cᵉ. — Tissus pour ameublements. 593
Bouillard. — Boîtes, écrins, coffres et cartonnages. 3695
Bouilliant et Cᵉ. — Inscriptions en relief ; rouleau compresseur ; tarières en fonte. 1281
Bouillon jeune et fils. — Bottes de fil de fer. 3464
Bouillotte. — Registres, rouleau-copiste, presse à copier et plumes. 1064
Boulanger. — Selles. 4165
Boulard et Piednoir. — Batistes et toiles fortes. 962
Boulay. — Impressions typographiques et lithographiques. 1068
Boulay. — Objets de bonneterie. 2708

MM. Numéros.

Boulland. — Limes. 15
Boully-Joly. — Charrue. 1027
Bourabier. — Bas, caleçons et gilets. 3455
Bouras. — Modèle de moulin à vent. 4394
Bourbon-Leblanc.—Statuettes, médaillons et cages de pendules. 4481
Bourdaloue. — Appareils pour les travaux des mines et les nivellements. 1872
Bourdeau. — Cadres. 1069
Bourdeaux. — Instruments de chirurgie. 1613
Bourdet (Madame). — Fleurs artificielles. 1236
Bourdin. — Horlogerie. 174
Bourdon. — Bronzes estampés. 3696
Bourdon. — Machine à vapeur et machine à élever l'eau. 814
Bourg. — Garde-robes inodores. 1390
Bourgery (Madame). — Peintures en relief et fruits artificiels. 1391
Bourgogne (Auguste). — Cafetières. 427
Bourgogne (Joseph). — Préparations d'histoire naturelle. 426
Bourillon. — Appareil contre les déraillements ; freins. 564
Bourlier. — *Voy.* Chevalier et Bourlier.
Bournhonet. — Châles. 594
Bournisien. — Charrue. 2106
Bourriot. — Fourneaux. 3697
Bourru. — Modèle de chemin de fer et de navire de sauvetage. 279
Bourru et Martineau.—Cartes à jouer. 2881
Boursier. — Cadres réparés. 2718
Bouscasse père. — Houe à cheval. 1725
Bousquet. — *Voy.* Mourgue et Bousquet.
Bousseroux. — Calorifères et fourneaux. 2130

MM. Numéros.

Boutard, Vignon et Ce. — Châles. 595
Bouteille frères — Châles. 596
Boutemy. — Meubles. 3488
Bouthors et Dereins. — Mousselines brodées et à jour. 3310
Boutinot. — Tuiles. 2195
Bouton. — Manuscrits. 1070
Bouton. — Tissus en caoutchouc. 597
Boutron-Faguer.—Parfumerie. 3698
Boutry. — Balances. 3976
Bouttevillain.—Machines. 815
Bouvard. — Tableaux peints à l'huile par un nouveau procédé. 3169
Bouvenot. — Appareil pour la conservation du gibier. 3277
Bouvenot (Veuve).— Vin d'Arbois. 1860
Bouveret. — Daguerréotypie. 280
Bouxwiller (Société des mines de). — Produits chimiques. 3215
Bouzon. — Cristaux. 4482
Bovard. — Toiles pour la peinture. 3699
Bovay. — Poteries décorées. 2196
Boy et Dumontois. — Bretelles et jarretières. 4237
Boyer. — Bronzes. 16
Boyer.—Montres; mouvements. 1855
Boyer (François-Eugène). — Essence de café moka. 429
Boyer et Ce. — Application du sérum albumineux du sang à l'impression des étoffes. 428
Boyer frères. — Flanelles et droguets. 3461
Boyer aîné et Lacour frères. — Flanelles et droguets. 3462
Boyveau, Pelletier et Ce. — Produits chimiques et instruments de chimie. 430
Bozonnet. — *Voy.* Monfalcon et Bozonnet.
Braconnier. — Tissus. 598
Branger. — Charrue. 1647
Braquehayes. — Chaussures. 3341
Braquenié. — *Voy.* Demy-Doineau et Braquenié.

MM. Numéros.
Braun. — Dessins de fabrique. 977
Bray frères. — Lits en fer, berceau et sommier élastique. 1284
Bréauté. — Cartons en relief. 2882
Breauté. — Vin blanc de Titery. 4189
Brédif frères. — Chaussures. 2593
Brès. — *Voy.* Audemard et Brès.
Bresson. — Cotons retors. 599
Breteau. — Plumes et fleurs. 600
Breton. — Instrumens de musique. 281
Breton frères. — Instruments d'optique et de physique. 3700
Breton frères et Ce. — Papiers, 3126
Brewer. — *Voy.* Russier, Brewer et Troussel.
Briard. — Rouge végétal. 431
Bricard. — Lits-canapés. 816
Bricard et Gauthier. — Serrurerie. 2198
Brichard. — Passementerie. 601
Briche Van Bavinchove. — Tissus. 2165
Brière. — Acide arsénieux. 432
Briet. — Appareils à eau gazeuse 1392
Briet fils. — Allume-feu. 282
Brichard. — Tarare. 2883
Bricourt et Delaunay. — Tissus divers et fils de laine. 4053
Brie et Jeofrin (Mesdames). — Chapeaux de femme. 2884
Briez-Brulé. — Etendelles. 2770
Brifaut. — Essuie-plume. 1393
Brin-Lalaux. — Tissus pour ameublement. 2057
Brioude, Sanrefus et Ce. — Objets en caoutchouc. 602
Brisbart. — Horlogerie. 817
Brisou. — Cuirs forts et peaux de veau en croûte. 1001
Brisou fils. — Ustensiles en fonte 1012
Brisse. — Plantoir. 2885
Brisseau. — Plaqué. 2199
Brisset. — Presses lithographiques. 1283
Brisset père — Coupoir, presses et timbre sec. 2431
Brisson. — Peluche. 3203
Britz. — Tours de précision. 2432
Brocard. — Pompe. 818

MM. Numéros.
Brocard. — Appareils pour la fabrication des bougies. 1394
Brocard — Savons. 4074
Brochon. — Objets en fonte. 1285
Brocot (Louis). — Horlogerie 175
Brocot aîné. Bornes en marbre. 176
Bronski. — *Voy.* André et Bronski.
Brossart (Madame). — Alcoomètre. 177
Brossier. — *Voy.* Drouin et Brossier.
Brou. — Plancher en fer et travail de sonnettes. 4075
Bru. — Sargues rayées. 799
Bru. — Toisons de mérinos. 2052
Bruet. — Montres. 3701
Bruguière. — Soie à coudre. 2805
Brun frères, fils et Denoyel. — Mousselines unies et brodées. 3928
Brun. — Armes à feu. 17
Bruneau père et fils. — Machine pour la filature de la laine peignée, fils de laine peignée. 2036
Bruneau et Pellerin. — Tabatières et timbales. 1395
Brunel. — Marceline de soie teinte au moyen de la garance; extrait de garance. 2661
Brunet. — Bronzes. 2433
Brunet. — Objets en cuivre et en argent ciselés. 3193
Brunette. — Machine hydraulique. 4483
Brunier, Lenormand et Ce. — Vinaigre de toilette. 4238
Brunier. — Objets en doublé d'or. 18
Brunier. — Dessins pour robes. 603
Brunner. — Instruments d'astronomie et autres. 3702
Bruno. — Table de marbre. 1844
Brunot. — Ficelles à bourse. 604
Bruyer et Bunel. — Carton-pâte. 2886
Bruyère aîné. — Fleurs et fruits en cire. 3703
Bry (aîné), — Impressions. 1072
Bry (Auguste). — Lithographies. 1071

C.

MM. Numéros.

Campán.—Dessins et gravures. 3705

Campion et Thérouldc. — Produits chimiques. 1561

Camus. – Ouvrages en cheveux. 1597

Camus. — Herse. 1641

Camus.—Lanterne-ventilateur 2654

Camus. — Lanternes pour chemins de fer. 286

Canard. — Appareils de sauvetage et de natation. 4240

Candlot. — Ouate. 3491

Canisse. — Modèles d'édifices en bois. 4241

Cauneaux père et fils. — Machine à doser les vins de Champagne. 2146

Cannet et Cornozière. — Machine à vapeur. 287

Cantier (Veuve) et Naves. — Bretelles et jarretières. 1598

Carabin. — *Voy.* Billiet, Carabin et Huot.

Carbonnel (Madame). — Chapeaux en écaille et corne. 1599

Carbonnel. — Briques réfractaires. 1753

Carcenac. — Tissus en laine. 804

Careau. — Lampes. 288

Cardailhac.—Turbine. 1734

Cardailhac.—*Voy.* Paul et Cardailhac.

Carette. — Couvre-pieds, jupons et rideaux de coton. 3312

Carillion.—Machine à dresser les glaces. 2436

Carjat. — Dessins pour meubles et papiers de tenture. 608

Carle. — Bronzes. 3492

Carles. — Lithographies. 1076

Carlier. — Déchets de tissus de laine pour engrais. 3294

Carliez. — Cylindres gravés pour indiennes et épreuves de gravures. 3411

Carlos-Florin. — Laines filées. 4047

Carnet.—Dessins de fabrique. 609

Caron. — Armes. 3706

Caron. — Machine à extraire l'eau des étoffes et métier à faire le cordonnet. 4076

MM. Numéros.

Carpentier. — Modèles d'animaux. 1077

Carpentier (J.-P.). — Lettres métalliques. 3707

Carquillat. — Tableau tissé en soie. 3182

Carré.—Tapisseries pour meubles. 610

Carré aîné. — Momies embaumées, tubes à injection, papier à filtrer, moule-pilules, pilulier. 1022

Carrère. — Lettres d'enseigne en relief. 1400

Carrier-Rouge.— Candelabres. 3199

Carrière. — Soies grèges. 2783

Carriol-Baron. — Laines cardées et peignées. 2136

Cart —Machine à dresser et à baisser le parquet. 3493

Cartier. —Produits chimiques. 3297

Cartier. — Carton-paille. 1078

Cartier fils et Cie. — Produits chimiques. 2757

Carton.— Couteaux dits *polaïres*. 3494

Carville et Cie.—Briques, creusets, cornue et four à griller. 2816

Casalis - Enveloppes et autres pièces de machines à vapeur. 2070

Casse.—Linge de table. 3999

Casse-Lhuilière. — Mouchoirs, bonnets et cols brodés. 1822

Cassella.—Peignes. 1401

Cataly.—Sabots et socques. 3447

Catillon.—Boutons et galons. 611

Cattier.—Lithographies. 1079

Caudron.—Horlogerie. 181

Caussin et Devieilhe.—Moquettes. 3314

Cavaillé-Coll père et fils.— Orgues. 3495

Cavy. — Paletot et chaussons fourrés. 2154

Cazal. — Parapluies, cannes et ombrelles. 1402

Cazanave.—Charrue en fer. 971

Cazaux, Fabrége et Cie.—Marbre blanc des Pyrénées. 2123 et 2894

MM. Numéros.

Charlot. — Objets d'art en émail. 2202

Charlot. — Tableterie. 1081

Charmarty. — Cigares. 4197

Charmois. — Meubles. 3498

Charnod — Fontaine en bronze et urinoir en fonte. 2445

Charon et Cᵉ. — Pièces de fer, de fonte et de cuivre. 2203

Charpentier fils. — Pont à bascule et balances. 2441

Charpentier. — Instruments de physique et d'astronomie. 294

Charpentier (P.-F.). — Objets en fer galvanisé. 3708

Charpentier et Cᵉ. — Bijoux d'acier. 3265

Charpentier. — Bronzes. 25

Charpin. — Machine à vapeur. 1902

Charpy. — Essieux à fusées mobiles. 4079

Charrière. — Instruments de chirurgie. 2204

Charrière et Cᵉ. — Fers. 3150

Chartier. — Dames-jeannes. 3985

Chartron. — Ventilateurs et forge portative. 295

Chartron père et fils. — Soies grèges et organsins. 1955

Charvet. — Tissus en lin, coton et laine. 3977

Chassagne. — *Voy.* Bois et Chassagne.

Chastelain. — Toisons mérinos. 3251

Chastellux père et fils. — Cordes, toile à seaux à incendie, fil de déchets de bourre de soie; linge damassé et tapis en bourette. 3223

Chatain fils aîné. — Tissus de coton et de laine et coton. 3556

Chataux. — Ruches. 2898

Châteauneuf. *Voy.* Aubry et Châteauneuf.

Châteaunier. — Charrue. 1843

Châtillon. — Pâtes et farines alimentaires. 4531

Chaudron-Berland. — Fouets. 2648

Chaudron Junot de Bussy. — Pièces d'orfévrerie, appareil de chimie, équipement militaire. 1287

Chaudun. — Armes à feu et cartouches. 24

Chauffriat. — Enclumes, étaux et soufflet. 3145

Chaulin. — Encriers syphoïdes et papier de fantaisie. 2893

Chaumé. — Appareil pour la fabrication du sucre. 3499

Chaumet. — Pipes en fonte. 1632

Chaussenot jeune. — Calorifères. 2443

Chaussenot aîné. — Appareils de sûreté et de salubrité. 2442

Chauvel. — Pièces de feutre; chapeaux en soie et en feutre. 2899

Chauvel aîné. — Toiles et fils. 2716

Chauvin. — Barils et brocs. 1406

Chauvreulx et Chefdrud. — Draps et nouveautés. 3434

Chavanne. — *Voy.* Falatieu et Chavanne.

Chavenois. — Pierres fausses. 2205

Chaventré. — Métal blanc et poterie d'étain. 2444

Chavineau. — Verres et pierres taillées. 2206

Chebeaux. — Dessins de fabrique. 617

Chefdrud. — *Voy.* Chauvreulx et Chefdrud.

Chéguillaume et Cⁱᵉ. — Tissus de laine et coton. 1646

Chemallé aîné. — Chevilles, coins et autres objets en bois pour les chemins de fer. 2616

Chemelat. — Rasoirs. 2207

Chemin. — Instruments de pesage. 184

Chenevière. — Draps et nouveautés pour deuil. 3435

Chennevière-Delphis. — Draps. 4458

Chenot. — Eponges métalliques. 4244

Chéradame (Mlle). — Bouquets-éventails. 4080

MM. Numéros.

Chereau. — Châles. 618

Chéret. — Machines à fabriquer des charnières et à graver les calendriers. 1288

Chérot. — Statuettes recouvertes d'un enduit. 2208

Chérot frères. — Fils et tissus de chanvre et de lin. 2725

Chertier. — Chandelles. 3500

Chesneau. — *Voy.* Bélicard et Chesnau.

Chesnon. — *Voy.* Bertèche, Chesnon et Cᵉ.

Chesnon. — Congélateur. 2760

Chételat. — Savons. 436

Chevalier. — Instruments d'optique. 3710

Chevalier. — Papier de soie. 2901

Chevalier. — Epreuves daguerriennes. 2900

Chevalier. — Amidon. 3920

Chevalier. — Instruments pour les sciences. 4395

Chevalier et fils. — Instruments d'optique et de physique. 3501

Chevalier (Madame). Corsets. 1407

Chevalier (Victor). — Fourneaux; calorifères; séchoirs; chauffe-assiettes; appareils à lessive; appareils pour bains. 1290

Chevalier de Curt. — Fourneaux. 1289

Chevalier et Bourlier. — Presse hydraulique. 819

Cheville jeune. — Brosses et balais. 1408

Chevillot. — Voiture de parc. 2446

Cherrier. — Gravures sur bois. 1082

Chicoineau. — Cuirs. 1587

Chifrarat. — *Voy.* Lemaire et Chiffarat.

Chinard. — Châles. 619

Chipier. — Planchers et pavés en bois. 3882

Chiquet. — Tabletterie. 1409

Chocqueel. — *Voy.* Requillart, Roussel et Chocqueel.

Chocqueel (Félix). — Châles, écharpes et robes. 620

MM. Numéros.

Chocqueel (Louis). — Châles, écharpes, fichus et robes. 621

Choisie-Lecocq. — Procédé pour boucher les bouteilles de liquide gazeux. 3711

Choley. — Fers, aciers, socs et chaînes. 1761

Chonneaux. — Parfumerie. 437

Chopin. — Oranges, cédrats et citrons 4191

Choquart. — Chocolat. 2447

Choulette. — Pendule en fer. 4245

Chrétien. — Marbre. 2902

Chrétin. — Machines à débiter le marbre et à fabriquer des mosaïques. Sujets en mosaïque. 2903

Christ. — Taillanderie. 3242

Christofle. — Pièces d'orfévrerie, dorées et argentées par l'électro-chimie. 2209

Chriten. — Pierres fines. 2904

Chuard. — Instruments de physique et de chimie. 185

Chuffart. — Blé tendre et blé dur. 4166

Cirey (Compagnie des manufactures de glaces et verres de). — Verres et glaces. 1837

Clair. — Locomotive et indicateurs pour la vapeur. 296

Claro — Tissus de laine. 3953

Classen. — Porte-feuille, porte-cigares et porte-monnaie. 1410

Claudé. — Peignes. 1411

Claudin. — Fécule. 3444

Claudin. — Armes à feu. 2211

Clauss. — Porcelaines. 2212

Clavel. — Meubles. 820

Claye. — Gravures sur bois. 1083

Claye. — *Voy.* Allard et Claye.

Cleff et Clément Cleff. — Brouettes. 297

Clémançon fils. — Lustre. 4246

Clémençon (Madame). — Corsets. 1412

Clément. — Verres, prismes et disques pour l'optique. 2213

Clément. — Appareil pour forer des trous de mine. 299

D.

MM.	Numéros.
Damème. — Encre, cirages et vernis pour chaussures.	442
Dameron. — Plan de voiture.	3508
Damey. — Machine pour nettoyer les grains.	4083
Damour. — Cuvettes à interception.	1419
Damour. — Métier pour tisser les étoffes façonnées.	4440
Dandoy-Maillar, Lucq et Cie. — Objets de quincaillerie et fusil à percussion.	4037
Dandrieu. — Papiers marbrés.	2915
Danduran. — Foyer et ventilateur.	3509
Danet. — Impressions.	4057
Danglès. — Manomètres.	190
Dangu. — Charrue et extirpateur.	4251
Danguy. — Machine à vapeur et tour.	2455
Danloy (Mathieu). — Boucles en fer et en acier.	2024
Dannet frères. — Draps.	4457
Dansac. — Pierre meulière.	2122
Danset. *Voy.* Scrive frères et Danset.	
Dantin. — Ourdissoir pour les châles.	4252
Daran. — Instruments de chirurgie.	1435
Darbo. — Biberons.	4253
Darche. — Instruments de musique.	305
Darche. — Moufle et appareil pour chauffer les fers à repasser.	4254
Dardié (Veuve). — Molletons et tartans.	792
D'Arlincourt. — Zinc cuivré, étamé et plombé.	29
Darroux aîné. — Instrument dit *ardosiotome*.	2167
Darthenay. — Sujets en cire.	1420
D'Arx. — Vis.	2220
Dathis. — Tissus en laine, lin et coton.	4062
Daubet et Dumarest. — Meubles.	3197

MM.	Numéros.
Daubréville. — Instruments de précision.	3722
Dauchel fils aîné. — Velours d'Utrecht et moquettes.	630
Daud. — Bandes de billard.	828
Daudé. — Corsets et œillets métalliques.	1421
Daudet et Chardon. — Etoffes de soie.	2789
Daudet-Quéréty. — Foulards.	2818
Daudville. — Tissus pour ameublement.	2056
Dauphin. — Moulures, bordures et encadrements.	1093
Dauphin. — Horloge à équation.	3135
Dauphinot-Baligot. — Tissus.	631
Dauphinot-Pérard. — Tissus de laine.	2674
Daurignac. — Machines, balance à essai et filières.	191
Daussy. — Brûle-café et cafetières.	443
Dauteuille. — Formes pour chaussures.	2916
Dautremer et comp. — Fils de lin et d'étoupes.	3961
Dautry et comp. — Machine doubleuse et bobineuse.	2456
Dauvergne. — Romaine.	3152
Daux (Madame). — Meuble dit supplément de lit.	4084
Davaud. *Voy.* Tirouflet et Davaud.	
Davenne. — Moulins à plâtre.	2457
Davenne. — Semoir-rayonneur.	4085
David. — Teintures.	3158
David. — Tuyaux sans soudure, chemin de fer et machines.	827
David. — Chandeliers en cuivre.	2221
David aîné et comp. — Objets en plomb, en zinc et en cuivre.	1294
David-Audumarès. — Bonnets de coton.	2806
Davillier et comp. — Tissus de coton.	2755
Daviron. — Presse hydraulique.	4086

MM. Numéros.

De Violaine frères. — Bouteilles et cloches. 2061

Devismc. — Armes à feu et armes blanches. 3729

Devrange. — Papier-dentelle. 3730

De Willencourt.—B. c de canne, pêne dormant et serrures. 3301

Dexheimer. — Meubles. 4088

Deydier. — Ornements et couvertures en zinc. 35

Deydier. — Soies grèges et organsins. 1924

Deyeux et Ce. Creusets. 2236

Deyrolle. — Animaux empaillés. 2469

Dezaubry. — Vernis noir. 3553

Dezaunay. — Pressoir. 2741

Dezeux-Lacour et Ce. — Echantillons de cuirs. 2722

Dezobry. — Conserves. 448

D'Hangest. — Étoffes en relief. 2975

D'Hérissard. — Modèle de voiture. 1299

D'Homme. — Produits chimiques. 3731

D'Huart. — Blé. 1970

D'Huart de Nothomb. — Objets en faïence. 1986

D'Huicques — Semoir cylindrique et fromager. 1645, 2470 et 3519

Dila. — Chapeaux. 2931

Didelon. — Blé. 1970

Didier. — Dents minérales. 1428

Didier. — Colle-forte. 449

Didier. — Mécanique à rogner la chandelle; veilleuses. 3732

Diehl. — Tableter e. 1101

Dier. — Habits remis à neuf. 4405

Dietz. — Moulin pour la canne à sucre. 837

Dietz. — Pressoir. 3246

Dietrich. — Objets en fonte, roues et essieu en fer. 3211

Dieu. — Cadres. 1102

Digard. — Serrures. 2237

Dillenseger. — Lunettes et lorgnons. 1951

Diot et Nourry. — Coutils. 1886

Discry. — Porcelaines. 2238

MM. Numéros.

Dobbé frères. — Bijouterie en doublé. 2471

Dobler et fils. — Fils de laine. 1941

D'Ocagne. — Dentelles. 646

Doé frères et Ce. — Barres et bottes de fer. 1500

Dognin fils. — Tulles 3900

Domaine. — Chaise qui se plie à volonté. 3883

Dombrowski. — Lampes et pendule. 504

Domény, — Pianos. 3520

Dominjolle. — Orgues. 3521

Donnay. — *Voy.* Parent et Donnay.

Donneau et Ce. — Bougies et acide stéarique. 450

Dopter. — Gravures. 1103

Dordet. — Coutellerie. Siphon vide-bouteille. 36

Doré. — Encre d'imprimerie. 451

Doré. — Bascule pour fermeture de croisées. 3448

Dorémus. — Corsets. 1429

Dorey.— Lame à œillet pour le tissage mécanique. 3401

Dorian. — *Voy.* Dumaine, Dorian et Ce.

D'Orléans. — Horlogerie. 839

Dormoy. — Mécanisme pour distribuer la vapeur dans les machines. 4265

Dormoy (Madame). — Couvertures. 647

Dorso. — Passementeries. 3733

Dorval.—Caisses et coffres-forts 2239

Dorville.—Registres, machines à copier et à autographier. 309

Dotin.—Coupes en émail. 2240

Doublet et Huchot.—Vignettes et lettres de fantaisie. 1104

Doudet.—Pêne dormant et serrures. 3302

Doué et comp.—Café-chicorée. 2932

Douelle. *V.* Fonrouge et Douelle.

Douin. — Contours de selle en cuivre. 1798

Douine.—Bonnets, tricots et calottes en coton. 3173

Douret.—Mercerie. 1105

E.

F.

MM. Numéros.

Fauvelle-Delebarre. — Peignes. 1438
Faveers. — Lit en fer. 1307
Favier. — Garde-robes. 4014
Favre. — Tissus. 659
Favrel. — Or et argent en feuilles. 45
Fay jeune. — Dessins de fabrique. 660
Fayet. — Instrument dit main mécanique ; grattoir et canif. 2249
Fayet-Baron. — Serrure. 2480
Fayolle. — Croix-d'honneur. 2250
Fayon. — Vermicelle, macaroni et semoule. 1014
Fazon. — Métiers à broderie et à tapisserie. 3744
Feau-Béchard. — Teintures. 462
Feil p. fils et Guinand. — Verres d'optique 3745
Feldtrappe (Auguste). — Peinture sur verre. 2251
Feldtrappe frères. — Gravures sur cylindres. 3550
Fenestre. — Vernis et cirages. 852
Fénoux. — Portefeuilles et trousses. 1116
Féquant. — Pompe à incendie. 1038
Féray et Cie. — Fils et tissus. 661
Féron. — Mains courantes pour rampes. 1117
Féron-Marie. — Percaline. 1810
Ferrand. — Couleurs. 463
Ferrand-Lamotte. — Machine à presser la pâte de papier. 4217
Ferrati. — Verres percés à jour. 1586
Ferrario. — Instruments de mathématiques et baromètres. 199
Ferrier. — Armes à feu. 2252
Ferrières et Sabin. — Appareils pour le nettoyage des grains ; pompe et crible sphérique. 3877
Ferron. — Yeux d'émail. 1440
Ferry. — Rayonneur de prés, charrue et plantoir. 1775 et 2116
Ferry. — Machine à couper le papier. 2481
Ferry. — Tablettes dites judéennes pour la barbe ; enduit contre l'oxydation des métaux. 464 et 2253

MM. Numéros.

Ferry. — Quincaillerie. 46
Fert. — Moulures, cadres, table et panneaux. 1118
Fessard. — Sujets en cire. 465
Festugières et Cie. — Roues de locomotives et de wagons ; fils de fer. 1016
Fétu. — Bronzes. 2254
Feuillâtre. — Garde-robes. 1441
Feuillet et Cie. — Chapeau. 2811
Feuilloy. — Caractères gravés. 1119
Fèvre. — Appareils pour les liquides gazeux. 1442 et 1443
Fèvre. — Objets dorés par l'électro-chimie. 2255
Février (Veuve). — Bronzes. 47
Fey et Martin. — Tissus de soie. 2612
Feyeux. — Farines alimentaires. 466
Feytaud. — Instruments de pesage. 3746
Fischer. — Meubles. 853
Fischer frères. — Tissus. 993
Fichet. — Corps géométriques ; machines et instruments aratoires. 2114
Fichet. — Serrurerie ; appareil pour voler. 48
Ficheux. — Perruques, toupets et tours. 1444
Fichot. — Perruques. 1439
Fichtemberg et sœurs. — Crayons ; étiquettes et pancartes. 467 et 1120
Fieffé. — Plants de froment exotique ; barrage mobile et herse. 2089
Fiennes (Société charbonnière de). — Briques réfractaires. 2774
Fierobe. — Meubles. 1121
Fieux fils aîné et Cie. — Cuirs. 1737
Figuera et Cie. — Produits chimiques. 3747
Filleul. — Meubles. 1308
Filloz. — *Voy.* Clément et Filloz.
Fimbel, Bergès et Cie. — Ressorts de carrosserie. 3286
Fincken. — Glaces, vitres et vitraux. 2256
Fiolet. — Pipes et briques. 2769

G.

MM. Numéros.

Gibelin et fils. — Soies grèges. 27?5
Gibus. — Chapeaux mécaniques 4277
Gilbert. — Crayons. 2021
Gilbert. — Stores. 674
Gilbert. — Fils de laine. 2671
Gilbert (Madame). — Corsets. 4487
Gilberton. — Lithographies. 1655
Gillant. — Pianos. 4208
Gillard frères. — Cuirs. 1988
Gille. — Porcelaine. 869
Gille *dit* Lainé. — Pianos. 2492
Gilles. — Tissus pour gilets. 3425
Gilles. — Soies grèges et blé tendre. 4162
Gillet. — Pièces tournées. 1132
Gillet. — Machine à faire les mortaises. 868
Gillet. — Conserves de sardines, anchois et légumes; argile blanche. 2845
Gillet et Dussaigne. — Sonnette à déclic. 1728
Gillimann et Alauzet. — Machines typographiques. 2493
Gillot. — Soies grèges et cocons. 1990
Gillotin. *Voy.* Debergue, Desfrièches et Gillotin.
Gingreau. — Instruments d'horticulture. 4411
Ginot. — Porte-pincettes. 3759
Giran. *Voy* Bougnol et Giran.
Girard. — Stores. 675
Girard. — Livres mécaniques. 1133
Girard. — Machines hydrauliques. 2494
Girard - Liothaud et Toutain-Girard. — Balais et conserves de légumes. 2606
Girard - Pinonnière. — Ornements en bois doré et en cuivre estampé. 61
Giraud. — Balance à bascule. 1945
Giraud - Milloz. — Instrument du marteau pilon. 3939
Giraud-Valin. — Chicorée. 477
Giraudon. — Machines à vapeur 867
Girault. — Réveil et echappement. 3300

MM. Numéros.

Girault. — Gravures. 1134
Gire. — *Voy.* Durand et Gire.
Girerd et fils frères. — Broderies en or et en argent pour ornements d'église. 3902
Girod. — Bandage. 2691
Girouard. — Machine à préparer le zinc; essieu sans écrou ni rondelle. 1317
Giroud frères. — Couvertures. 3110
Giroud - Argout. — Machine pour l'apprêt des tissus. 3123 et 4435
Giroudot fils. — Presse typographique. 3537
Giroux. — Alambics, bassines et poêlons. 4099
Giroux. — Instruments d'optique 204
Giroux et comp. — Bronzes et objets d'art. 2271
Girouy. — Couleurs pour les arts. 478
Gisclard. — Essences de plantes aromatiques. 793
Girord et comp. — Machine à vapeur. 4442
Glaçon — Jalousies. 2272
Glaise. — Calorifères et cheminées. 3538
Glorian. — Calorifères. 322
Gobert. — Corsets mécaniques. 3945
Gobin et Morisot. — Meubles en bronze. 62
Gocht. — Meubles. 866
Godard. — Estampes 1135
Godard. — Planches en cuivre et en acier. 2273
Godard et Bontemps. — Batistes et linons. 676, 2159 et 3970
Godault fils. — Orgue. 3539
Goddet. — Canons de fusil. 63
Godeau. — Mousqueton. 2274
Godefroy. — Instruments de musique 323
Godefroy. — Châles. 3760
Godefroy. — Table d'imprimeur sur étoffes. 3540
Godefroy. — Tiges pour souliers 2965
Godefroy. *Voy.* Deruque et Godefroy.

H.

MM. Numéros.

I.

J.

MM. Numéros.

brûler ; placages et mosaïques. 2511 et 2986
Jeanningros frères. — Rasoirs. 1714
Jeanselme.—Meubles. 1150
Jeanselme.—Fauteuils. 3774
Jeantel.—Orge et blé. 4194
Jeanti, Prévost, Perraud et comp.—Sucre moulé, épuré et cristallisé. 4293
Jensen.—Caves à liqueurs, bureau et nécessaires. 1151
Jeoffrin (madame).—*Voy.* Brie et Jeofrin (mesdames).
Jessé. *Voy.* Sabran et Jessé.
Jeunesse.—Chaussures. 2987
Jiraud.—Forges et soufflet portatifs. 1792
Joannard. *Voy.* Grassot et Joannard.
Joanne.—Lampes. 4296
Joannon aîné et Guillot.—Système de freins pour les chemins de fer. 4439
Johannot.—Papiers. 1931
Joliet.—Tissus en crin. 691
Joliot.—Tour à fileter et à torser; support à guillocher; mandrins ovale et excentrique ; tour à percer. 1327
Joliot St-Hilaire.— Lingotières pour les affineurs. 3775
Jolly-Leclerc.—Meubles. 889
Joly.—Rouleaux-buvards. 2988
Joly.—Modèles de combles en fer et de pont en fonte. 3285
Joly.—Modèle de féculerie et bachot-wagon. 1644
Joly aîné.—Cordages, câbles et lignes. 1005
Joly.—Cristaux. 2298
Joly (mesdemoiselles).—Corsets 1470
Joly et Croizat. — Soieries façonnées. 3929
Jome —Gypse et carreaux. 2074
Jomeau.—Ustensiles et appareils pour la boulangerie; bouche et soupape de four; comble en fer. 1328
Joostens. — Caractères d'imprimerie. 2989

MM. Numéros.

Jordan.—Tabac en feuilles. 3209
Jordery.—Instrument pour retourner la salade. 2299
Joris.—Marqueterie. 4104
Jorsin et Copenhague. — Réveils-matin. 3776
Joseph (veuve) et Depoilly frères.—Serrures et cadenas. 3304
Josset.—Cuirs chamoisés. 1642
Jouanin. — Urines solidifiées pour engrais. 2990
Jouanne.—Objets de papeterie. 2991
Joubert - Bonnaire. — Toiles pour la marine, toiles à seaux. 964
Jouffroy.—Pendules. 4297
Jouhanneaud et Dubois.—Porcelaines. 2300
Jouque.—Balais. 1472
Jourdain.—Conserves de fruits. 491
Jourdain.— Décalques de gravures et lithographies. 1152
Jourdain et fils.—Draps. 4459
Jourdain-Delontaine. — Tissus de lin et de lin et coton. 3956
Jourdain et Naudin.—Boutons, galons et ganses. 695
Jourdan.—Châles. 692
Jourdan.—Lithographies. 1153
Jourdan et comp. — Tulles et dentelles. 3957
Jourdant.—Appareils d'enrayage. 2992
Journet et comp.—Papiers. 3874
Journeux. — Billard, manomètre, sifflet d'alarme et ventilateur. 3364
Jouve.—Cric. 342
Jouvin et Doyen.—Gants et outils pour en fabriquer. 3777
Jouzel-Arondel.—Toiles à voile. 1001
Joyeux. *Voy.* Laune et Charles Joyeux.
Joyeux (Emile).—Tricots. 2823
Juhel - Desmares. — Draps et cuir-laine. 2693
Juigné. V. Bouhoure, Juigné et Cie.
Julien.— Meubles. 1154
Julien.—Fleurs métalliques. 1471
Julien.—Produits chimiques. 492

K.

L.

MM.	Numéros.
Lesourd.—Combles en fer.	1340
Lesourd-Delisle. — Cuves pour les vins rouges.	967
Lespinasse.—Four de boulangerie.	2524
Lété.—Pianos.	2747
Letellier. — Vis d'Archimède à air comprimé.	2525
Letenneur. — Bluterie.	3279
Letestu. — Pompes.	907
Letho. — Yeux en émail.	1487
Lethuillier.—Appareil mécanique.	3395
Le illois. — Vernis.	2526
Letort. — Pied articulé pour poupées de modistes.	1186
Letourneau. — Boutons.	2325
Létourneau et Cie. — Phares lenticulaires.	2527
Leudolphe. — Meubles.	1187
Leuillet fils. — Cuirs à rasoir.	3010
Leunenschloss. — Bretelles et jarretières.	1488
Levacher d'Urclé.—Instrument pour faciliter l'étude du piano.	3800
Levarlet. *Voy.* Lachapelle et Levarlet.	
Levasseur aîné. — Couvertures en laine et en coton.	4420
Levasseur (Mlle). Ouvrages au crochet.	3801
Léveillé. — Coton filé.	3403
Leven et fils aîné. — Peaux.	3011
Levent.—Lanternes, manchons et lampes.	355
Lévêque. — Meubles.	2039
Lévêque. — Treillage et meubles de jardin.	3384
Lévesque père et fils. — Tour à fileter; machine à raboter les métaux; pompes; marbres à dresser.	356
Levillayer. — Chemises et cols.	3802
Lewille et Cie.—Clous, semences, bossettes et chevilles.	4039
Lévy. — Bronzes.	908
Leydecker. — Baromètres et thermomètres.	3012
Lézé fils.—Modèle de tirage artificiel de four et de toiture.	3013
Lhéritier. — Meubles.	1654
L'Heureux. — Fleurs en porcelaine.	3803
Lhominy. — Cordages.	3804
Lhuillier. — Plumeaux.	3805
Liazard et Isabelle. — Alcools.	2714
Lichtenstein, Westphal et Cie. — Riz.	1617
Liedhart. — Tabourets et crachoirs.	1188
Liégard. — Harnais.	3014
Liénard et Lautillon.—Bougies.	3918
Liévin. — Pots de grès contenant du café.	2152
Ligeard. — Instruments d'agriculture.	2622
Lierman. —Porcelaines et cristaux.	2326
Ligier. — Cymbale à piston.	1680
Lignel et Roux. — Machine à briques.	4309
Lignières. — Draps.	3872
Ligot. — Robinets à soupape.	1489
Limonaire. — Pianos.	4310
Liogier. — Grattoirs pour la construction.	1189
Lion frères et Cie. — Châles.	713
Liré. — Fourneaux et four portatif.	909
Lizars.—*Voy.* Siry, Lizars et Ce.	
Lobin. — Vitraux peints.	2614
Loddé. — Plumeaux.	1499
Lods.—Train de voiture en fer.	1717
Lofaredo. — Branche de corail.	4205
Loigneau. —Viroles pour brosses.	1191
Loire. — Tableterie.	3015
Loiseau.—Instruments de physique; télégraphe électrique.	226
Lombard. — Meubles et ornements d'église.	1192
Lombard-Latune et Cie. — Papiers.	1962
Longavenne.—Lanterne marine	357
Longuet. —Carte de la France et tableaux du système planétaire.	1193
Longuet. — Suc de réglisse.	2039
Longuet. — Registre.	3016
Loret.--Serrures et métiers à gants	1892

MM. Numéros.

Lorentz.—Houblon comprimé. 1818

Loron. — Armes à feu. 3260

Lorrain-Brigot et Cie. — Galons, rubans, lacets. 714

Lortie. — Reliures. 1194

Loth. — Meubles. 910

Lotz fils aîné. — Compteur. 2744

Loubon. — Fleurs artificielles. 4112

Louet. —*Voy.* Burdallet, Louet et Cie.

Louvel (G.-A.). — Sabots. 1492

Louvel (Charles). — Sabots. 1491

Louvel. — Brouettes, moufles et crochets de chargeurs. 358

Louvel et Cabanis. — Fleurs et plumes. 715

Louvet.—Outils de ciseleur. Machine pour marquer les bijoux. 94

Louvet et Cottard. — Cuirs. 2064

Loyal (Veuve). — Poteries. 2602

Lubienski. — Dessins de fabrique. 716

MM. Numéros.

Lucas frères. — Fils de laine. 2686

Luce. — Cheminée garnie de glaces. 325[illegible]

Luce-Villiard.—Tissus de coton. 1749

Lucq. — *Voy.* Dandoy-Maillar, Lucq et Cie.

Lucy-Sédillot et Cie.—Rideaux brodés. 717

Lüer. — Instruments de chirurgie. 2527

Luet. — Meubles. 911

Lugol. — Métier à broder. 3806

Lumeau. — Bateau à vapeur. 2094

Lupis aîné. — Colliers pour bœuf et cheval. 1738

Luquet.—*Voy.* Picot et Luquet.

Lussigny frères. — Batistes. 718

Lusson. — Vitraux peints. 2668

Lutz. — Machine et outils pour les corroyeurs. 1542

Lutzow. — Safran. 4202

M.

Mabire. — Montres et outils d'horlogerie. 1565

Mabire. — Plomb de chasse et plomb laminé. 3396

Maboux de la Frasse. — Bandages. 4115

Macaud.—Becs à gaz. 359

Macé (madame).—Corsets. 1493

Machet-Marotte. — Tissus de laine. 2678

Macheteau.—Layeterie. 3017

Madelain —Cadres. 1195

Madeline.—Cire à cacheter. 505

Mader frères. — Papiers de tenture. 3018

Maës.—Cristaux. 2328

Malfre.—Huile d'olives. 4173

Magnié.—Pianos. 4114

Magnier, Clerc et Margeridon. —Papiers de tenture. 3019

Magnin.—Vermicelles et farines alimentaires. 1637

Mahieu-Delangre.—Fils et tissus de lin et d'étoupes. 4050

Maigne.—Meubles en fer. 912

Maigre.—Fourneau. 360

Maigre. — Portrait tissé du duc d'Orléans. 3168

Maillar et Sculfort. — Etaux et clefs. 3965

Maillard.—Lits en fer. 1343

Maillard.—Pétrin mécanique. 4421

Maillard et comp. — Billards et comptoirs de limonadiers. 913

Mailles.—Coutellerie. 2528

Maillier. — Instrument dit Corporimètre. 4415

Maillot.—Caisse de voiture. 1344

Mailly.—Savons. 3807

Mainé. *Voy.* Herce et Mainé.

Mainfroy. — Meubles en imitation de laque de Chine. 1196

Mainster et Wiesener. — Gravures pour l'industrie. 1197

MM. Numéros.

Mathieu.—Pièces de tour, roulettes. 365

Mathieu.—Instruments de chirurgie. 2332

Mathieu. *Voyez* Piret et Mathieu

Mathieu. *Voyez* Laverne et Mathieu.

Mathieu et Agombard.—Objets en chaux et en briques. 3029

Mathis.—Calorifères. 3193

Mathon. — Machine à vapeur. 4475

Matifat —Bronzes. 101

Matignon—Garnitures de cardes 366

Maucomble.— Daguerréotypie. 367

Maucotel.—Instruments de musique. 368

Mauduit. — Métier circulaire à tisser. 921

Mauduit (Mme).—Mannequins. 922

Mangeaut. — Instruments de musique à vent. 4437

Maunoury.—Becs à gaz. 369

Mauny jeune et Cie.— Ustensiles de chimie. 2333

Maupérin.—Cierges. 509

Maurel.—Cloche. 3152

Maurel et Jayet. — Machine à calculer. 927

Maurice-Colas frères.—Modèles de croisée. 1010

Maurin.—Souricière. 4319

Maussan-Michel.— Ravaleur vicinal. 3030

Max (Mme). *Voyez* Fouquet et Mme Max.

Max-Richard. *Voyez* Lainé-Laroche et Max-Richard.

Maximilien.—Cartes à jouer. 2876

May.—Fusils. 3812

Mayer.—Fleurs artificielles. 728

Mayer (Nathan). — Mosaïques. 3196

Mayer.—Chasuble. 3813

Mayer. — Porcelaines peintes. 2334

Mayer. — Pièces d'orfévrerie et de joaillerie. 4320

Mayer aîné.—Huile et graines 3814

Mayer frères.—Daguerréotypie. 370

Mayer (Veuve).—Cartonnages et enveloppes à bonbons. 1205

Mayet.—Coutellerie. 2335

MM. Numéros.

Mayet et Bailiaut.—Peignes et décrasse peignes. 1499

Mazars.—Chandelles. 802

Mazauyé.— *Voy.* Jeanjean aîné et Mazaugé.

Mazères.—Soies gréges et vins rouges. 4160

Mazin.—Coutellerie pour peintres. 102

Mazorin fils.—Soies grèges. 2786

Mazure Mazure (Veuve).—Tissus pour tentures. 4018

Méder.—Escaliers tournants. 1206

Mégnial.—Fourneaux et cafetières. 1500

Méhu. — Appareils et chariots de mine. 3995

Meissonnier.—Extraits de plantes tinctoriales. 510

Méjas.—Table en marqueterie. 1207

Metfrederque.—Objets en fonte et en terre vernie. 2336

Melzessard. — Devantures et fermetures de boutiques. 1347

Menet.—Soies grèges et organsins. 1926

Ménétrel.—Brides de sabots; bourses en peau. 1032

Ménier.— Chocolat et poudres pharmaceutiques. 511

Méquillet, Noblot et Cie.— Tissus de soie. 1903

Méraux.—Dessins de fabrique. 729

Mercier.—Bronzes. 103

Mercier.—Pianos. 2534

Mercier. — Fruits en carton-pierre. 3586

Mercier.—Meubles. 923

Mercier (Claude-Victor).—Tabatières. 1208

Mercier (Claude). — Tableau rentoilé et restauré. 1209

Mercier (Madame).—Sacs, bourses et nouveautés. 730

Mercier et Cie.—Galons et épaulettes. 3167

Mercier et Gravier.—Abat-jour et tente de magasin. 3187

Mercurin.—Huile d'olive et tan. 4472

Mérel.—Parapluies. 1501

MM. Numéros.

Merlié-Lefèvre et Cie. — Pièce de haubans, cable de carrière, remorque et machine à câbler. 3419
Mermet —Pianos. 3587
Mermillio i. — Outils. 1568
Méro.—Eaux distillées et objets de parfumerie. 1754
Meslier frères. — Cuirs. 1920
Messmer (Madame).—Corsets. 1502
Meugniot.—Charrue. 1744
Meunier.—Canot de sauvetage. 2535
Meurant frères.—Crics et étaux. 2031
Meurer et Jandin. — Foulards imprimés. 3905
Meurisse (Madame).—Corsets. 1505
Meyer.—Impressions en couleurs, or et argent. 1210
Meyer. — Dessins lithographiques et papier de sûreté. 3588
Meyer-Mérian.—Rubans. 994
Meynard.—Meubles. 3589
Meynard frères—*Voy.* Tailhouis, Verdier et Meynard frères.
Miallet.—Coutellerie. 3887
Michaud.—Instruments de musique. 374
Michault.—Outils pour la carrosserie. 105
Michault.—Fleurets. 2537
Michaut. — Berceau et jardinière. 4524
Michaut frères. — Papiers. 1766
Michaux-Duranton.—Pompes à incendie. 3174
Micheau.—Colles-fortes. 2014
Michel.—Machine à bouter les rubans de cardes et cylindre à glacer pour les cuirs de cardes. 3410
Michel.—Cire à cacheter. 312
Michel.—Dorures sur cuir. 1211
Michel. — Instruments d'agriculture. 1660
Michel.—Machine et tours pour la filature de la soie. 2852
Michel (Pierre).—Mécanique à la Jacquart. 2829
Michel (François-Alexandre). — Clichés. 3031

MM. Numéros.

Michel (François).—Rose végétal et taffetas d'Angleterre. 3052
Michel. *Voy.* Bonfils; Michel, Souvray et Cie.
Michelet. *Voy.* De la Morinière, Gonin et Michelet.
Michels. — Vignettes à jour. 1212
Michon.—Couvre-pieds. 751
Michot. *Voy.* Proutat, Michot et Thomeret.
Michuy.—Fonte étamée, formes à sucre. 105
Micou J.—Cuirs et tissus vernis. 3055
Micg et fils.— Tissus de laine. 984
Miergues.—Instruments de chirurgie. 2826
Migeon et Viellard. — Vis, pitons et boulons. 974
Mignan.—Charrue. 1869
Mignard-Billinge. — Ressorts, tubes, rouleaux et outils. 4117
Miguet.— Bijouterie. 2558
Milard.—Tuiles. 3179
Milhaud. *Voy* Rouvière-Cabane, Milhaud, Martin et Grill.
Milius.—Vernis. 315
Millange.—Filtre et alambic. 2555
Milliant.—Teintures. 3166
Milliet. *Voy.* Lebeuf, Milliet et comp.
Millioz.—Attelage de sûreté. 3117
Millochau. — Charbon moulé. 1501
Millochau. — Huile. 3054
Millot fils. — Châle en soie marine, et tissus pour ameublement. 3815
Milon-Marquant. — Fils et tissus. 2670
Milori. — Produits chimiques pour couleurs. 314
Mirial.—Colle. 2825
Miroude.— Plaques et rubans à laine, à coton et à soie; rubans pour carder les étoupes. 3371
Mirouflle.— Meubles découpés à la mécanique. 2557
Miroy.—Garde-robes. 1505
Miroy.—Objets en tôle vernie. 2559
Miroy frères. — Bronzes. 104
Mitraud. — Soie grège. 3465

MM. — Numéros.

Mittelette. — Machine à battre le blé. 2721
Miodot. — Chaussures. 732
Mohamed ben Aïcha. — Tabac en feuilles. 4211
Mohamed Guech. — Poteries arabes. 4207
Mohler. — Cotonnades, tapis et couvre-pieds. 3206
Mohr. — Garde robe. 3590
Moisel. — Machines à vapeur. 372
Moisson. — Savon à dégraisser 3035
Mojon. — Bijoux. 2340
Molard. — Machine à battre les grains. 1836
Molines. — Cocons et soies grèges. 2787
Molinié Saint-Clair. — Régulateurs. 924
Molino. *Voy.* Romoli et Molino.
Molteni. — Instruments d'optique et autres pour la marine. 230
Monain. — Ouvrages en cheveux. 3816
Moncourt. — Corsets. 3817
Monfalcon et Bozonnet. — Châles brochés. 3885
Mongis. — Toisons de mérinos. 2049
Mongin. — Scies et ressorts. 3818
Monniot. — Pianos. 4522
Monnot-Leroy. — Laines mérinos. 2067
Monnoyeur et Moras. — Etoffes brochées pour meubles et ornements d'église. 3932
Monod. — Peignes. 1947
Monpelas. — Savons. 3819
Monpied. — Dessins exécutés au moyen de filets d'imprimerie. 3036
Monsirent. — Lampes. 373
Montagnac (Jean). — Pièces en métal argenté. 2342
Montagnac et comp. — Toiles métalliques. 2341
Montal. — Pianos. 4523
Montandon frères. — Ressorts d'horlogerie. 229
Montader. — Statue au repoussoir. 1691
Montagne. — Tissus en laine, coton, soie et lin. 4019
Montataire (Société anonyme des forges de) — Tôles, fer-blanc, fer en barres. 1640
Montfort. — Vernis. 515
Montbibert (Société d'exploitation de l'ardoisière de). — Ardoises. 961
Monthiers et Alabarbe. — Dragées. 3820
Montllier. — Presses à copier, pressoir et machine à percer. 2538
Montoir (Madame). — Sujets coloriés 1495
Moquet. — Lampes à souder. 107
Mora. — Objets d'ameublement. 108
Morand. — Couvertures et moletons 733
Morand. — Sacs de nuit, malles, cabas, tabourets et chancelières. 3821
Morange. — Meubles. 925
Moranges. — Incrustations factices. 1695
Moras. *Voy.* Monnoyeur et Moras.
Moreau. — Sculptures en ivoire. 3591
Moreau. — Huile d'olives, cocons et soies grèges. 4198
Moreau et comp. — Huile et graisse. 516
Morel. — Appareil dit tourne-feuille pour le piano. 3822
Morel frères. — Coton filé. 734
Morel frères. — Objets en fonte, tôles, fusil et boîtes à graisse pour wagon. 2027
Moret. — Fils d'étoupes, de lin et de chanvre. 2068
Moret. — Machine à battre le blé et pétrin mécanique. 4118
Moriac. — Jardinière et lampes. 2539
Morillon. — Machine à égrainer le trèfle et à vanner le blé. 2118
Morin. — Tissus pour robes. 735
Morin. — Soies grèges. 4168
Morin. — Meubles en fer. 1348

N.

O.

MM. Numéros.

Odiot. — Services de table et pièces de décor. 2543

Oeschger-Rauch et comp. — Planches de cuivre rouge. 2772

Oger. — Savons. 519

Ogereau. — Peaux. 4330

Olry. — Fusil de chasse. 1830

Onfray. — Clyso-pompe et couverts. 1509

Orange. — Fauteuil. 3344

O'Reilly. *Voy.* Armengaud et O'Reilly.

Oriolle. — Fils et tissus de laine. 2134

Ormières Ponsian. — Menuiserie. 2088

Ory (veuve) et Lefebvre. — Machines à gaufrer; métier pour la bonneterie, peignes à charnières et pièces détachées pour machines. 376

Osborn. — Beurre d'anchois. 520

MM. Numéros.

Osmont. — Meubles. 3598

Osmont (veuve). — Imitation de laque de Chine. 1215

Osmont-Bertèche. — Draps et nouveautés. 3428

Oswald et Warnod. — Fils et feuilles de cuivre. 975

Ottenheim. — Cuirs. 3284

Ouarnier. — Cordes 1630 et 4405

Oudard et Boucherot. — Dragées et conserves. 531

Oudart. — Médaillons en cuivre. 2017

Oudin et comp. — Lait solidifié. 2726

Ouvrier. — Comptoir de marchand de vin. 1350

Owen. *Voy.* Hutchison, Owen et comp.

Ozenne-Monginot. — Limes et râpes. 1030

Ozouf. — Appareils pour eaux gazeuses. 2346

P.

Pagès-Baligot. — Tissus pour gilets. 743

Pagezy, Vassas et Ce. — Machine à nettoyer la laine. 1614

Pagny. — Châles, écharpes et dentelles. 2710

Paillard. — Miroiterie sur zinc et cuivre. 2347

Paillard. — Bronzes. 412

Paillard. — Couleurs et crayons. 522

Paillet. — Instrument dit dégazonneur. 1958

Paillette. — Brosses. 1510

Paisant fils. — Fécule et glucose. 1584

Palier. — *Voy.* Pouyer-Quertier et Palier.

Pallu et Ce. — Minerai de plomb. 1668

Palluy. — Appareil pour réchauffer les cholériques. 4331

Palmer. — Tréfilerie. Instruments de précision. 232

Pannelier. — Brodequins-guêtres. 1911

Pannier. — Ganses et cordons. 744

Pape. — Pianos. 4332

Papeil. — Tours. 4553

Papelard. — Pianos sans cordes. 4554

Paquet. — Pendule de voyage. 3827

Pâquet. — Céréales. 4555

Pardroux. — Charrue. 1695

Pareau et Ce. — Clous et rivets. 1715

Parent. — Poids et mesures. 238

Parent. — Boutons. 745

Parent frères. — Linge de table et nappe. 4051

Parent et Donnay. — Colle forte. 2018

Paret. — Draps, casimirs et satins. 2004

Parguez. — Dessins de fabrique. 746

Paris. — Perruques. 4556

Paris (Charles). — Objets en fer émaillé. 3828

Paris frères. — Tapis. 3829

Parisot. — Coutellerie. 2349

Parisot et Ce. — Régulateurs, robinets et becs à gaz. 2348

Parisot de Cassel. — Traverse de chemin de fer et dalle pour trottoir. 929

MM. Numéros.

Pelletier. *Voy.* Boyveau, Pelletier et comp.

Pelletier et comp.—Pianos. 4127

Pellorjas.—Gants. 2827

Pelte.—Tableau d'assolement septennal. 1981

Peltereau.—Cuirs. 2594

Peltereau jne et frères.—Cuirs. 2608

Penant.—Cafetières. 2353

Penil.—Fils de chanvre. 2663

Pennequin. — Moulures. 1218

Penot et Cie.— Chaussure sans couture. 3048

Pepin-Leballeur. *Voy.* Hache et Pepin-Leballeur.

Pepin Veillard.—Couvertures. 2651

Pépinière du Gouvernement à Alger.—Coton, cannes à sucre, tubercules, bananes, graines oléagineuses, opium, riz, cochenille, soie, herbiers 4183

Pépinière du Gouvernement à Bône.—Coton jumelle d'Egypte et coton New-York; cochenille sèche. 4209

Pérardel.—Métaux colorés. 4339

Percepied-Maisonneuve.—Concrétions et incrustations minérales. 1649

Peret et Mathieu.—Marqueterie 3609

Périchon.—Pianos. 4128

Périer (madame).— Passementeries. 750

Périllieux-Michelez. — Canevas et tapisseries. 751

Périn-Lepage.—Armes à feu. 2354

Pernay. — Instrument à battre les faux et faucilles. 1899

Pernet—Bandages et appareils orthopédiques. 3602

Pernolet. — Appareil pour la préparation des minerais. 1591

Pernollet.—Crible-trieur cylindrique. 1944

Pernot.—Objets de menuiserie faits à la mécanique. 1995

Pernot. — Bas lacés. 4491

Pérot.—Incrustations. 1219

Perraud. *Voy.* Jeanti, Prévost, Perraud et Cie.

MM. Numéros.

Perre et comp.—Etaux, clefs, filières et machine à percer. 3967

Perreaux.—Machines. 2549

Perret. *Voy.* Trolliet et Perret.

Perret et Alin.—Vernis. 526

Perret-Morin et comp. *Voy.* Chagot, Perret-Morin et comp.

Perreux.—Loupe-bocal. 381

Perrève.—Calorifère et chaudière. 1354

Perrin.—Parfumerie. 2598

Perrin frères et comp. — Draps et cuir-laine. 1828

Perrin-Lecoq. — Chardons métalliques. 2023

Perroncel. — Objets en caoutchouc. 752

Perrot —Arme à air comprimé. 4129

Perrot.—Lettres en zinc. 118

Perrucat.—Gants 3111

Person.—Tissus brodés. 749

Pérusset —Horlogerie. 233

Pesnel.—Modèle de pont en fer. 4341

Pesquet.— Clyso-pompes. 1514

Pesquet. —Rouge pour l'horlogerie. 527

Pestillat.—Casques. 416

Peter. *Voy.* Lebaudy, John Peter et comp.

Petibon. — Caractères d'imprimerie. 2355

Pétin.—Clichés. 1220

Pétin et Gaudet.—Mortier, arbre, bandages, creusets et essieu coudé. 3137

Petiniau-Dubos. — Flanelles et droguets. 3453

Petit.—Machines. 2551

Petit.—Régulateur. 4130

Petit.—Bouteilles et flacons. 3603

Petit.—Café dit de santé. 3366

Petit.—Objets en porcelaine. 2356

Petit frères.—Couteaux. 1021

Petit (Jacob). — Porcelaines. 2357

Petit Colin. — Gravures. 1221

Petit-Gérard. *Voy.* Ritter et Petit-Gérard.

Petit-Leclère.—Cardes. 3368

Petit et Lemoult. — Acide et bougies stéariques. 528

S.

MM. — Numéros.

Stoltz père et comp. — Pompes et appareil de féculerie. 949
Stoltz fils. — Machines à vapeur; machines pour la clouterie; pompe et machine hydraulique pour les irrigations. 950
Stroehlin, Peynaud et Lecomte. — Calicots. 3399
Suby aîné. — Soies grèges et cocons. 1990
Supot. — Registres. 1251
Suret. — Orgue. 3637
Susse frères. — Bronzes. 2583
Sutter. — Meubles. 3638
Suzer. — Cuirs. 2731
Systermans — Pianos. 3639

T.

Taborin. — Limes. 2595
Tachet.—Instruments de précision. Parquets et panneaux. 951
Tacby.—Mercerie et tableterie. 776
Tahan.—Petits meubles. 1252
Tailbouis, Verdier et Meynard frères. — Bonneterie. 777
Tailfer.—Grille mobile fumivore pour les chaudières à vapeur. 952
Taillandier. — Meubles. 1678
Taillandier aîné — Coutils. 4450
Taillefer. — Tours à guillocher et à tourner les cônes. 4148
Taillefer et comp. — Aiguilles. 1875
Talabot (Léon) et comp.—Faux, limes et barres d'acier. 798 et 1752
Talbot frères. — Charrues. 1867
Tallavignes. — Sel marin. 975
Tallichet. — Huile d'olives. 4182
Talmours. — Porcelaines. 2594
Tambour. — Gants. 778
Tampier. — Corderie. 1550
Tangre (Constant). — Tissus métalliques. 3086
Tangre (Victor). — Tissus métalliques. 3087
Tantenstein et Cordel. — Planches et caractères de musique. 1253
Tardieu de Virette. — Echantillon de laine mérinos. 1608
Tarin. — Lampes et fermoirs à gants. 400
Tarin. — Houe à cheval. 3177
Tarride fils. — Marbres. 1750
Taverna frères. — Cheminée-calorifère. 2157
Tavernier. —Cuir hongroyé. 1883
Teillard. — Charrues. 3144
Teillard. — Soieries. 3884
Templier. — Lettres en porcelaine. 2595
Tessier du Cros. — Cocons, soies grèges et soies ouvrées. 2781
Terrasson de Montleau.— Toisons mérinos. 1915
Terrier. — Montre en argent. 1708
Ternynck frères. — Tissus en laine, lin et coton. 4020
Terrien.—Marqueurs et compteurs de billard et d'omnibus. 3089
Terrisse. — Tuyaux en gutta-percha. 3090
Tesse-Petit. — Cotons filés. 4044
Tesson. — Huile de pieds de bœuf et de pieds de mouton; colle-forte. 561
Testard. (Mlle). — Modes. 4575
Testard et Toulon.—Meubles. 955
Testé. — Solfége. 2725
Tétard.—Bandages et machines orthopédiques. 1831
Tétard. — Meubles. 3640
Tettelin-Montagne.—Tissus en laine et en coton. 4030
Texier. — Sujets en pierre factice. 3641
Tharin. — Pendule et tableaux-horloges. 3857
Theil. — Meule. 2107
Théodon fils. — Fouets, cravaches et cannes. 1551
Théot. — Outils de menuiserie. 1561

MM. Numéros.

Touaillon. — Machine à rhabiller les meubles. 3645
Toulon. *Voy.* Testard et Toulon.
Toulza.—Serrure. 3142
Tourneur.—Café torréfié. 2586
Tourneur. — Outils et zinc en feuille pour satiner le papier. 151 et 2403
Tournier. — Ornements en bois doré. 782
Toussaint.—Coutils. 1888
Touzé.—Draps. 3430
Tracol.—Peaux de chevreaux. 1928
Tranchart.—Pianos. 4376
Tranchart-Froment. — Fils de laine peignée. 1999
Travaillot. *Voy.* Barbier et Travaillot.
Travers fils. — Serres chaudes et combles en fer. 1362
Treiné. *Voy.* Stolz et Treiné.
Trélon, Weldon et Weil.—Boutons et médailles. 152
Trempé oncle et comp.—Peaux de couleur. 3088
Trésel. — Machine à vapeur, râpe, pompe et coupe-tête à pain de sucre. 2071
Tribouillet. *Voy.* Masse et Tribouillet.
Tricas.—Fleurs artificielles. 4377
Tricot.—Rouenneries. 3330
Triebert.—Instruments de musique à vent. 403
Triolet.—Sommier de voiture. 1663
Trioullier.—Orfévrerie. 4149
Tritschler.—Charrue. 3463
Trolliet et Perret. — Cirages, vernis et encre. 3924
Tronchon. — Serres chaudes, châssis et autres objets en fer. 1363
Tronel et comp. — Papier découpé en dentelle ; étiquettes et impressions en couleur. 3092
Trotot.—Pompes. 1814
Trotry-Latouche. — Tapis de pied et objets de bonneterie. 783
Troublé. — Machines à imprimer. 1364
Troussaint et Vernus. — Lampes. 404
Trousset. — Tissus métalliques et rouleau-égoutteur. 1918
Trousset. *Voy.* Russier, Brewer et Trousset.
Trouvé.—Cadres et ornements. 1258
Trouvé, Cutivel et comp.—Cuirs et havre-sac. 2669
Truc.—Lampes. 405
Truchon. *Voy.* Buffault et Truchon.
Truchy. — Montre plate. 2404
Truchy. *Voy.* Vaugeois et Truchy.
Tulou. — Instruments de musique. 406
Turck.—Charrue et râteau. 1819
Turpault-Beraumont. — Rouleur-batteur pour l'égrenage des blés ; fléaux 960
Turpin et Treiné.—Chocolats. 553
Turpin. — Chaussures remplaçant la guêtre militaire. 4378
Turquet.—Chanvre. 1633
Tussaud. — Pressoir; machines à hacher les viandes et à cintrer les cercles de roues ; découpoir et emporte pièce. 2587

U.

Ullmann. — Gravures sur vitraux. 2405
Urner jeune.—Tissus de coton. 2830
Utzschneider. — Poteries. 1975

V.

MM. Numéros.

Velly et comp. — Produits chimiques. 2148
Veny (Madame). — Plantes et coraux artificiels. 786
Vérany.—Pianos. 1679
Vercasson.—Métier circulaire à tisser les gants en castor. 2104
Verd.—Appareil pour le ramonage. 408
Verdier.—Coutellerie. 1666
Verdier. *Voy.* Neyrand, Thiollière, Bergeron, Verdier et Comp.
Verdier. *Voy.* Tailbouis, Verdier et Meynard frères.
Verdun —Outils. 2155
Vergé.—Lit-canapé. 4383
Vergniaud.—Chaussures. 2096
Vernant.—Portrait du président en argent repoussé. 3649
Vernazobre jeune et Comp. — Draps. 1615
Vernet. — Vernis et siccatif pour la mise en couleur. 4384
Vernier. — Instrument à régler le papier. 3295
Vernus. — *Voy.* Troussaint et Vernus.
Verny. — Bureau, greffoir et écartoir. 1577
Véron frères. — Amidon et gluten granulé. 2119
Verry. — Objets sculptés. 1260
Verstaen. — Serrurerie. 155
Verstaen. — Chapeaux. 3099
Véry frères. — *Voy.* Martin et Véry frères.
Vétillard père et fils. — Fils de lin et de chanvre. 3876
Veyrat. — Orfévrerie. 156
Veyriras. — Sabots. 3450
Veyron. — Lampes et cafetières. 409
Veyrun-Dumor (veuve).—Foulards et châles. 2824
Viallet. — Instruments de musique. 410
Vialon. — Gravures sur étain. 3866
Viard. — Vernis et couleurs. 556

MM. Numéros.

Videbout. — Poêle au gaz et fourneau en fonte. 3850
Vieillard et Ce. Porcelaines. 2098
Vieillard frères. — Confitures et conserves. 1653
Vieille-Montagne (Société anonyme des mines et fonderies de zinc de la). — Objets en zinc. 4147
Viel. — Cannes. 3867
Viellard.—*Voy.* Migeon et Viellard.
Vienna. — Cisaille à équerre mobile. 1363
Vienney. — Modèle d'escalier. 3868
Vierzon (Société métallurgique de). — Essieux de locomotive et wagons. Bandages de roues et autres pièces de métallurgie. 1870
Vigerie aîné.—Savons et cosmétiques. 2391
Vigier. — Lanterne à double réflecteur. 2658
Vigna. — *Voy.* Abry et Vigna.
Vignat frères. — Rubans. 3161
Vigneron. — Semoir. 1820
Vignon. — *Voy.* Boutard et Vignon.
Viguier.--Appareil de chauffage 411
Vila Kœnig. — Lorgnettes et jumelles. 3869
Villain.—*Voy.* Bertrand et Villain.
Villard. — Pompe à jet continu. 3192
Villard et Couturier fils. — Métier pour le tissage des étoffes façonnées. 4434
Villemaine fils. — Balcon, balustres et objets en fonte. 3457
Villemsens. — Ornements d'église. 1366
Villeneuve.—Peaux préparées. 3100
Villeneuve. — Congélateurs. 3870
Villerey. — Gravures. 1261
Villoz. — Bronzes. 157
Vimal-Madur.—Etamines. 1694
Vimal-Vialis. — Galons, étami-

W.

Y.

Z.

Paris, Paul Dupont.

BIBLIOTHÈQUE NATIONALE
R.F.
IMPRIMÉS

www.ingramcontent.com/pod-product-compliance
Ingram Content Group UK Ltd.
Pitfield, Milton Keynes, MK11 3LW, UK
UKHW020133220726
13923UKWH00001B/137